建筑防灾系列丛书

城市地质灾害与土地工程利用

李显忠　主编

中国建筑工业出版社

图书在版编目（CIP）数据

城市地质灾害与土地工程利用/李显忠主编. —北京：中国建筑工业出版社，2016.9
（建筑防灾系列丛书）
ISBN 978-7-112-19677-7

Ⅰ.①城… Ⅱ.①李… Ⅲ. ①城市-地质灾害-研究 ②城市土地-土地管理-研究 Ⅳ.①P694②F293.22

中国版本图书馆CIP数据核字（2016）第194948号

责任编辑：张幼平
责任设计：李志立
责任校对：李美娜 张 颖

建筑防灾系列丛书
城市地质灾害与土地工程利用
李显忠 主编
*
中国建筑工业出版社出版、发行（北京海淀三里河路9号）
各地新华书店、建筑书店经销
北京佳捷真科技发展有限公司制版
北京云浩印刷有限责任公司印刷
*
开本：787×1092毫米 1/16 印张：15¾ 字数：312千字
2017年7月第一版 2017年7月第一次印刷
定价：**38.00**元
ISBN 978-7-112-19677-7
（29141）

李显忠，山东蓬莱人，1965年5月出生，中国建筑科学研究院研究员，博士生导师，青岛海洋大学博士，清华大学博士后，享受国务院特殊津贴专家，我国知名岩土工程专家，九三学社中央经济委员会委员，现任中国建筑技术集团副总工程师兼岩土工程勘察院院长。2004年被国家人事部确认为中国首批“新世纪百千万人才工程”国家级人选。曾任建设部综合勘察研究设计院环境工程技术所副所长、建设部建设环境工程技术中心执行主任兼总工程师。历任中国建筑学会工程勘察学术委员会委员、《软土地区岩土工程勘察规范》主编、《城市地下空间工程技术标准规范》主编。获国家科技进步二等奖1项、建设部科技进步一、二、三等奖及其他省级科技进步奖共11项。发表论文20余篇，出版合著专著7部。具有国家注册土木工程师（岩土）、国家一级注册建造师资格。

建筑防灾系列丛书
Series of Building Disaster Prevention
指导委员会
Steering Committee

《城市地质灾害与土地工程利用》

主　编： 李显忠

副主编： 姚爱军

序　一

城市是人类生活最集中、土地利用最密集的地区，也是土地开发对环境干扰和环境对人类工程活动反馈最强烈的地区之一。城市地质环境对城市建设与发展的影响通常表现在两个基本方面：一是提供资源，如土地资源、环境资源和各种矿产资源等，作为一种有利的物质因素，是构成城市建设与发展的重要基础；二是形成制约，各种低质量的地质环境与由于人类活动而引起的各种灾害作为一种不利因素，构成对城市建设与发展的重要制约。

土地利用中对灾害环境缺乏控制，致使低质量环境和环境变异对城市产生破坏与影响，这是一种被动制约。由灾害造成的制约具有随机性，是一种动态过程。这种动态过程或是一次性灾害，或具有重发性和周期性，为了求得城市发展与环境的统一，改善和提高环境质量，在深入研究灾害机理与特征后，对环境变异进行监测和防治，减缓灾害程度，并将控制措施落实到城市规划中，这是一种主动制约。

本书研究成果一方面可直接应用于城市规划、建设及城市地质灾害的治理和防治，节约可能由于规划对土地利用不当所带来的巨额附加投资，减少大量潜在地质灾害的损失；另一方面，研究成果将通过法律的方式在城市规划、建设中得到应用。这有利于最大限度控制城市环境恶化和灾害的发生，保护城市地质环境与城市生态环境，获得显著的环境效益和社会效益。

我国有城市千余座，其中有许多城市具有较严重的地质灾害，通过建立地质灾害防治系统，对土地工程利用进行科学控制，将大大降低地质灾害带来的生命和财产损失，因此本书的出版有着重要的社会意义。

院士、教授

序　二

随着我国经济的高速发展，城市化进程加快，社会各系统相互依赖程度不断提高，灾害风险以及造成的损失也越来越大，并日益深刻地影响着国家和地区的发展。

我国是世界上自然灾害最为严重的国家之一。灾害种类多，分布地域广，发生频率高，造成损失重，总体灾害形势复杂严峻。2016 年，我国自然灾害以洪涝、台风、风雹和地质灾害为主，旱灾、地震、低温冷冻、雪灾和森林火灾等灾害也均有不同程度发生。各类自然灾害共造成全国近 1.9 亿人次受灾，1432 人因灾死亡，274 人失踪，1608 人因灾住院治疗，910.1 万人次紧急转移安置，353.8 万人次需紧急生活救助；52.1 万间房屋倒塌，334 万间不同程度损坏；农作物受灾面积 2622 万公顷，其中绝收 290 万公顷；直接经济损失 5032.9 亿元（摘自民政部国家减灾办发布 2016 年全国自然灾害基本情况）。

我国每年受自然灾害影响的群众多达几亿人次，紧急转移安置和需救助人口数量庞大，从一定意义上说，同自然灾害抗争是我国人类生存发展的永恒课题。正是在这样一种背景之下，人们意识到防灾减灾工作的重要性，国家逐步推进防灾减灾救灾体制机制改革，把防灾减灾救灾作为保障和改善民生、实现经济社会可持续发展的重要举措。

国务院办公厅于 2016 年 12 月 29 日颁布了国家综合防灾减灾规划（2016－2020 年），将防灾减灾救灾工作纳入各级国民经济和社会发展总体规划。规划要求进一步健全防灾减灾救灾体制机制，提升防灾减灾科技和教育水平。中共中央、国务院印发的《关于推进防灾减灾救灾体制机制改革的意见》，对防灾减灾救灾体制机制改革作了全面部署，《意见》明确了防灾减灾救灾体制机制改革的总体要求，提出了健全统筹协调体制、健全属地管理体制、完善社会力量和市场参与机制、全面提升综合减灾能力等改革举措，对推动防灾减灾救灾工作具有里程碑意义。

顺应社会发展需求和国家政策走向，《建筑防灾系列丛书》寻求专业领域的敞开，实现跨领域的成果和科技交流。丛书包括《地震破坏与建筑设计》、《由浅入深认识火灾》、《漫谈建筑与风雪灾》、《城市地质灾害与土地工程利用》。这些分册的内容都紧扣建筑防灾主题，以介绍防灾减灾科技知识为主，结合与日常应用相关的先进实用技术，以深入浅出的文字和图文并茂的形式，全面解析了当前建筑防灾工作的重点、热点，有利于相关行业的互动参与。

归根到底，《建筑防灾系列丛书》的目的就是要通过技术成果展示的方式，唤起社会各界对防灾减灾工作的高度关注，增强全社会防灾减灾意识，提高各级综合减灾能力，努力实现“从注重灾后救助向注重灾前预防转变，从应对单一灾种向综合减灾转变，从减少灾害损失向减轻灾害风险转变”（引自习近平总书记在唐山抗震救灾和新唐山建设 40 年之际讲话）。

“十三五”时期是我国全面建成小康社会的决胜阶段，也是全面提升防灾减灾救灾能力的关键时期。中国防灾减灾事业是一个涉及国计民生的整体问题，需要社会每一个人的参与，共同建设，共同享有。面临诸多新形势、新任务与新挑战，让我们携手并肩，继续努力，为实现全面建设小康社会，促进和谐社会发展做出更大的贡献！

前　言

本书针对我国地质灾害面广又复杂等特点，建立了一套通用性和实用性很强的城市地质灾害防御系统，完成了城市地质灾害信息系统、城市地质灾害风险评价与预测系统、城市地质灾害的技术经济分析方法、城市地质灾害区划图与工程防治图系的编制、城市地质灾害防治规划系统及土地工程利用控制等方面的研究，形成了一整套城市地质灾害防御规划决策研究的系统方法。成果通过对土地利用的科学控制规划，避免和减少了由于对地质灾害认识不足而造成的巨大损失，保证城市建设土地开发利用与地学环境取得最大程度的协调一致，节省大量的建设投资。

本书由中国建筑科学研究院李显忠教授主编，副主编为北京工业大学姚爱军教授。本书出版受“十二五”国家科技支撑计划课题“城镇重要功能节点和脆弱区灾害承载力评估与处置技术”(2015BAK14B02) 资助，同时得到了科技部、住房和城乡建设部以及中国建筑科学研究院与住房和城乡建设部防灾研究中心相关领导的大力支持和帮助，在此一并表示感谢。武强院士为本书作序，在此表示深深感谢。

由于编者水平有限，书中难免有欠妥之处，敬请读者批评指正。

目　录

第一篇　城市地质灾害预测与评估

第1章　城市地质灾害的基本特征 …… 3
1.1　灾害分布与影响的广泛性 …… 3
1.2　灾害的突发性与缓变性并重 …… 4
1.3　灾害的连锁性和残酷性 …… 4
1.4　城市灾害是具有浓郁人为因素的天灾 …… 4
第2章　城市地质灾害与城市发展的关系 …… 7
2.1　城市地质灾害是城市环境问题之一 …… 7
2.2　城市发展与工程建设诱发地质灾害 …… 7
2.3　环境整治、土地利用控制是城市防灾的核心 …… 8
第3章　城市地质灾害现状分析 …… 9
3.1　我国地质灾害分布规律与类型 …… 9
3.2　城市地质环境与土地能力（以南京为例） …… 48
第4章　城市地质灾害预测方法分析 …… 51
4.1　概述 …… 51
4.2　城市地质灾害预测评价模型 …… 57
4.3　地质灾害危险地区的预测 …… 86
第5章　城市地质灾害评估方法分析 …… 91
5.1　地质灾害区划 …… 91
5.2　地质灾害经济损失评估 …… 94
5.3　城市地质灾害的综合评估 …… 104
5.4　地质灾害评估指标系统 …… 105
5.5　地质灾害综合评估与程序 …… 105

第二篇　城市地质灾害技术经济分析方法

第6章　城市地质灾害技术经济分析线路设计 …… 109
6.1　问题的提出 …… 109
6.2　国内外研究概况 …… 110
6.3　技术路线设计 …… 111
第7章　城市地质灾害技术经济分析的基本问题 …… 113
7.1　地质环境主题及其特征 …… 113

7.2 诱发灾害的地质环境主题是技术经济分析的前提 …… 114
7.3 城市土地利用类型与定量分析 …… 115
7.4 地质灾害技术经济分析与城市规划 …… 125
第8章 城市地质灾害易损性评价 …… 127
8.1 易损性评价 …… 127
8.2 地震地质灾害易损性分析 …… 128
8.3 采空区塌陷易损性分析 …… 130
8.4 岩溶塌陷易损性分析 …… 131
8.5 洪涝灾害易损性分析 …… 133
8.6 地震灾害易损性分析图及其分区 …… 134
第9章 城市地质灾害的损失评价 …… 135
9.1 损失评价的一般概念 …… 135
9.2 城市地质灾害的损害率分析 …… 135
9.3 城市地质灾害损失评价模型 …… 137
第10章 城市地质灾害期望损失费用分区及图件编制 …… 143
10.1 城市地质灾害期望损失费用分区方法 …… 143
10.2 城市地质灾害期望损失费用图编制 …… 145
第11章 唐山市地质灾害技术经济分析实例 …… 153
11.1 唐山市地质灾害易损性分析 …… 153
11.2 唐山市地质灾害损失评价 …… 160
11.3 唐山市地质灾害期望损失费用分区与制图 …… 162

第三篇 城市地质灾害防治规划与土地工程利用控制

第12章 城市地质灾害防治与减灾规划 …… 167
12.1 城市地质灾害防治与减灾规划原则 …… 167
12.2 城市地质灾害防治对策 …… 169
12.3 城市防灾系统规划 …… 189
12.4 城市地质灾害防治效益评估 …… 197
第13章 城市土地利用规划方案优化方法研究 …… 205
13.1 地质环境对城市规划的制约特征 …… 205
13.2 城市规划中土地工程利用控制技术与规划方案优化 …… 205
13.3 唐山市土地工程利用控制与规划优化 …… 208
附录 城市土地工程利用控制法规研究 …… 209
1.唐山市土地工程利用控制条例 …… 209
2.唐山市土地工程利用控制技术标准 …… 215
3.南京市土地工程利用控制条例 …… 223
4.南京市土地工程利用控制技术标准 …… 230

第一篇　城市地质灾害预测与评估

第1章　城市地质灾害的基本特征

城市地质灾害是指由自然原因、人类原因或二者兼有的原因给人们造成的灾祸，是天灾和人祸的混合体。城市地质灾害与城市这个特殊地域在社会经济发展中的地位和作用是分不开的。

由于城市的五集中（人口、建筑物、生产、财富、灾害交叉等），在城市发生的地质灾害具有损失重、影响大、灾害连发性（灾害链）强，且有与城市发展同步增长的特点。根据在城市空间中灾害的随机破坏、灾害的时空特点、各种工程活动对灾害的影响以及城市灾害对策分析，城市地质灾害具有地质灾害的一般性质，又有城市的特殊性。

1.1　灾害分布与影响的广泛性

每个城市由于地理位置、地质条件不同以及城市发展层次的不同，各自分布着不同类型、不同风险水平的地质灾害。我国沿海地区是全国受灾最严重的地区，从辽宁丹东到广东广州基本上可以连接成带。随地区不同，带的宽度各异。几个三角洲是易灾区，大城市受灾带也较宽广。地面沉降灾害、软土不良地基等地质环境主题在沿海城市成为公害。例如，《长江三角洲地区地下水资源与地质灾害调查评价》报告（南京地质矿产研究所，2005）显示，因为长期超采地下水，上海市区最大累计沉降量达2.63m，经济损失2900亿元；江苏省的苏、锡、常（苏州、无锡、常州）地区最大累计沉降量达1.08m，经济损失469亿元；浙江省的杭、嘉、湖（杭州、嘉兴、湖州）最大累计沉降量达0.82m，经济损失85亿元；三地累计经济损失3454亿元等。天津市也形成了市区、塘沽、汉沽三个沉降中心，累计沉降量最大为3.916m，最大速率为80mm/a，等等。

由于城市是人类对地质环境干扰破坏最严重的地区，人口和财富相对集中，任何类型的地质灾害，无论其大小，一旦发生，都会深刻影响社会的安定。

城市潜在渐生灾害也广泛分布，如美国每年由膨胀土造成的灾害损失达40亿美元，我国广西的膨胀土，已造成数十万平方米的房屋建筑破坏或不能正常使用，这是潜在的渐生灾害。从预测和整治角度讲，潜在渐生灾害较易掌握，对其予以重视并积极防治，可以带来很大的社会效益和环境效益。

1.2 灾害的突发性与缓变性并重

城市地质灾害种类较多，一部分具有突发性，而另一部分具有缓变性。如地震、火山喷发、崩塌、滑坡、泥石流、地面塌陷等属于突发性地质灾害，其发生的时间、空间、规模难以预测和预报，产生的灾害严重；而地面沉降、地面开裂（地裂缝）、黄土湿陷、膨胀土胀缩、冻土冻融、沙土液化、淤泥触变、水土流失、土地沙漠化、盐碱化、沼泽化等属于缓变性地质灾害，其发生过程缓慢，灾害影响长期存在，不可忽视。

1.3 灾害的连锁性和残酷性

1976年唐山7.8级地震顷刻间使80%的生产用房、9.4%的生活用房遭到破坏，全市供水、供电、通信、交通等生命线系统全部瘫痪，伤亡24.2万人，直接经济损失达100亿元以上，间接损失难以估量。

城市灾害中一种灾情的出现，常常表现为多种灾因的复杂叠加；一些平常的灾变，又常会在城市中酿成大灾。一个高等级、高强度的地质灾害发生后，常常诱发一连串的次生灾害，这种现象即灾害连发性，又叫“灾害链”。如1960年5月20日智利发生的7.7级、7.8级、8.5级三次大地震→瑞尼赫湖区发生三次大滑坡（300万m^3、600万m^3、3000万m^3），滑坡、泥石填入瑞尼赫湖→湖水位上涨24m，造成外溢→淹没了湖东瓦尔的维亚城，全城水深2m，使100万人无家可归。这个致灾过程中，地震—滑坡—洪水构成一个“灾害链”。

1.4 城市灾害是具有浓郁人为因素的天灾

在众多的自然灾害类型中，除地震、火山、台风等灾害的发生是由地球内外动力异常引起的外，其他各类灾害的发生都同人类活动有直接或间接的关系，而地震、火山、台风等自然灾害造成的损失大小也常同人类活动有关。人类活动导致的环境恶化一方面使地球自身抗异常活动能力下降，另一方面许多人类破坏环境的过程就是自然灾害形成过程。

1.4.1 土壤侵蚀

土壤侵蚀是一种分布广泛的现象，但由于人口膨胀和人类对土地资源的掠夺性利用，如滥垦、滥伐、滥牧、滥采等已使它成了危及人类生存的重要自然灾害。就我国来看，水土流失面积达$150\times10^4km^2$，占国土总面积的15.6%，每年流失土壤50多亿吨（入海泥沙量约$20\times10^8km^3$），占世界总侵蚀量的1/12；黄土高原的水土流失举世瞩目，流失面积达$43\times10^4km^2$，土壤侵蚀量达23×10^8 t左右。近30年来，人为垦荒活动尤其坡地开垦使地表径流增大，诱发和加剧沟谷侵蚀的发展。长江上游土壤流失仅次于黄土高原，其侵蚀面积达$35.2\times10^4km^2$，占上游土地面积的35%，并以每年1.25%的速率递增。长江流域水量充沛，多暴雨，森林砍伐和坡地开垦更急剧增加了径流冲刷量和土壤侵蚀量（相同条件下，裸地径流时间比林地提前2/3，径流洗刷增大3.6倍，土壤侵蚀量大幅增加）。土壤侵蚀造成严重的恶果。在侵蚀区，造成土壤变薄（山地则可能导致田地冲光，无地可耕，如贵州省赫章县从1957～1981年，土地石化面积从31.14万亩猛增达43.45万亩，平均年增五千多亩），肥力降低，含水量减少，热量状况变劣，土地生产力下降甚至丧失，导致整个生态系统失调；沟谷侵蚀的发展往往导致崩塌、滑坡和泥石流灾害。由于土层保蓄水能力降低，早期加剧灾情，暴雨易于形成山洪。可以说，侵蚀加重贫困，贫困加剧侵蚀，万年沃土毁于一旦。为了粮食，为了生存，“拯救土壤，就是拯救人类”。在远离侵蚀区的下游，泥沙淤积，河床抬高，水库淤塞，河道过洪能力降低，引起频繁的洪涝灾害，更不用说要花费巨金于水库清淤、河道和海港的疏浚。显然，土壤侵蚀如果不及时地防治，而且人为侵蚀率有增无减，最终必然导致难以逆转的大灾难。

1.4.2　土地沙漠化

沙漠化通常发生在具有沙质的土地上，往往是从土壤承受了人类赋予的过度压力而变干开始，如过度放牧、过度柴樵以致原有植物衰减，土壤中有机质减少和水分保蓄能力下降，土地失去植物生产能力，在干旱多风的条件下，逐渐沙化并出现以风沙活动为主的地表形态，从而加剧土壤退化过程，导致可利用土壤丧失，脆弱的生态环境遭到进一步破坏。沙漠化对全球带来严重的威胁。我国是受其危害严重的国家之一，北方沙漠化、戈壁和沙漠化土地面积为$149\times10^4km^2$，其中沙漠化为$33.4\times10^4km^2$。土地沙漠化同人类活动密切相关，我国沙漠化土地中，有31.9%是在近百年来发生和发展的，从20世纪50年代到70年代，沙漠化土地以每年1560 km^2的速度在扩展。

1.4.3　城市化与土地开发

城市范围的高、大、深、重建筑物随着都市化进程的加速而日趋增加。市政工程、城市地下空间利用、城市生命线工程、傍河城市上游地区的水利枢纽工程、城市边际土地的开发等造成生态平衡的变异，说明人类对环境的干扰，无论是从方式上还是从剧烈程度上都空前浩大。当城市环境能力不能承受过度的土地开发时，就会诱发各种次生灾害。

第 2 章　城市地质灾害与城市发展的关系

2.1　城市地质灾害是城市环境问题之一

城市地质灾害是城市环境突出的不稳定现象，这种不稳定包括环境本身的与外域破坏力袭击下的不稳定。由于城市环境质量是一个系统的概念，有时很难简单区分这种不稳定类型。例如，强震影响、洪泛、泥石流属于外域破坏力的影响，场地特殊岩土的不稳定性状引起的地基危害则为环境本身的不稳定。对于滑坡，当研究山坡本身时需考虑环境自身的稳定问题，当研究坡脚用地时，需考虑外域破坏力袭击问题。这一特征说明，应将城市地质灾害作为城市环境问题对待，并在此问题基础上作出地质灾害作用下的环境质量优劣的判断。

2.2　城市发展与工程建设诱发地质灾害

近年来，中国大力推进城市化，掀起了大规模的工程建设，这些无时不在扰动着城市的地质环境，如改变城市的地貌景观，扰动地下水的物理及化学场，重塑城市表部岩土特征，不断对岩土体施加各种荷载等。这些作用的结果使城市所在的地质环境发生改变，严重者形成或诱发地质灾害。

新中国成立以来，城市地下水的超量开采，造成了大量城市产生地面沉降灾害，这些沉降城市有的孤立存在，有的密集成群或相连，形成广阔地面沉降区域或沉陷带。目前沉陷带有 6 条，即：沈阳—营口；天津—沧州—德州—滨州—东营—潍坊；徐州—商丘—开封—郑州—上海；上海—无锡—常州—镇江；太原—侯马—运城—西安；宜兰—台北—台中—云林—嘉义—屏东等。又如，大庆是我国著名的石油城市，但在 40 多年的开发建设过程中，逐渐产生了一些地质灾害现象，如土壤沙化、盐碱化、沼泽化，面积约 2881km^2（1989 年资料），占总土地面积的 56.4%，致使 1/2 的土地无法利用。在黑龙江省 4 大煤城（鸡西、七台河、双鸭山和鹤岗），由于多年的地下煤炭开采，产生了最为严重的地面塌陷地质灾害。据统计，四大煤城受采空区影响，地表塌陷最深达 5m，目前塌陷面积已达700多km^2，其中，七台河185 km^2，占整个市区面积的11%，由此七台河市老城区3次选址、2次迁移，国家每年因塌陷就为七台河市支付超过1000万元的赔偿费，四座煤城支付的赔偿费每年也达亿元。

2.3 环境整治、土地利用控制是城市防灾的核心

环境整治是针对经济上担负得起的一般性不稳定地区，实施使地质环境与城市发展保持相对稳定的整治，借此提高土地的工程能力与建筑物的安全度，排除直接威胁城市安全的重大灾害隐患，如设立防洪堤坝、采取全城市建筑物的结构强度抗震措施等。土地利用控制则主要针对土地的合理利用与控制，如放弃灾害严重地区的土地开发计划，限制易于诱发次生灾害地区的土地开发强度，保证无灾害隐患地区土地资源的不浪费。

环境整治和土地利用控制对提高城市的环境效益和防灾有重大实用意义。例如广西南宁市自1975年开始修建的邕江防洪大堤，长约40km，投资3400万元，在1985年、1986年两次防洪中，减少损失3.5亿元。

第3章　城市地质灾害现状分析

3.1　我国地质灾害分布规律与类型

受地质、地形和气候环境的制约，中国地质灾害的分布具有明显的区域性规律，大体可划分为五个大区，即地面塌陷、地面沉降和矿井突水为主的地质灾害区，崩塌、滑坡和泥石流为主的地质灾害区，冻融、泥石流为主的地质灾害区，土地沙化为主的地质灾害区，地震地质灾害区。

3.1.1　岩溶塌陷、地面沉降和矿井突水为主的地质灾害区

位于中国东部地区，大兴安岭、太行山、巫山、武陵山至雪峰山一线以东。在地形上属第三台阶，为海拔1000m以下的低山、丘陵和200m以下的平原。南北气候差异较大，南部属副热带及亚热带气候，北部属温带和寒带气候；季风气候为主。地质上处于东北断块东部、华北断块东南部和华南断块的主体部位，构造上以NW、NNE向断裂为主，地震活动除华北、东北、福建沿海及台湾较强烈外，其他地区均较微弱。本区广大地区因晚近地质时期和现代塌陷下沉，地表面分布有大范围的新输送堆积物。此外碳酸盐岩分布区强烈发育的岩溶也陷伏于地下。本区占将近1/4国土面积，而人口却占2/3以上。区内人口稠密，大中城市分布集中，工农业发达，采矿业也十分发达，所以人类活动在地质灾害的生成中占有重要地位。由于过量开采地下水和矿山采掘等人为因素，在一些大中城市和矿区分布有地面塌陷、地面沉降和矿井突水为主的地质灾害。在山区还分布有滑坡和泥石流灾害。

城市地面沉降和岩溶塌陷，直接影响着国民经济建设和人民生命财产的安全。随着经济的发展，人类工程经济活动加强，地质灾害也逐年增加，地质环境受到不同程度的破坏。坐落在第四系松散软土层上的城市，尤其是沿海城市，由于开采第四系含水层的地下水，地下水位不断下降，导致地面发生沉降。此外，中国可溶盐岩的出露面积约$91\times10^{4}km^{2}$，加上埋藏于不同深度的碳酸盐岩地层，总面积达$340\times10^{4}km^{2}$以上，碳酸盐岩分布面积占全国总面积的37%，其出露面积占全国（未计入南海诸岛）总面积9.7%（贵州省占全省面积51%，广西达33%，湖南、湖北、云

南、山西等省均超过 20%）。在开发利用岩溶地下水资源和为开采地下矿藏而排出岩溶水以及矿坑突水时，往往导致地面发生岩溶塌陷。

1. 中国城市地面沉降

地面沉降作为一种地质灾害，对城市建设危害很大。由于它发展缓慢，短时期不易被人们察觉，往往不被重视，然而这种“慢性病”影响范围之广，治理难度之大，远远超过其他城市地质灾害。这在海拔较低的滨海城市影响更为显著，同时还会出现很多次生地质灾害。如天津地面沉降在 20 世纪 50 年代已有明显显示。随着地下水开采量的增加，市区地面标高不断降低，河流防洪、泄洪能力大为减弱，加快海水入侵的可能性，溶蚀也可使风暴潮加剧，如 1985 年塘沽一带发生风暴潮，仅短短数小时，沿海仓库、码头普通受淹，直接经济损失达 8000 余万元。可见地面沉降已成为严重的地质灾害。据现有资料证实，地面沉降不仅在华北地区内的平原、滨海地区存在，而且在内陆盆地也很严重，粗略统计目前已有 30 个以上城市出现较严重的地面沉降现象，这种情况至今仍在持续发展。

中国发生地面沉降的城市有上海、北京、天津、常州、宁波、西安、太原、嘉兴、无锡、沈阳、包头、苏州、南通、阜阳、沧州等。

上海市为长江下游的沿海城市，其地面沉降发现于 1921 年，截至 1965 年沉降中心的最大沉降量已达 2630mm。平均最大年沉降量为 110mm，已形成较大的沉降洼地，从 1965 年开始削弱开采地下水量控制地面沉降，1966 年至 1986 年间累计沉降量为 36.7mm，年平均沉降量为 1.7mm。从 1966 年至 1971 年地面有所回弹，年平均回弹量为 3mm 左右，说明从 1965 年开始防治大有成效。但在 1972 年至 1987 年又开始沉降，每年平均沉降 3.4mm，其中 1984 年至 1987 年间，年平均沉降量达 6.2mm，并在郊区发展迅速，沉降范围逐年增大。

天津市为海河下游的沿海城市，地面沉降发现于 1959 年，截至 1979 年沉降区面积达 7300 km^2，最大累计沉降量达 1760mm，1959～1979 年间，年平均沉降量为 54.4mm，1971～1976 年间年平均沉降量为 76.3mm，1959 年至 1983 年间，最大累计沉降量达 2200mm，最大沉降量为 216mm/a，多年累计沉降量大于 1000mm 沉降范围为 135 km^2。

常州市为长江中下游地区的江岸城市，地面沉降的范围达 20km^2，最大沉降量为 512mm，沉降速度为 59.63 mm/a。

宁波市截至 1986 年最大累计沉降量大于 300mm，沉降速率为 25～20mm/a，面积达 65 km^2。

西安市为黄河支流渭河岸边城市，地面沉降范围为 300 km^2，累计沉降量大于 100mm 的面积为 85km^2，1978 年大于 200mm 的为 14km^2，沉降速率达 80mm/a，截至 1980 年底最大累计沉降量为 503mm。1959 年至 1972 年间，年平均沉降量为 4.84mm；1972 年至 1976 年间为 25.8mm，1976 年至 1980 年间为 47.86mm。

太原市为汾河岸边城市，1980年发现地面沉降，沉降量大于100mm的沉降范围为108 km^2，大于700mm的为3.6 km^2，最大累计沉降量为1232mm。

无锡市从1955年至1983年累计沉降量为900mm。沉降速率为32mm/a。

嘉兴市为长江三角洲地区城市，最大沉降量达300mm，范围达300 km^2。

地面沉降使城市的建筑物和设施受到破坏，桥梁、房屋、道路等发生裂缝，井管上升、马路积水、地下管道被切断等。在沿海城市由于沉降需加高海堤，否则会发生海水入侵，淹没城市。例如上海市由于地面沉降，沿苏州河的桥墩出现下沉，净空减少，船只通航不畅等。政府不惜投入数以亿计的巨资，加高沿海江防洪堤，改建桥梁，翻修地下道，垫高路面，同时减少地下水开采量。

2.实例——宁波市地面沉降机制

宁波市地处东海之滨，是我国重点建设的港口工业城市。

大量抽取地下水造成宁波市地面沉降，是宁波市主要环境地质危害之一。它直接影响着宁波市的建设和发展，甚至危及人民生活。危害主要表现为江岸防汛能力降低、建筑物开裂、井管上升等。如不对其加以控制，危害将日益加剧，将会出现桥下净空减小、影响水上交通，港口码头不能正常使用，高楼脱空等现象。由此可见，控制宁波市地面沉降的发展已是当务之急。

（1）沉降区的工程地质及水文地质条件

地面沉降是一个复杂的工程地质和水文地质过程。其内因，即产生条件，是由于存在疏松的含水体系，其中承压含水层之水量丰富，适于长期开采。在开采层的影响范围内，有厚层的正常固结或欠固结的可压缩性黏性土层。而外因则是大量抽地下水，导致土层内应力发生变化。所以，有必要对沉降区的工程和水文地质条件作较为详细的了解。

1）沉降区的工程地质条件

①沉降区工程地质层的组成及土的物理学指标

宁波盆地自中更新世以来，逐渐形成一套复杂的陆相及海陆交互相沉积物。市区一带厚约90m。按其物理力学性质及对地面沉降的影响，可划分为砂砾、软土和硬土三个土组。根据各土体的年代，沉积环境及水位升降引起的变形特征划分为15个工程地质单元体。

②土的渗透性

土的渗透性直接控制着土体的主固结速率。宁波第一含水组土体室内渗透试验曲线基本上为直线（图3-1)，表明黏性土层的渗透基本上服从达西定律。各土层渗透系数在各层内随深度增加而增大（表3-1)。

第一软土层由于中部常夹有粉砂薄夹层，底部含贝壳碎屑，这些部位渗透系数明显偏大．最大可达 1.93×10^{-3}cm/s，与砂类土相近。

各黏性土层渗透系数统计表（单位：cm/s）　　表 3-1

区位		渗透系数	
		水平	垂直
第一软土层	上	7.96×10^{-8}	4.42×10^{-8}
	中	3.87×10^{-7}	
	下	1.26×10^{-7}	8.45×10^{-8}
第一硬土层	上	9.76×10^{-3}	1.23×10^{-7}
	下	9.76×10^{-6}	1.88×10^{-4}
第二软土层		6.62×10^{-8}	
第二硬土层		4.59×10^{-7}	7.89×10^{-8}
第四硬土层		1.64×10^{-6}	

注：浙江省水工地质大队提供

第一硬土层上部渗透性较差，下部水平层理发育．某些地段渐变为粉砂，使其垂直与水平渗透系数相差甚大。其他各层渗透性变化较小。

③土体的变形性

长期开采地下水，水位周期升降，使沉降区黏性土层除受自重应力作用外，还受到水位下产生的附加应力的作用。土层不同程度地固结，多为正常固结或超固结软土层，固结比为 1～2，属于正常至微超固结；硬土层前固结比一般大于 2，最大可达 76，尤其是第一硬土层，为强超固结土。

室内固结试验表明，2cm 的试样在双面排水条件下，主固结完成时间需要 1～2h（浙江水工大队试验室提供）。据太沙基固结理论，固结度与时间因素的关系如图 3-1。

$$U=f(T_v)\qquad T_v=C_{vt}/H$$

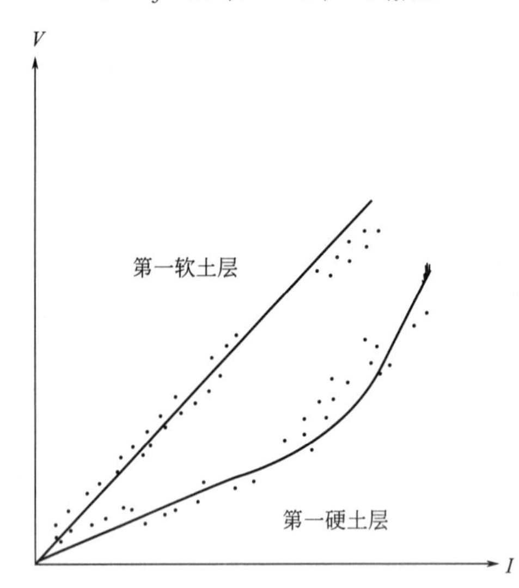

图 3-1　第Ⅰ含水层以上各黏性土渗透试验曲线

固结度 U 确定后，时间因素 T_v 也不为一定值，而对于同层土的固结系数 C_v 似可看作常数。由上述关系可知，当土层厚度 H 增加时，要达到厚度增加前的固结度，则固结时间将大大增加。由此推知，在某一时段水位降 h 的作用下，土层的主固结是不可能完成的。实测变形与时间关系曲线也表明，软土层的主固结阶段尚未完成（图 3-2）。

土的固结程度相同，在不同压力增量作用下固结曲线与主固结所占比例也不相同（图 3-3，表 3-2）。

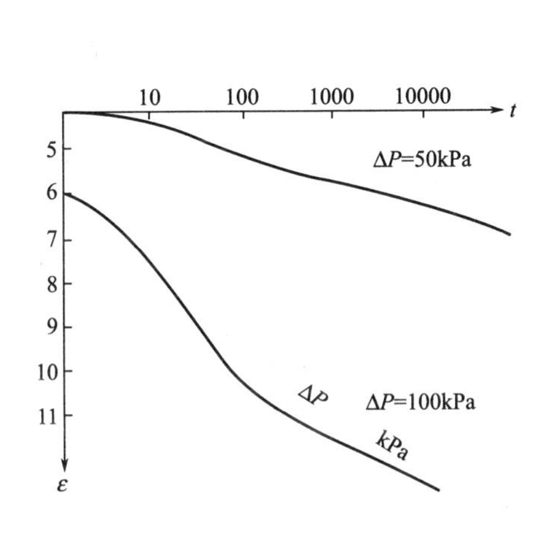

图 3-2　软土层流变曲线

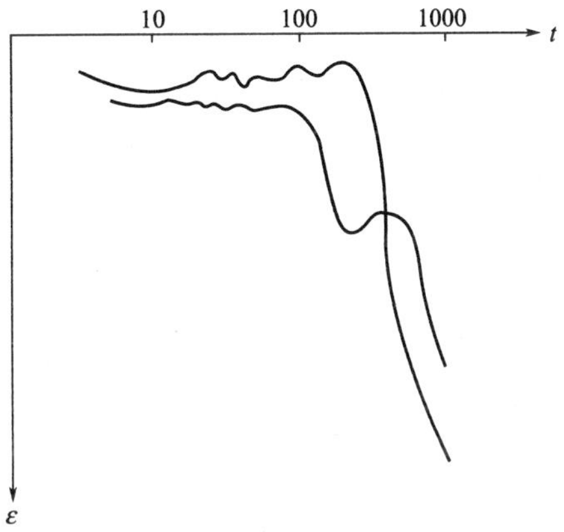

图 3-3　实测 ε－lg*t* 曲线

软土层流变试验表　　**表 3-2**

层位	自重应力 (kg/cm²)	应力分量 (kg/cm²)	荷重率	主固结量 (mm)	次固结量 (mm)	次主固结比	次固结系数
第一软层	0.75	0.25	0.33	11.30	10.7	0.95	2.273
		0.50	0.66	32.60	15.1	0.66	2.729
		1.00	1.33	126.50	15.5	0.12	3.366
第二软层	3.10	1.00	0.32	9.60	5.8	0.60	1.310
		2.00	0.64	20.30	7.3	0.36	1.431
		3.00	0.96	19.10	8.7	0.56	1.556

沉降区软土层在有效应力增量较小时主固结量较小，次固结量在总变形量中占有较大的比例。这表明在小应力条件下，应力未超过前期固结压力，土体的变形主要为由次固结产生的残余变形。这一性质反映在实测水位与沉降量曲线上，则为水位变幅较小时变形很小，水位变幅超过某一界线值时，土层变形由残余变形转为主固结变形。

沉降区硬土层多为强固结土层，对于这类土层来说，只有当与降低后的承压力水位相平衡的孔隙水压力线达到预固结应力线之左侧时（图 3-4），土层才有进一步固结的潜在可能性。当土层中的实际孔隙水压力线消散到预固应力线时，固结过程才会开始。因此，决定这类土层可能产生的固结压密强烈程度的，主要包括在预固结应力线（PC 线），与平衡孔隙水压力线，（AB 线）之间的那部分剩余孔隙水压力，称之为有效剩余孔隙水压力。这部分剩余孔隙水力的消散过程，才是这类土层的实际固结过程。因此，在强超固结土层中，承压水位的降低只有当它能在土层中造成有效剩余孔隙水压力时，才有引起土层进一步固结的可能性。

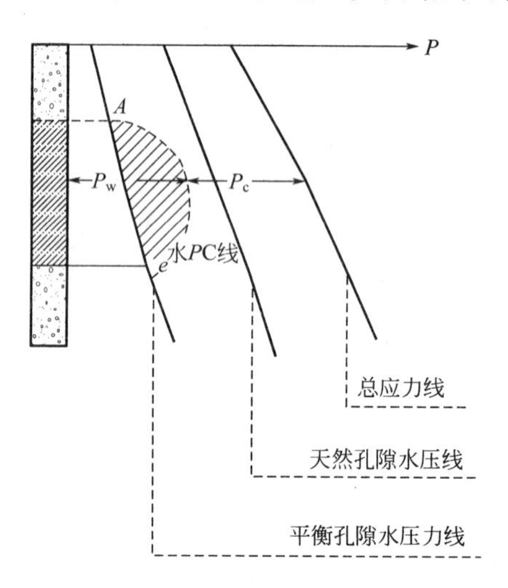

图 3-4　孔隙水压力线

沉降区硬土层，现有固结应力一般均未超过前固结压力，不能形成有效剩余孔隙水压力。因此，$\varepsilon-\lg t$ 曲线近于直线，没有明显的主固结阶段，变形主要为次固结产生的。这一性质表明，在水位变化产生的有效应力是前期固结应力时，土层只能产生少量残余变形（图 3-5）。

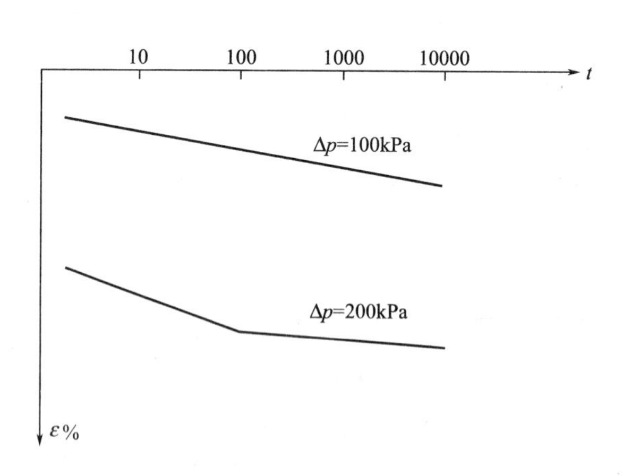

图 3-5　硬土流变曲线

④地层结构分区（或称沉降结构分区）

第Ⅰ含水层以上土层是主要压缩层，构成软硬相间的组合结构。主要压缩层为第一、二软土层。在上部地层组合中，其他各层分布较为稳定，厚度变化不大，只有第一硬土层空间分布不稳定，控制着地层的组合变化。

第一硬土层不仅本身变形极小，而且控制着本区主要压缩层——第一软土层的厚度变化、孔隙水压力的消散。

由于 I_1 含水层以下地层组合变化对地面沉降影响较小，故沉降结构分区主要考虑上部地层的组合变化。因此，据第一硬土层的缺失与否将本区分为如下两个沉降结构区。

第Ⅰ沉降结构区：分布于江东、西门外和江产结区及其以南地区。该结构区由第一、二软土层，及第一、二硬土层组成，地层齐全。

第Ⅱ沉降结构区：分布于望春桥、姚江大闸、压赛堰以北地区。该结构区缺失第一硬土层。

2）沉降区水文地质条件

①地下水类型及含水层特征

研究区赋存有孔隙潜水，孔隙承压水及基岩裂隙水。其中具有开采价值的是两个孔隙承压含水层（组）。

第Ⅰ孔隙承压含水组（第一含水组）：该含水组由 I_1 及 I_2 两个含水组组成，二者之间为第三硬土层。

第 I_1 含水层：埋深45～50m，厚3～8m，冲积形成。为灰色砂砾—中细砂或含砾细砂。原始水位0.2m。

第 I_2 含水层：埋深65～70m，厚5m左右，冲积形成。局部缺失。为灰色砂砾，结构疏松。单井出水量1500～2000m^3/d。

第Ⅱ孔隙承压水层（第二含水层）：该含水层埋深75～80m，厚5～10m。为灰色砂砾，含少量黏性土。原始水位0.65m。单井出水量约1000m^3/d。

海陆交互相的地层组合，使上述承压含水层被大面积、多层次的黏性土层所覆盖，近于半封闭状态，致使地下水的补给条件极差。

上述承压含水层，在沉降区基本上分布稳定，呈层状分布。

②地下水动态

a.地下水开采历史及现状

宁波素以地表水作为主要供水源，地下水仅起调节补充作用，主要用于轻纺工业冷却用水。深层地下水的开采大约始于20世纪30年代初，至今在28km^2的范围内累计建井已达二百多眼，目前使用六十多眼。几十年来随着轻纺工业的，地下水的开采利用状况发生了很大变化（表3-3，图3-6）。

宁波地下水开采利用统计表（单位：万m^3）　　表3-3

开采阶段	年开采量最小～最大 多年平均	各层开采量所占比例			主要开采 地段	用途
		Ⅰ	Ⅱ	Ⅰ+Ⅱ		
1930～1956年	45～96 50	30	67		老城区	饮用
1957～1979年	200～910 425	21	56	23	孔浦江东	工业冷却
1980～1985年	670～889 762	24	23	53	江东西门空调工业冷却	

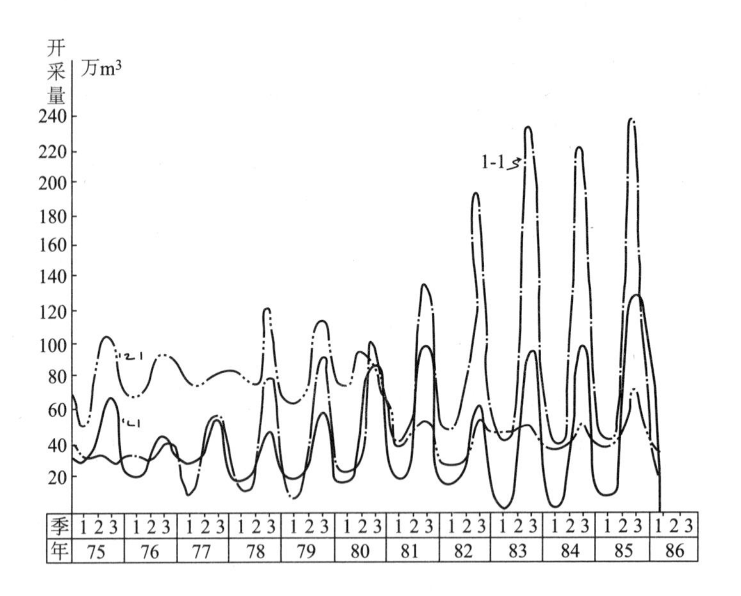

图 3-6 宁波各含水层开采历史曲线

b. 地下水回灌

宁波市部分纱厂为提高空调降温效果，冬季进行深井回灌（以自来水为源），夏季回采使用。回灌从 1978 年开始，回灌量逐年增加。目前每年回灌 70～80 万 m^3。

c. 地下水动态

承压含水层在天然条件下变化很小。人工开采是地下水排泄的主要方式。随着开采量的逐年增加，水位持续下降。目前，第Ⅰ、Ⅱ含水层水位已经形成了以市区为中心的降落漏斗。

各承压含水层的水位降落漏斗面积见表 3-4 和表 3-5。

第Ⅰ含水层水位漏斗面积统计表　　表 3-4

水位（m） \ 面积（km^2） \ 年份	1975 年	1983 年	1985 年
−15	1.0	19.5	19.0
−10	23.0	60.2	60.0
−5	96.0	142.9	155.1

第Ⅱ含水层水位漏斗面积统计表　　表 3-5

水位（m） \ 面积（km^2） \ 年份	1975 年	1983 年	1985 年
−15		30.3	41.6
−10	11.0	69.0	85.90
−5	30.0	173.9	161.I

1980 年以前，季节性开采不十分显著，地下水位年变幅不大。1980 年以后，地下水的采灌季节性突出，地下水的年变幅也相应较大。以 1985 年为例，各承压含水层的水位动态如下：

第Ⅰ含水组：漏斗中心分布于江东—西门外一带，漏斗呈椭圆形，年平均水位－16.0～ －17.0m；4～9 月为下降期。8 月份平均水位－27.0～－32.75m；9 月至次年 3 月水位回升，3 月份平均水位－7.5～ －10m，江东回灌区水位最高，形成反漏斗。开采区年变幅 18.0～25.8m，以回灌为最大（图 3-7）。

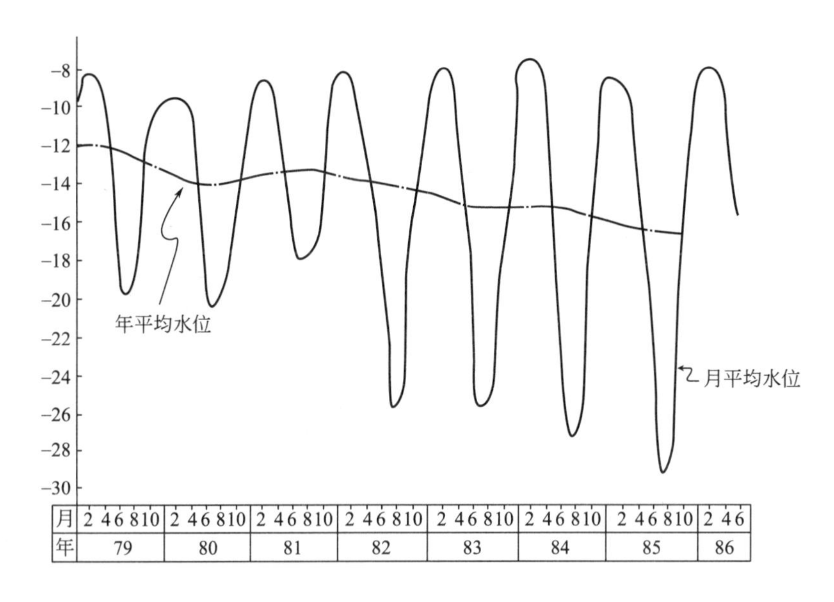

图 3-7　第Ⅰ含水层（供 98）水位动态历时曲线

第Ⅱ含水层：漏斗中心在江东—段塘一带。年平均水位－18.5～23.7m，低于上层。8 月份平均水位－29.0～ －35.6m。开采区年变幅 14.0～26.5m（图 3-8）。

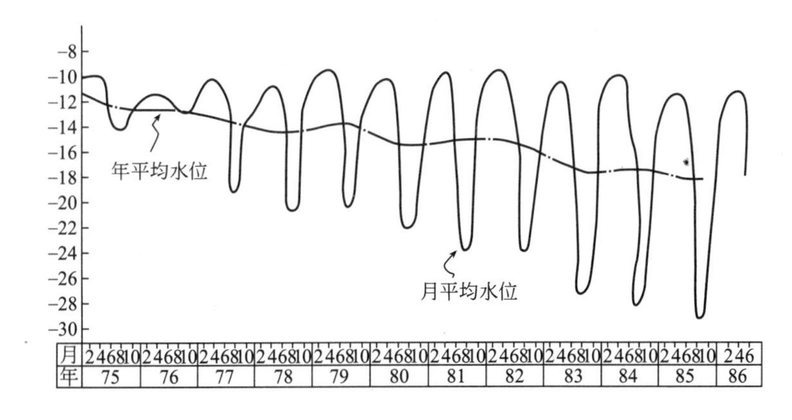

图 3-8　第Ⅱ含水层（供 98）水位动态历时曲线

（2）沉降机制分析

1）地面沉降发生的原因

大量抽汲深层地下水是造成宁波市地面沉降的根本原因。其证据如下：

①沉降发生在大量抽取地下水造成水位大幅度下降的地区沉降漏斗中心与地下水位降落漏斗中心相吻合（图 3-9），如和丰纱厂是用水量较大的单位，所以，其基本上是位于沉降中心。

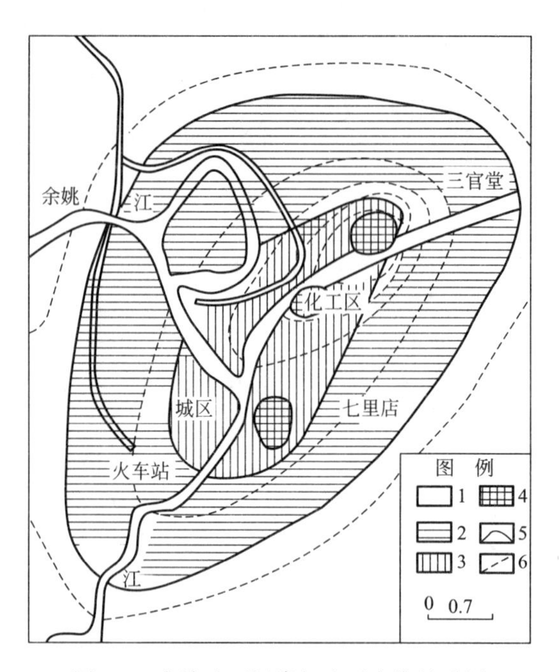

图 3-9 宁波地面沉降与地下水位关系图
1. 非沉降区 2. 沉降量 1～5mm 地区
3. 沉降量 50～100mm 地区 4. 沉降量大于 100mm 地区
5. 沉降界线 6. Ⅱ含水层干水位线
据 1977 年编《宁波供水水文地质初步勘探报告》

②地面沉降速率与地下水的开采量或开采速率具线性相关关系。如沈孝宇先生在国际交流论文（地面沉降机制中的某些问题分析）中提到，宁波市地面沉降速率和含水层开采速率可建立如下回归方程：

$$S=0.080v+4.32 \quad (相关系数\ r=0.92)$$

式中：S——地面沉降速率

v——含水层开采速率

③地面沉降、回弹量与承压水位的变化密切相关（图 3-10）

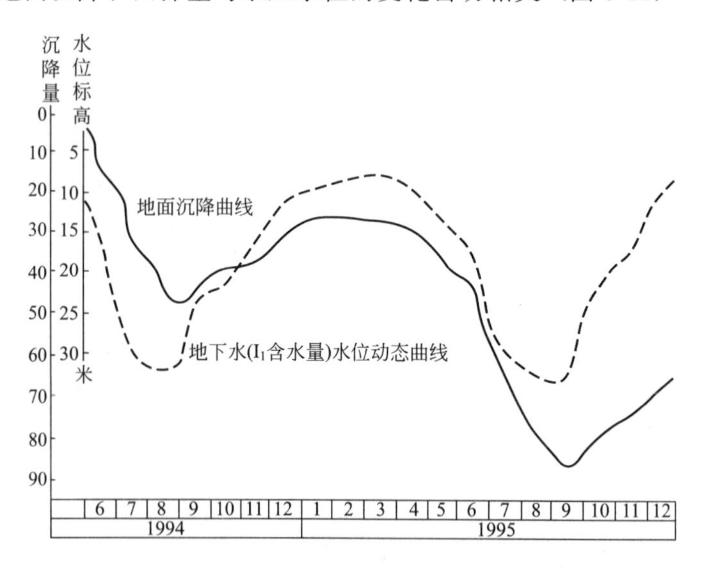

图 3-10 江东和丰地面沉降与 I_1 层水位动态曲线

④通过人工回灌或限制地下水的开采、恢复和抬高地下水位的办法，控制了地面沉降的发展，有些地区还促使地面有所回升。

⑤在同一水文年内，地面变形呈现出相对稳定、下降和回弹三个阶段，与地下水的相对稳定、下降和回升三个时期大致对应（图 3-11）。

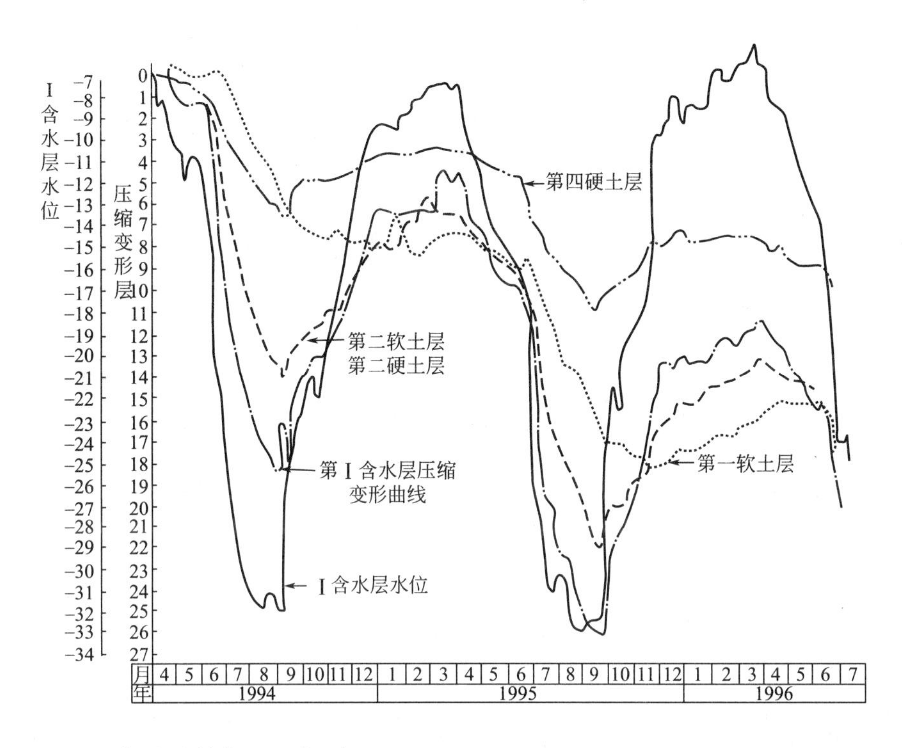

图 3-11　I_1 含水层水位与土体压缩变形历时曲线图

2）渗透固结与地面沉降

承压含水层水位降低，必然要使含水层本身及其上下相对隔水层中的孔隙压力随之而减小，土中由上覆盖层引起的总应力（σ），等于出孔隙水压力（U）和有效应力（σ'）之和。即：

$$\sigma=\sigma'+U$$

如果假定抽水过程中土层内的总应力保持不变，那么孔隙水压力的减少，必然导致土中有效应力的增加，结果就会引起土层的固结。这就是地面沉降与抽取地下水之间因果关系的原理所在。

①水位下降土层内的应力转化过程

承压水位下降，导致土层中应力转化的过程，是随着土的性质、时间和空间（排水条件）而异的。下面以抽取第 I_1 含水层之承压水为例，对其上覆压缩层的应力转化作简单分析（图 3-12）。

图 3-12（a）示意性地反映了由于 I_1 含水层承压水位下降，而引起的上覆压缩层内的应力转化关系。

由图 3-12（b），我们可以看出，应力转化过程在砂层和黏性土层中，表现是截然不同。对于含水砂层，我们基本上可以认为这一过程是“瞬时”完成的，即随着承压水位的降低，砂层内的有效应力也迅速地增至与降低后的承压水位相平衡的程度，即达到如图 3-12 所示的 AD 线。然而，这一过程在含水砂层上覆的黏性土中却进行十分缓慢。随着时间的推移，标志着固结进展程度的应力转化线逐渐向 AH 线推进。这样在承压水位下降后，直到应力转化过程，即固结过程，最终完成之前的相当长时间里，黏性土层中始终不同程度地存在着剩余孔隙水压力，或者称超孔隙水压力。土层内现有孔隙水压力的大小，是衡量该土在现存应力条件下可能最终产生的固结压密的强烈程度的重要标志。

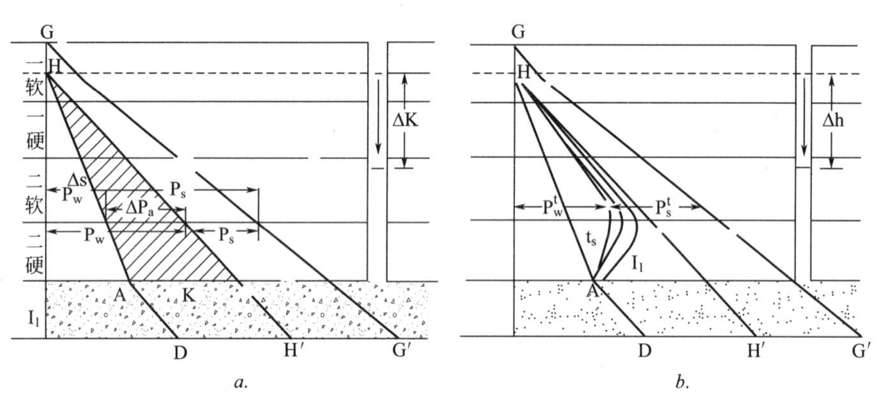

图 3-12　土体应力转化过程

$G-G'$：总应力线

ΔP_s：有效应力增量

$H-H'$：天然孔隙水压力线

P_s^t：水位下降后某时刻的有效应力

P_w^t：水位下降后某时刻的孔隙水压力

$H-R-U$：与降低后的承压水位相平衡的孔隙水压力线

P_s^0，P_w^0：天然有效应力和天然孔隙水压力

P_s^t：$t\to\infty P_s^{\Delta h}$（最终有效应力）

P_w^t：$t\to\infty P_w^{\Delta h}$（最终孔隙水压力）

同时. 由图 3-12 也可以看出：上覆黏性土层，随着排水距离的增大，承压水位的升降也对土中应力状态的影响由强到弱，即应力增量由大到小，且应力转换也由快到慢。

②水位下降在土层内产生的力学效应

承压水位下降在土层中产生的力学效应表现在两个方面，其一是浮托力降低，其二是渗透压力的作用。

浮托力降低：这是由于抽水降低了压缩层上端边界的孔隙水压力，致使其上方土层原该由孔隙水承担的重，转嫁到土骨架上. 成为有效荷载，相当于在压缩层的上方加一有效外荷。

渗透压力作用：当地黏性土一端排水，另一端水头保持不变，这样就产生了水头梯度，从而破坏了土体中孔隙水压力的平衡状态，水便由高水头处向低水头处渗流，伴随这种渗流作用于土骨架上的力便为渗透压力。

③土体变形分析及地面沉降的影响因素

a. 含水层水位与黏性土层中孔隙水位的变化关系

ⅰ. 开采条件下黏性土层中孔隙水位变化

承压含水层内，天然状态下，含水层埋藏越深其水位越高，黏性土层中孔隙水位也是如此。其水力梯度指向地表。然而，各层之间的水力坡度甚小，实际上各层孔隙水压力近于平衡状态。

开采条件下，因含水层水位下降，使各黏性土层孔隙水力梯度发生很大变化。据第 I_1 含水层上覆黏性土层中六个水位测压孔（图 3-13）的观测资料（表 3-6）可以看出，距 I_1 含水层越近，其水位越低，变幅越大。反之则越高，变幅越小（图 3-13）。I_1 含水层向上影响达第一软土层中上部，距地表约 5m 左右。

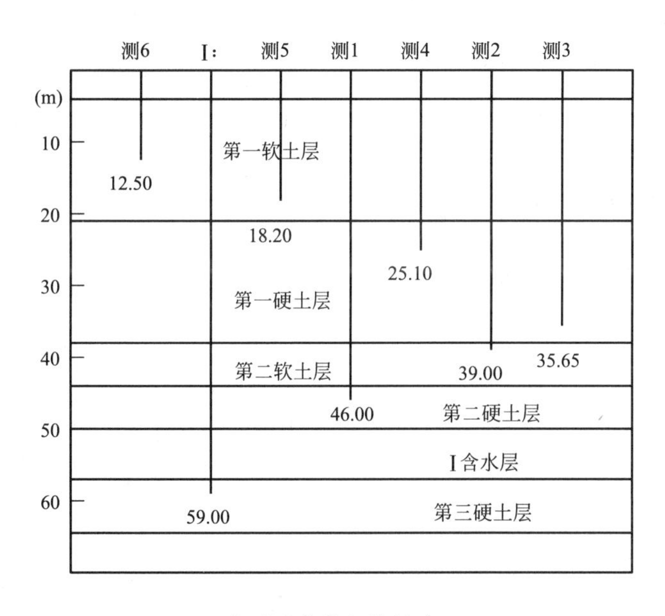

图 3-13　孔隙水头压力观测剖面

各孔水位特征统计表　　**表 3-6**

层位	年份项目 / 水位值(m) / 孔号(深度米)	1984－4－1～1985－3				1985－4～1986－3			
		年平均值	月平均最高值/月份	月平均最低值/月份	年度变幅	年平均值	月平均最高值/月份	月平均最低值/月份	变幅量
	浅水孔(2.0)					1.54	1.76/85.2	1.37/4	0.39
	测 6(12.5)	1.02	1.28/5	0.80/10	0.48	1.13	1.29/6	0.81/10	0.48
	测 5(18.2)	0.13	0.50/6	0.159/12	0.659	0.09	0.36/6	－0.16/12	0.52
	测 4(25.1)	－5.6	3.66/5	－7.77/9	4.11	－5.89	－3.91/5	－8.17/10	4.26
	测 3(35.6)	－5.72	－3.74/5	－7.93/9	4.19	－5.99	－3.94/4	－8.36/10	4.42

续表

层位	孔号(深度米) \ 水位值(m) \ 年份项目	1984－4－1～1985－3				1985－4～1986－3			
		年平均值	月平均最高值/月份	月平均最低值/月份	年度变幅	年平均值	月平均最高值/月份	月平均最低值/月份	变幅量
第二软土层	测 2(39.0)	－6.61	－4.91/6	－8.28/11	3.57	－5.01	－3.54/4	－6.05/9	2.51
第二硬土层	测 1(46.0)	－8.32	－4.51/4	－12.66/9	8.15	－9.01	－3.74/4	－14.2/9	8.78
第含水层		－16.67	－8.08/85.3	－31.71/8	23.63	－17.66	－7.60/86.3	－32.37/8	24.77

ⅱ.含水层与黏性层的水位关系

I_1 含水层对上覆黏性土层孔隙水位的影响随垂向渗透路径的增大而减弱．水位变化滞后于含水层水位变化之时间也越长（表 3-7，图 3-14）。

各测孔与 I_1 含水层水位相关关系统计表　　表 3-7

测孔号	相对含水层滞后数	相关样本细数	相关关系	相关方程
测 1	20	163	0.970	$R=0.327I_1+3.131$
测 2	45	158	0.962	$P_1=0.127I_1+2.930$
测 3	50	56	0.961	$P_4=0.165I_1+2.957$
测 4	95	14.5	0.894	$P_5=2.03I_1\times10^{-2}-0.434$
测 5	100	168	0.880	$P_6=9.23I_1\times10^{-3}-1.348$

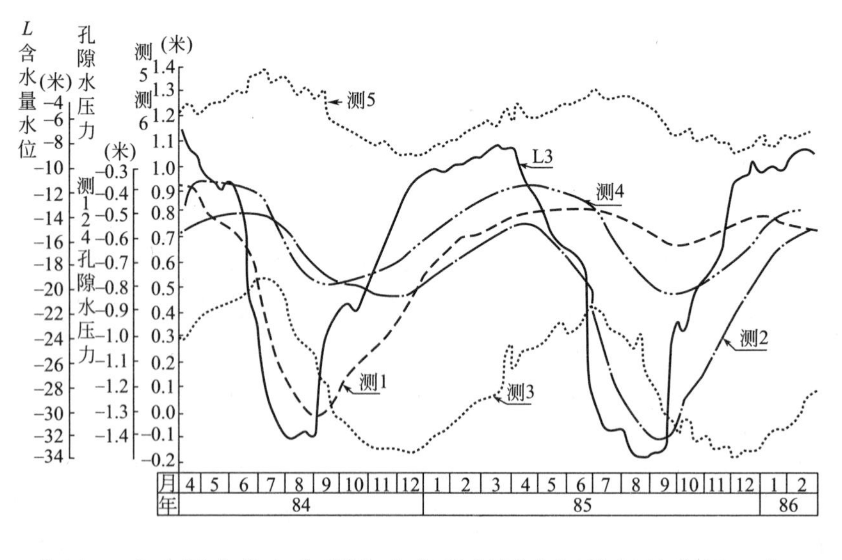

图 3-14　I_1 含水层与各测头孔隙水压力历史曲线图

若对 I_1 含水层水位与各测孔水位进行同步矩阵相关分析（表 3-8），可以看出 I_1 与测 1、测 2、测 4 相关关系明显，而与测 5、测 6 则不甚显明，其原因为第一硬土层上部结构密实，渗透性极差（$K=9.76\times10^{-8}$m/d）。因此，该层的存在使得第一软土组孔隙水压消散不易发生，对控制第一软土组压缩变形起“屏障”作用。

测孔与含水层水位相关矩阵分析表　　　　**表 3-8**

相关系数 层数 / 层次 序号	序号	I_1 水层	第二硬土组	第一硬土组		第一软土层	
		I_1	测 1	测 3	测 4	测 5	测 6
I_1 含水层	I_1		0.086	0.571	0.556	0.020	0.135
第二硬土层	测 1			0.882	0.578	0.073	0.109
第一硬土层	测 3				0.993	0.189	0.321
	测 4					0.192	0.327
第一软土层	测 5						0.880
	测 6						1.00

b. 压缩层的空间分布及地面变形特征

宁波市地面沉降发生在 80m 以内的地层中。其中，第Ⅰ含水组以上水系统的压缩量占总沉降量的 62%～65%。主要压缩层为第一、二软土层。含水系统之压缩主要发生在含水层之间的黏性土层。各土体的变形特征值见表 3-9。

季节性中开采，地下水位反复升降，地面也随之发生沉降、回弹变形。沉降量大于回弹量，其比值为 2∶1（图 3-10）。各土体的压缩和回弹与含水层水位之间均存在滞后问题。

江东沉降标各土体变形量统计表　　　　**表 3-9**

特征值 项目 / 层位深度米	1984.4～1985.4					1985.4～1986.4				
	变形特征值			年压缩量 mm	占总变量比例%	变形特征值			年压缩量 mm	占总变量比例%
	压缩量 mm	回弹量 mm	胀缩比			压缩量 mm	回弹量 mm	胀缩比		
第一软土层 (5.14～18.35)	−8.20	0	0	−8.20	32.0	−6.76	0	0	−6.70	36.6
第一硬土层 (18.35～36.85)	−3.90	+3.30	0.816	−0.60	2.3	−4.4.	+3.90	0.886	−1.10	36.6
第二软硬土层 (36.85～49.00)	−14.80	7.80	0.52	−7.00	26.7	−15.6	+9.80	0.623	−6.8	26.10
第一含水组 (49.00～65.95)	−19.0	+13.8	0.723	−5.80	22.1	−21.3	+14.9	0.70	−6.40	26.10
第四硬土层 (72.66～81.55)	−6.50	+1.40	0.21	−3.80	14.5	−7.00	+1.70	0.24	−4.30	17.50
第二含水层 (81.55～85.56)	−5.10	+4.20	0.823	−0.90	3.0	−5.60	+6.40	1	+0.80	
合计	−57.5	+30.5		−26.30		−60.6	+36.7		−24.0	

据 1984 年 4 月至 1986 年 4 月统计，地层的胀缩比分别为 0.52 和 0.56。这表明整个地层系统属于弹塑性变化（但第一软土组除外），并有向弹性方向发展的趋势。

地面沉降，压缩、回弹与水位下降回升之间存在着线性相关关系（图 3-15）。

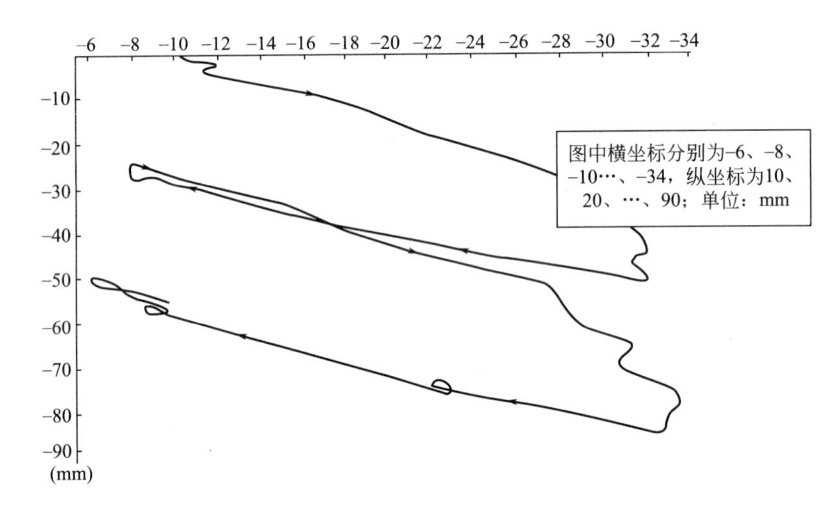

图 3-15 I_1 含水层水位与 5.41m 以下地层压缩变形关系曲线

c. 各土体变形性分析

据 1984 年到 1986 年两年分层观测标观测数据（表 3-10），本区土体变形可分为塑性、弹塑性和弹性变形三种类型。

1984～1986 年各土层变形特征值 **表 3-10**

状态	土层	压缩量	占沉降量 %	单位压缩量 (mm/m)	比单位压缩量 mm/m.m	备注
软塑～流塑	第一软土组	14.9	29.3	1.24	0.0238	第一压缩层
软塑～可塑	第二软土层	13.8	25	0.90	0.0235	第二压缩层
	第四软土层	8.1	15	1.00	0.0188	第四压缩层
可塑～硬可塑	第一硬土层	1.1		0.06	1.90×10	
弹塑～弹性	第Ⅰ含水层	12.2	22		2.22×10	第三压缩层
	第Ⅱ含水层	9.0				

ⅰ. 软塑一流塑土组（第一软土组）

因为该土组形成历史较短，多呈流塑状态，故即使孔隙水位变幅甚小，仍产生较大的压缩变形，是本区压缩性最高的地层。土体变形与本层的孔隙水位变化同步进行，而相对于 I_1 含水层水位变化滞后 100 天左右，说明其压缩是受 I_1 含水层水位的影响。

从孔隙压力与第一次土层压缩变形关系曲线（图 3-16）可以看出。孔隙水位在 0.3～0.6m 范围内变化时，出现微量变形。当孔隙水位降到 0.0～0.2m 时，压缩量骤然增加，引起该土层发生明显压缩变形的水位（I_1

含水层水位）值 1984 年为－24.76m，1985 年为－26.74m。其变形为塑性变形，以渗透固结为主。

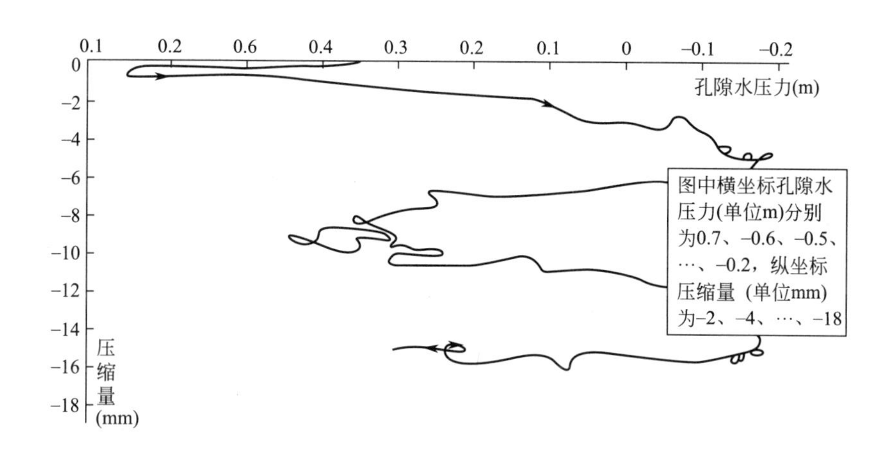

图 3-16　孔隙水压力（测 5）与第一软土组压缩变形关系曲线

ⅱ.软塑—可塑性土体

该土体一般为正常固结或微超固结土体。第二软土层（包括第二硬土层）及第四硬土层属于这种类型。

第二软土层（包括第二硬土层）：

由于土体直接向 I_1 含水层释水，孔隙水位升降幅度大，有效应力量大，且固结速度快，故土体之压缩量也大，为本区主要压缩层之一。变形与Ⅰ含水层水位近于同步。变形可分为压缩、回弹和稳定三个时期（图 3-17）。压缩变形可分弹性、塑性两个阶段。1984～1986 年土体之胀缩比为 0.53～0.62，说明土体变形有逐渐向弹性方向发展的趋势。目前，引起土体变形的临界水位大约在－10m 左右。塑性压缩变形的起始水位为－24.76m（84 年）至－26.74m（85 年）。

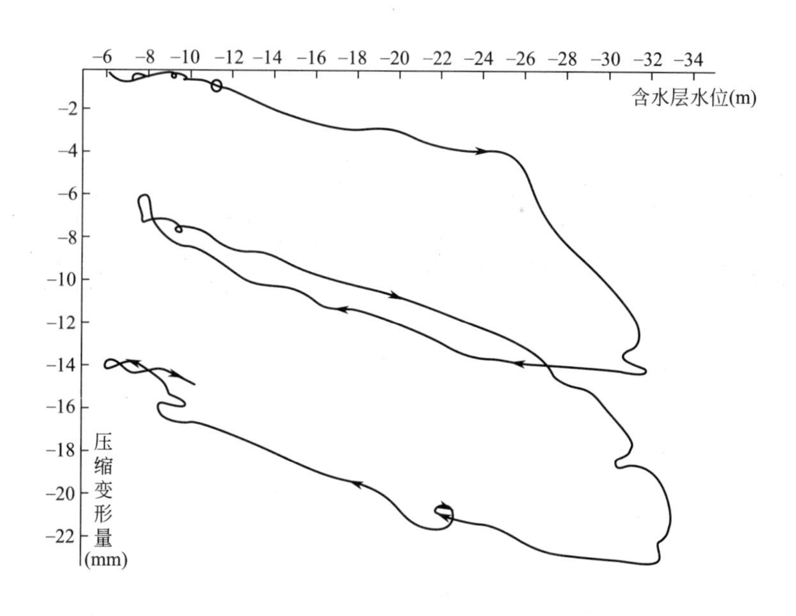

图 3-17　I_1 含水层水位与第二软、硬土层压缩变形关系曲线

应该说明，第二软土层和第二硬土层由于没有分别设置观测标，故变形量为两层的叠加，同时也只能按一层加以分析。

第四硬层：

由于具双向释水条件，所以土体变形与含水层水位近于同步（见图 3-11）。在同一水文年中出现压缩、回弹和稳定三个时期。压缩回弹曲线近于平行（图 3-18）。1984～1986 年土体胀缩比为 0.21～0.24，以塑性变形为主。现阶段引起土体变形的临界水位为－10m 左右。产生塑性压缩变形的起始水位，1984 年为－25.80m，1985 年为－28.80m。

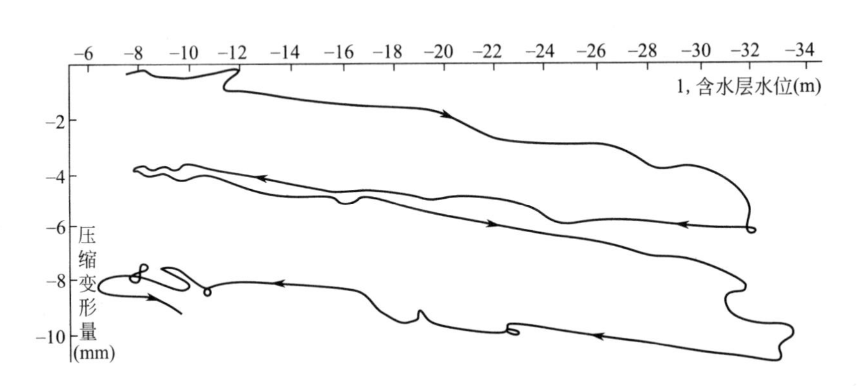

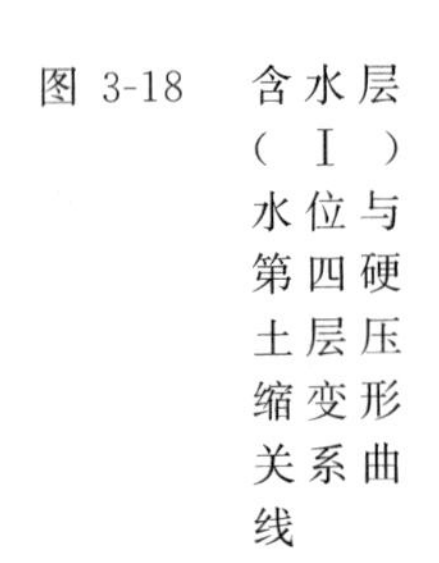
图 3-18　含水层（Ⅰ）水位与第四硬土层压缩变形关系曲线

ⅲ. 可塑－硬可塑黏性土层（第一硬土层）

从表 3-9 可以看出：该土层变形很小。两个水文年中最大总缩量仅 1.1mm，其胀缩比为 0.84～0.90，基本上呈弹性变形，其变形相对 I_1 含水层水位滞后较大（图 3-19）。该土层为超固结土，中上部前期固结比 4～5，在目前水动态条件下土中有效应力远没有到前期固结压力，土体的微量变形只发生在底部。

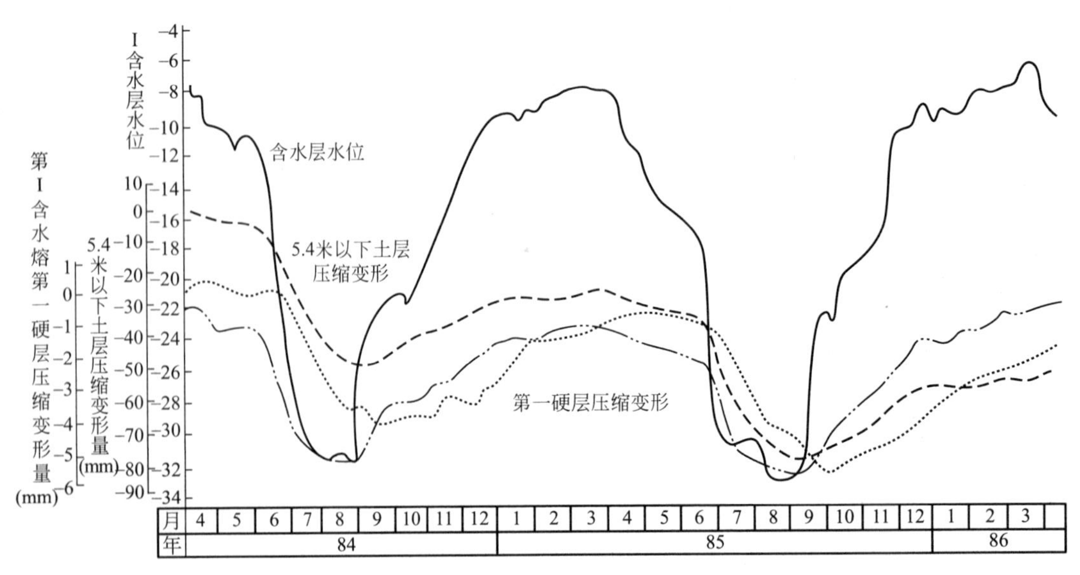

图 3-19　含水层水位与各土体压给变形历时曲线

ⅳ. 弹塑—弹性变形土体（含砂层）

第Ⅰ含水组：

该含水组内由于中间夹有第三硬土层，故压缩变形量较大，土体的变形与其水位变化同步（见图 3-18）。压缩变形中含有弹性及塑性两部分。塑性变形水位逐年降低，范围减小，持续时间变短，由于第三硬土层具双向释水条件，故第Ⅰ含水组之压缩变形主要发生在该层。现阶段土体变形的临界水位为－10m 左右。引起塑性压缩变形的水位值 84 年为－24.40m，85 年为－26.50m。

第Ⅱ含水层（包括下伏第五硬土层）：

其胀缩比为 1，故可认为其属弹性变形，土体变形与含水层水位变化近同步。

d. 土层结构对地面沉降的影响

第Ⅰ结构区：

该结构区内，第一硬土层的埋深、起伏特点，直接控制着第一软土层的厚度，及其与第Ⅰ含水层的水力联系，在二者之间起着"屏障"作用，使得第Ⅰ含水位升降对第一软土层的影响大大减弱。同时，第一硬土层的埋藏起伏特点与地面沉降漏斗的起伏特征具有良好的对应关系，即在同等水位作用下，第一硬土层埋藏浅、厚度大、沉降量小，反之则沉降量大。

第Ⅱ结构区：

本结构区由于缺失第一硬土层，"屏障"消失。第二软土叠加厚度达 45m 左右。因而，在同等水位作用下，沉降量比第一结构大得多（图 3-20）。

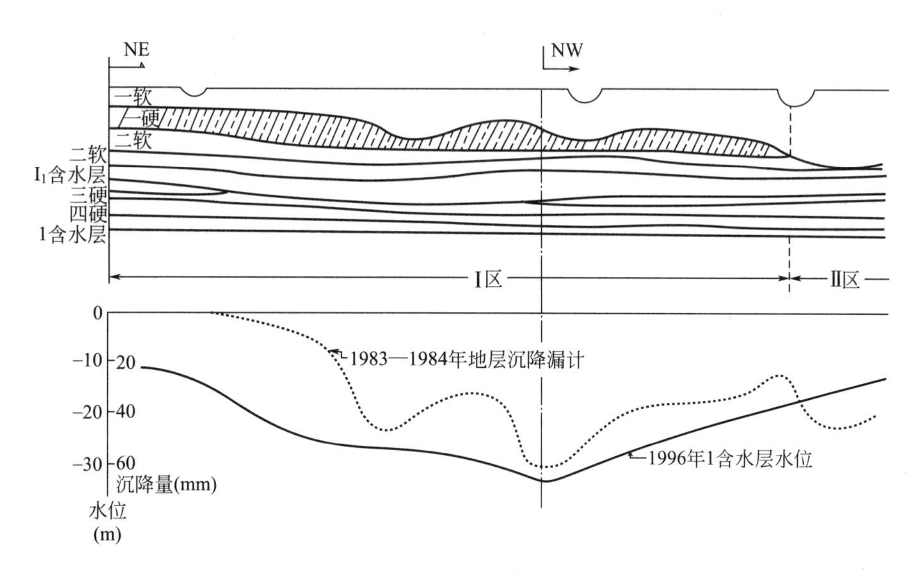

图 3-20　沉降与含水层水位、地层结构关系剖面图

④结论

经以上几方面的分析研究，对宁波市地面沉降的机制可以得出下几点结论：

ⅰ.大量抽汲地下水，使承压含水层水位下降，导致其相邻各黏性土层内孔隙水压力和有效应力重新调整，即应力转化。结果使有效应力增加，使土层压密固结，这就是宁波市地面沉降的原因所在。

ⅱ.第Ⅰ含水组水位升降控制着含水组内部及其上覆各黏性土层的孔隙水压力的变化，其影响程度随着含水层距离增加而减弱。其水位与各黏性土层的孔隙水头之间存在着滞后相关的关系。因此，第Ⅰ含水组的水位是控制宁波市地面沉降的应力因素。

ⅲ.土体变形与含水层水位之间存在着显著的相关关系。土体产生塑性压缩变形，必须满足增加后的总有效应力大于土体的预固结应力这一条件。由于沉降区各土体的预固结应力不同，在目前水位升降条件下土体变形有很大差别。各土体均存在一个引起塑性压缩变形的允许水位值。由于土体预固结应力逐年增大。所以，允许水位值随压缩时间延长将逐步增大。

ⅳ.含水层水位升降是土体产生变形的外动力条件，而土体本身的物理力学性质、空间位置（释水条件），则是引起土体变形的内在因素。

ⅴ.地层结构的差异性，导致地面沉降空间分布的差异性。总之，宁波市地面沉降受土体本身的物理力学性质、空间位置、地层结构及承压含水层水位等诸因素的控制。

（3）地面沉降趋势及控制措施

如前所述，宁波市地面沉降是由于抽取地下水导致水位下降而引起的。所以恢复和抬高地下水位是控制地面沉降的唯一途径。为达到这一目的，可采取如下措施：

1）充分利用宁波市丰富的地表水资源，尽可能把地下水的开采量控制在最小限制内，即水位降深不超过压缩层产生塑性变形的起始水位。

2）大力开展地下水回灌，把地表水净化处理后回灌于地下。特别是第Ⅱ含水层结构较为疏松，是良好的回灌空间，应当充分利用。

另外，调整开采层次，尽可能使开采影响范围小，开采压缩层薄的第Ⅱ含水层，可大大减少沉降。

3.中国城市岩溶塌陷

在中国广泛分布着浅埋于地下10～30m深度的可溶性碳酸盐类岩石，其上一般为第四系黄土、红土、黏性土、砂类土等所覆盖，浅埋的碳酸盐类岩石中存储着丰富的地下水，因开采矿产疏干地下水，以及作为供水水源开发利用，往往使上部土层失去自然应力的平衡，导致地面发生沉陷、塌陷和地裂缝等地质灾害。

中国发生岩溶塌陷的地区较多。在广东省凡口铅锌矿区，由于疏干石炭系中的岩溶水，从1965年到1981年间，共出现塌坑上千个，最大的直径可达四十余米，深三十余米，毁坏农田一千多亩，拆迁房屋66700多平方米，破坏铁路四千多米，公路五百余米。

湖南省辰溪大坪煤矿区，由于排水疏干地下水，从 1972 年至 1978 年间出现 130 余个岩溶塌陷坑，使附近 9 个泉水干枯。

河北省大广山铁路区由于排水疏干，1978 年地面出现 70 多个岩溶塌坑，民房开裂，4427m^2 的建筑物遭到破坏。河北省恩口煤矿区由于排地下水出现 4800 多个地面塌陷坑，毁坏 9 座水库，毁坏农田达万亩。

武汉市由于抽岩溶水，汉阳中南轧钢厂于 1977 年 9 月 20 日地面出现塌坑 70～80 多个，最大的直径可达 16m，深 5.7m，毁坏民房，使车间厂房陷入地下。

安徽省淮南谢家集煤矿区，1978 年由于疏干排水使附近出现 20m^2 的塌坑。

河北省开滦范各庄煤矿区，由于井下发生突水，地面出现 17 个塌坑，最大的直径为 23.5m，坑深达 12m。秦皇岛柳江水源地开采岩溶水，地面开裂成长 5～150m、宽 1～30cm 的近于垂直的地裂缝数条，出现数个塌坑，直径 2～5m，最大直径 14m，一般深 3～5m，最深达 7m。

山东泰安市由于开采岩溶水，于 1976 年出现 20 多个地面塌坑，最大直径 23m，深达 10m，影响津浦铁路正常运营。

浙江省杭州市海军疗养院和红山水泥厂，由于开采岩溶水使地面分别出现直径 8m 和 7m、深 18m 和 20m 的塌陷坑。

广西六狮某地由于抽取岩溶水地面出现三个塌陷坑，其范围达 300m^2，使房屋发生裂缝和倒塌。

辽宁省大连市瓦房店轴承厂抽取岩溶水，塌陷影响范围达 4km^2，出现 17 个塌陷坑，直径最大的可达 30m，深 10m 左右，影响沈阳至大连铁路的安全运营。

从以上情况不难看出：中国岩溶塌陷地质灾害也十分严重，给人民的生活、生产和生命安全带来很大危害。

3.1.2　崩塌、滑坡和泥石流为主的地质灾害区

位于中国中部地区，地处横断山脉、大雪山、岷山、祁连山一线以东，太行山、巫山、武陵山一线以西，长城以南的广大地区，在地形上属于第二台阶的中、南部以及其两侧的阶梯，以山地和高原为主，地面高差悬殊，切割强烈。气候南部属于季风气候，西北部属内陆干旱半干旱气候。地质上处于挤压隆起与张拉陷落的过渡地段，中、西部走滑型活动断裂发育，东北部又是著名的现代大陆型裂谷带。它们是我国大陆最强烈的地震带——南北向地震带和汾渭地震带等活动场所。

区内矿产、水利和森林资源丰富，由于不合理地大量开发山区资源，山地生态环境日趋恶化，因此我国是崩塌、滑坡、泥石流灾害最严重的地区。此外，本区云贵高原和北部煤矿区还伴生有地面塌陷灾害，北部黄土高原水土流失极为严重。在汾渭裂谷带中，受构造活动和抽汲地下水活动的制约，又发育有地裂缝。

1.滑坡、崩塌、泥石流、地裂缝灾害的主要影响

灾害与社会是一个复杂的反馈系统。广义而言，社会是灾害作用的对象，无社会就无所谓的灾害。灾害是使社会经济发生变化的因素之一。毫无疑问，灾害造成人员伤亡、财产损失是其对社会经济的最大危害和影响之所在。除此之外，灾害还将在更大的社会范围内造成超越直接危害以外的社会经济影响，这种影响有时是巨大的，难以计算的，甚至是无形或隐伏的一种间接损失，从而大大加剧灾害对社会经济生活的破坏。正确认识和评估这种影响，对于全面掌握灾害的危害性，进而制定减灾对策是极其重要的。受灾损失和影响大小不仅与灾害规模、强度、频度、分布等自身特征有关，而且与受灾对象的承受能力成反比关系，即受灾对象的承受能力越高，灾害损失和影响越小，反之越大。所以，客观、正确地评价我国对滑坡、崩塌、泥石流、地裂缝灾害的承受能力，对于制定适合国情的减灾策略有着非常重要的意义。

（1）恶化、威胁人类生存环境

地质环境是人类赖以生存的基本环境。随着滑坡、崩塌、泥石流、地裂缝灾害的广泛发育和频繁发生，地质环境不断恶化，必然导致人类生存受到影响或威胁。如四川松潘县城因1953年8月泥石流灾害的严重破坏，无奈迁址他处；1958年8月13日新疆库车县城遭到泥石流的严重破坏，无奈迁址新建；1977年四川南坪县城因泥石流危害，被迫耗资3000万元前往金顶镇重建；同年，云南兰坪县城，也因严重泥石流灾害，被迫搬迁；四川雷波县卡哈罗镇，因滑坡灾害，曾二度迁址。光四川就有汉源、木里、金阳、昭觉、喜德、宁南、普格等近十座县城由于滑坡、崩塌、泥石流灾害的严重威胁而频频告急。大量地裂缝造成民房开裂、倒塌，耕地漏水，肥力下降，粮食减产，也使得民众的生存环境严重恶化。

据不完全统计，全国共发育有较大型崩塌3000多处、滑坡2000多处、泥石流2000多处，中小规模的崩塌、滑坡、泥石流则多达数十万处。全国有350多个县的上万个村庄、100余座大型工厂、55座大型矿山、3000多公里铁路线受崩塌、滑坡、泥石流的严重危害。据中国地质环境监测院统计，2011年全国共发生地质灾害15664起，其中滑坡11490起、崩塌2319起、泥石流1380起；造成人员伤亡的地质灾害119起，277人死亡失踪、138人受伤；直接经济损失达40.1亿元。

（2）影响资源开发，阻碍经济发展

城镇选址、都市建设、铁路公路选线、航道开发、水电站坝址选择、矿山开发等几乎所有国土、矿产及能源开发和发展经济的工程活动都受到滑坡、崩塌、泥石流、地裂缝灾害的严重影响，国家必须投入大量资金进行调查、治理，有的拟建工程甚至因代价太大而被迫下马。广大西部地区（西南、西北地区）蕴藏着极为丰富的土地、矿产和水能等多种资源，然

而与东部相比，经济十分落后，是我国亟待开发的主要地区。但是长期以来，地质灾害尤其是频繁的滑坡、崩塌、泥石流灾害一直是阻碍该区资源开发、经济发展的主要因素之一。四川秦西地区面积 6.59 万 km^2，是我国规划发展中重要的矿产基地。然而，这里 50 万 m^2 以上的滑坡和滑坡群达二百余个。贵州六盘水地区是我国规划中的另一主要矿产基地，但是，初步调查表明，该区地质环境极为脆弱，以滑坡、崩塌、泥石流为主的地质灾害问题是影响其开发的主要环境地质问题。库坝区滑坡、崩塌及库岸斜坡稳定问题，一直是许多大型水电站迟迟不能修建或造价不断加大的主要原因。黄河上游的龙羊峡、拉希瓦、李家峡、公伯峡及雅砻江下游的二滩、金沙江中下游的向家坝、溪洛渡、红水河的天生桥、澜沧江的漫湾等许多电站都面临或已遇到了滑坡、崩塌、泥石流的严重影响问题。1986 年，漫湾水电站，因滑坡、泥石流灾害，当年工期被迫推迟 3 个月。铁路公路建设遭受滑坡、崩塌、泥石流的影响更大。为避开或治理众多滑坡、崩塌、泥石流体（段），国家已花费了大量资金。宝成线宝广段 147km 线路，自 1957 年交运以来，到 1984 年止，整治地质灾害费用已达 3.85 亿元，平均 115.9 万元/km，为线路等价的 93.3%。据石文慧资料，陇海线宝天段 147km，1949～1984 年整治地质灾害费用为 3.14 亿元，平均 213.6 万元/km，约为修建等价的 4.3 倍。许多公路干线，如川藏、滇藏及部分省、县公路，因滑坡、崩塌、泥石流灾害，每年至少有 3～5 个月不能通车。金沙江攀枝花—宜宾段全长 782km，是国家实现“全面开通金沙江”航道计划的主要障碍段，又是水能资源开发的重点地段。现已初步查明，该段发育滑坡、崩塌 677 处，泥石流沟 258 条，由滑坡、崩塌、泥石流行程的险滩 363 处，频繁、密集的滑坡、崩塌、泥石流灾害是影响该段航道开发的最大问题。

在三峡工程中，据资料统计，宜昌—江津间长江干流各县（市、区）移民区规模较大的滑坡、崩塌体有 1153 处，变形体 299 处，总共约 1500 处。其中 1085 处滑坡体积约 37.4 亿 m^3，沿岸 299 处变形体面积 60.34km^2。滑坡以云阳、万州、巫山、奉节等县（区）的数量最多，危害程度也最大，是影响城址选择及城址质量的主要环境地质问题。

（3）加剧灾区贫困化

在我国多数地质灾害受灾区域交通不便，经济极其落后。而滑坡、崩塌、泥石流、地裂缝灾害的发生，对这类地区造成了进一步的危害：毁坏农田、房屋 、财产及各种生活、生产设施等，无疑是“雪上加霜”，导致其贫困程度进一步加剧，增加其经济发展的自然阻力。

（4）影响灾区社会安定，增加民众心理负担

尽管滑坡、崩塌、泥石流、地裂缝灾害不会像地震、干旱、洪水等大灾害那样造成全社会的震荡和文化断代，但对受灾地区社会安定的影响却是极其明显的。如 1974 年四川隆昌某地受滑坡威胁，当地群众极为不安，

杀光家禽、家畜，停止生产，等待末日到来。1982～1985 年，陕西铜川市数个大型滑坡相继活动，同时发生数处严重崩塌灾害，造成数十人死亡，数百间民房被毁，更多民房处于危险之中，数千户居民被迫搬迁。铜川市铝厂、东风机械厂等数家大型工厂和数千家中小型工厂受到严重威胁或一定程度的破坏。一时间该市社会秩序混乱，许多居民忧心忡忡，惶恐不安，部分单位的生产几乎处于停滞状态。

(5) 引发次生灾害，造成更大的损失

滑坡、崩塌、泥石流、地裂缝不仅直接危害受灾地区，还常常引发一系列次生灾害，如洪水、涌浪、淤积、火灾及有毒废石渣流动扩展污染区域等，造成更大范围的受灾和更严重的损失，这种影响有时甚至远远超过灾害本身的直接危害和损失。1967 年 6 月 8 日，四川雅砻江唐古栋滑坡本身并未造成任何直接损失，但 6800 万 m^3 土石滑入江中，形成 355m 高的天然坝体，堵江九天九夜，溃坝后下流水位陡涨 40m，至攀枝花市仍为 15m 高的洪峰，猛烈的洪水将下游亚楠 600km 范围内所有土地、房屋、公路、桥梁等一扫而光，危害极其严重。1963 年 9 月，甘肃省舟曲县泄洪流坡滑坡，堵断白龙江，使上游水位升高 18.5m，回水达 6.5km，淹没上游大片土地、房屋。1981 年 7 月 9 日，四川洛县利子依沟泥石流，造成毁桥覆车（火车）、275 人死亡的直接危害，且大量土石拦断大渡河，向上游回水 5km，淹没沿河的大量工矿设施，溃决后洪水又冲毁沿河公路，堵断公路通车半年有余；同时，堵塞下游河道，形成险滩，影响航运，并使龚嘴电站蓄水库产生严重淤积。1985 年 6 月 12 日长江新滩滑坡，大量土石滑入长江，激起 54m 高的涌浪，毁坏船只 77 艘，并造成 10 人死亡；同时土石淤积长江，缩小航道断面 1/3，停航 12 天。1978 年 8 月 7 日，兰州徐家湾泥石流毁坏某油库阀门，引起仓库起火，造成严重损失。云南落雪矿尾矿沿排放渠道漫溢形成泥石流，严重污染附近水源，遭污染的水饮用后使人腹痛、牙齿变黑；灌溉后，庄稼凋萎，甚至颗粒无收，极大地影响了当地人民的身体健康和农业生产。

城镇是一个地区的政治、经济、文化中心，人口、财富相对集中，建筑密集、工商业发达，因此，城镇的受害，不仅在于直接损失巨大，而且也给其他所在地区带来一定的社会和经济影响。这是一种不可估量的间接损失。

2. 分布规律

滑坡、崩塌、泥石流的分布发育主要受地表地貌、地质构造、新构造活动、地层岩性及气候、人为活动等因素的制约，它们的空间特征控制着我国滑坡、崩塌、泥石流灾害的空间发展布局。大体上说来，我国大陆上，滑坡、崩塌、泥石流分布的总体格局是中部地区最发育、西部地区较发育、东部地区发育较弱。

我国中部地区滑坡、崩塌、泥石流的发育，包括樱花断山、川西地区、白龙江、金沙江中上游、滇东北 、川东、鄂西、黄土高原、黄河上游、秦巴山区等地段。但各处的发育程度不尽一致，发育类型也有所区别，不同地段各有特点。中部地区地质环境脆弱，地形地貌、地质构造、地层岩性复杂，新构造活动强烈，地震频繁，为滑坡、崩塌、泥石流的形成提供了良好的内在条件，加之气候条件复杂（暴雨多）、人类活动强烈，两个系统因素的叠加作用，使该区成为我国滑坡、崩塌、泥石流灾害最发育的地区。

如前所述，中部地处我国大地貌的第二级阶梯部位。地貌以高山、中山、低山、高原为主，地形切割强烈，大江大河流域切割更甚。与青藏高原接壤地区是由第一级阶梯向第二级过渡的地带，地势裂点、切割极其强烈，相对切割深度 500～1000m，地形陡峻，坡度 30°～60°，部分接近于70°～80°。在这种复杂的地形条件下，岩石又比较破碎，所以常形成规模较大的滑坡、崩塌灾害。如金沙江、雅砻江、怒江、澜沧江、大渡河、小江、白龙江、安宁河等地发育的滑坡、崩塌，体积大于 1000 万 m^3 者较多，少数规模达数亿立方米以上。金沙江中上游大于 1000 万 m^3 的占滑坡、坍塌总数的 3%～5%。其他地区一般数百万立方米者几乎占滑坡、坍塌总数的 1/2。西北黄土高原地区，地形切割也较为强烈，一般切割深度 500m 左右，沟壑纵横密布，为滑坡、崩塌的形成提供了有利的地形条件。加之黄土松散、具湿陷性，所以滑坡、坍塌灾害也十分发育。黄河中、上游地区古滑坡甚多，规模数千万立方米，甚至数亿立方米者也为数不少。由于地形切割强烈，沟谷十分发育，水系网密度大，而且沟谷坡降大，沟谷纵比降可达 20%～40%。这为该地区泥石流发育提供了有利的地形条件。尤其在安宁河、小江、白龙江、金沙江等地泥石流特别发育，分布密度也大。金沙江攀枝花至宜宾段长 782km，有泥石流沟 258 条，泥石流沟发育密度平均每公里达 0.33 条；云南小江流域是我国泥石流最发育地区之一，仅小江两岸一级支沟分布就有泥石流沟 86 条；白龙江是嘉陵江上游的一条支流，泥石流主要发育在白龙江中有宕昌县两河口—武都县佛堂沟段，这区间长 73km，较大的泥石流沟达 40 余条，泥石流沟发育的密度每公里达 0.54 条；安宁河谷沙湾至金江段长 570km，分布泥石流沟 161 条，平均发育密度每公里 0.28 条。

复杂的气候是中部地区滑坡、崩塌、泥石流灾害发育的主要外部因素。这里降雨时空分配不均，自南向北降雨量变化很大。秦岭以南地区降雨较丰沛，年均降水量 800～1200mm；秦岭以北地区，雨量偏少，为干旱半干旱地区，年均降水量 400～600mm，南部雨季时间在 6～9 月，北部雨季在 7～8 月。从总体上看，整个地区降雨主要集中分布在 7～8 两个月，此期雨量占全年雨量的 30%～50%，而且暴雨强度大，日暴雨量达50～100mm，局部地区在暴雨中心处，日暴雨量可达 500mm。因此，暴雨是该地区滑坡、坍塌、泥石流形成及发育的重要诱发因素之一。

中部地区滑坡、坍塌、泥石流灾害的形成发育，在新中国成立初期，人类工程经济活动强度较弱的情况下，以自然变异为主。但从1953年我国执行五年规划经济建设发展目标之后，人为活动逐年增强。自70年代之后，随着大规模的开发大西南、大西北地区，滑坡、崩塌、泥石流灾害发生的频次也逐渐增加。这表明，人类工程经济活动的增加，引起地质环境、生态环境的破坏，滑坡、崩塌、泥石流灾害也越演越烈。

西部地区以农牧业为主，人烟稀少，工业不发达，人类工程经济活动微弱，滑坡、坍塌、泥石流的形成主要是以自然因素为主，东部地区山地地质环境脆弱程度不如中部地区，因而是滑坡、崩塌、泥石流发育较弱的地区。

分析、研究灾害在时间上的分布特征，是预测其未来发展的趋势、实施科学减灾措施的基础。对1949～1990年全国重大滑坡、崩塌、泥石流、地裂缝灾害的初步调查结果表明：四类灾害的分布不仅在空间上具有明显规律，而且随时间发展也呈现出明显的规律性。同时，这种规律随时间尺度不同，表现出不同的特点。

自1949～1990年的42年中，各年重大滑坡、崩塌灾害成灾频次变化清楚地显示滑坡、崩塌灾害随年份呈现波状起伏的上升趋势，即逐年波动，总体趋势上升。1981年为42年中成灾频次最高的年份，1981年后各年成灾频次又呈波状下降趋势。滑坡、坍塌、泥石流、地裂缝灾害不仅随年份变化呈现出一定规律性，而且在年内随月份、季节也不断变化，并表现出明显的规律性。重大滑坡、崩塌灾害在年度内随月份、季节变化，呈现出极为明显的以7月为对称轴的正偏态变化规律。7月为一年12个月中成灾频次最高月份，成灾频次约占全年的34.6%。6、7、8三个月成灾频次之和约占全年的80.7%；春末、夏、秋初为一年内的主要成灾阶段，季节性降雨与滑坡、崩塌、泥石流、地裂缝灾害同步相关，且暴雨对四类灾害的影响更甚。在众多动态致灾因素中，地震、人类活动等在年内随月变化具有极大的不确定性和不规则性，唯降雨、融雪（气温）在年内随月份呈现极为明显的变化特点。降雨的月变化规律与四类灾害，尤其是滑坡、崩塌、泥石流灾害的月变化规律几乎完全一致。因此，随季节、月份不断变化的降雨是影响灾害年内月变化特点的主要因素。重大泥石流灾害时间演变特点与重大滑坡、崩塌灾害的时间演变特点极其相似，表明三者之间具有极其密切的联系，这与控制和影响三者形成、发育的内、外因条件基本相同有关。而它们之间的不同性却从另一方面反映出它们对内、外因致灾因素的第三性和自身演变过程的不同性。地裂缝灾害均是累进发展的缓变性灾害，其年变化特点远不明显。

滑坡、崩塌、泥石流、地裂缝灾害是在特殊的地质背景基础上，由多种内外、动静因素相互作用的结果。灾害的时间变化性表明，其具有明显的动态特征，因此，具有动态特征的致灾因素的变化是控制灾害随时间变化的主要原因。许多调查、研究结果表明，降雨、融雪、地震、河流侵蚀、人类活动等是与地形、岩土类型、地质构造等内在因素的变化相对的主要动态致灾因素，其中以降雨、人类活动的年变化幅度最大、最频繁、最广泛，动态特征最活跃。因此，降雨、人类活动是控制灾害年变化的最主要原因。地震、融雪等因素变化仅对局部地区一定时期内滑坡、崩塌、泥石流灾害的动态起一定的影响作用。重大滑坡、崩塌灾害对人类活动与降雨的敏感程度大致相当，重大泥石流灾害对降雨极其敏感，对人类活动的敏感程度相对较低。这种规律与灾害本身的特点密切相关。如前所述，降雨等地表水尽管是滑坡、崩塌形成的主要外部因素之一，但不是必不可少的因素，而对泥石流形成来说，确是不可缺少的因素。

从自然演变角度分析，任何自然现象（包括自然灾害）都有一定的自身演变规律，所以滑坡、崩塌、泥石流灾害也不能例外。其他灾害或现象如太阳黑子活动、地震、洪水等的研究成果表明，它们成灾或发展均具有一定的节律性（周期性）。因而，从一定意义上讲，滑坡、坍塌、泥石流灾害的节律性（周期性）现象是肯定存在的，只是我们以前对其研究不够而已，今后应大力加强这种研究。

3.1.3　冻融、泥石流为主的地质灾害区

位于中国西南部，昆仑山以南、横断山脉以西，为青藏高原的主体。在地形上属于第一台阶，气候干燥寒冷，近期地壳强烈隆起。由于本区平均气温大多在 0℃以下，冻融地质灾害很发育。藏南山区降水量较大，夏季高山冰雪骤然融化，导致泥石流灾害频发，是中国冰雪融化型泥石流灾害最活跃的地段。

实例——西藏古乡特大冰川泥石流

位于西藏波密县境内的古乡沟，1953 年 9 月 29 日夜间突然暴发泥石流，只见古乡峡谷内烟雾弥漫，水花飞溅，整个大地都在颤动，距沟 24km 以外都可听见泥石流的轰鸣声。泥石流夹带着大量泥沙、巨石断树、冰块，以排山倒海之势直泻而下。所到之处，原始森林被摧毁，阶地被摊平，田地、房屋和道路被埋没，人畜大量伤亡、逃奔，幸存的目击者无几。泥石流体堵断波斗藏布江，并冲到对岸高 70m 的阶地上。降水受壅成湖，使上游水位猛涨五六十米，淹没大片农田森林。这次泥石流总径流量约为 1710 万 m^3，其中固体物质为 1000 万 m^3，水为 710 万 m^3。泥石流冲出沟口以后，形成了一个面积约 24 平方公里的扇形石海，迫使波斗藏布江乖乖地改道向南迁移。此次泥石流形成原因（逐月变化的气温是控制冰川融雪型泥石流灾害月变化特点的主要因素）为：

1. 地貌条件

古乡沟发育于念青唐古拉山东延余脉的向阳山坡，流域面积 26 万 km^2，主沟长 6km，上下游高差达 3500 余 m；它的源头和上游区三面环

山、中间低洼，是古代冰川长期雕塑而成的圈谷盆地，谷坡陡峻、沟谷坡降大，冰碛物储量丰富（总量达4亿m^3）。这些地形、地质条件奠定了古乡沟泥石流频频暴发的基础。

2. 地震

1950年西藏察隅地区发生了一次8.5级大地震。古乡源头地区在其影响下发生了规模巨大的雪崩、冰崩和岩崩。这样就为泥石流的暴发提供了一定数量的水源和松散固体物质。

3. 气候条件

1953年该地区气候异常，一是降水丰富而集中，二是持续高温。降雨一方面提供水源条件，另一方面诱发大量崩塌，为泥石流提供固体物质条件。持续高温引起的冰雪融化，也为泥石流提供了水源和固体物质。

上述种种条件叠加组合，便使古乡沟暴发了如此规模巨大的泥石流。这次特大规模的冰川型泥石流的典型性，不仅在于它发生在我国西部高原山区，而且它的诱发因素是持续高温气候和丰富而集中的降雨以及地震。它的固体物质来源不仅有基岩滑坡、崩塌物，而且有大量的冰碛物；水源不仅有雨水，而且有冰、雪融水，是我国西部高原冰雪覆盖山区泥石流的典型代表。1972年8月21日，甘肃省张掖县城境内的祁连山天涝池沟也暴发了一次与古乡沟十分类似的大规模冰川型泥石流。它也是由集中降雨和持续高温引起大量积雪融化诱发而成的。

3.1.4 土地沙化为主要地质灾害区

位于我国西北部和北部，大兴安岭以西，昆仑山、阿尔金山、祁连山和长城一线以北。地形上属第二台阶，由高原、盆地和高大的山系组成，气候属内陆干旱、半干旱区，受西伯利亚高压控制，多大风；加之不合理放牧和开垦，土地沙化严重，是区内主要的地质灾害。此外，在山区还有崩塌、泥石流等地质灾害发育。

沙漠化是当前世界上一个重要的环境问题，如植被覆盖和植被组成成分的变化、土壤质地与肥力变化、水分条件的变化等。

1. 沙漠化现状

根据我国北方干旱及半干旱地区生态环境的特点，我们认为沙漠化是在具有沙质地表和干旱多风的条件下，由于人为强度的土地使用破坏了脆弱的生态平衡使原非沙质荒漠的地区出现了以风沙活动为主的地表形态，从而导致生物生产量下降，可利用土地资源丧失的环境退化过程。它不同于一般广义的荒漠化，从其发生发展过程来说，可以包括以下三个内容：

（1）沙质草原地区出现了流沙地表开矿及其蔓延的过程，占全国沙漠化土地面积的42.2%。

（2）原来固定的沙丘由于植被破坏而造成沙丘活动及其发展的过程，占全国沙漠化土地面积的42.3%。

（3）风力作用下，沙质荒漠边缘的流动沙丘向下风地区的前移入侵过程，占全国沙漠化土地面积的5.5%。

从其分布来说，其中有29%的沙漠化土地面积分布在东北三省的西部，河北的北部及内蒙古的东西盟，以农牧交错地区沙漠化的发展及旱作农田的风沙危害为主。有44%面积的沙漠化土地分布在内蒙古的中部，陕北、晋西北及宁夏的东南等地，以草原沙漠化及农牧交错地区沙漠化过程的加剧为特色。有27%面积的沙漠化土地分布于甘、青、新等省及内蒙古西部，以绿洲边缘沙丘入侵、固定沙丘活动所造成的风沙灾害为主要特色。

2.我国沙漠化土地分类

（1）已经沙漠化地区

已经沙漠化的地区，面积为17.6万km^2，按其发生发展的时间过程可以分为三种：

1）沙漠化在历史时期已经形成，但目前并未再受人类活动的影响，只是在风力作用下的沙丘形成与发展，地表呈现流动沙丘与吹扬灌丛堆相间的景观，有历史上的城镇废墟点缀其间，占已经沙漠化土地面积的25.5%。其形成与河流上中游绿洲开发、大量用水，使下游水源减少，或与河流改道水源断绝有关。如塔克拉玛干沙漠南部深入沙漠中的一些河流下游地段的古绿便是明显的例子，精绝、喀拉墩等便是一些主要的古城，这种沙漠化土地也还可见之于弱水下游的黑城—居延地区、孔雀河下游的楼兰地区。

2）在历史时期已经形成，但目前仍受人为强度土地利用的影响，沙漠化过程仍在发展和加剧中。大部分系干草原地带的沙地，由于历史以来长期过度农牧利用的影响，造成了流动沙丘和半固定沙丘相间的景观。由于处于半干旱条件下，不宜农牧业利用的生产潜力和生态上自我恢复的特性，因此沙漠化过程往往经历着“发展”与“逆转”等若干反复的过程，沙漠化在强烈发展中。毛乌素及科尔沁沙区等就是显著的例子，占已经沙漠化土地面积的42.6%。

3）近百年来，在具有潜在沙漠化危险的地区由于强度的土地利用，导致土地沙漠化过程的发生和发展，称之为现代沙漠化，土地占已经沙漠化土地面积的31.9%。按其成因来说，以草原过度农垦为主，占现代沙漠化土地面积的45%，其次为过度放牧和过度樵采，分别为29%及20%，是值得重视和迫切需要采取措施的地区。

（2）潜在沙漠化危险的土地，面积有15.8万km^2，目前虽尚未成为沙漠化土地，但具有沙漠化发展的潜在自然因素，如沙质沉淀物所组成的地表，干旱季节和大风季节时间上的一致性和年降雨量变化大等；只要有人为强度的土地利用，沙漠化即可发展，如呼伦贝尔草原、锡林郭勒草原和乌兰察布草原等大部。

无论是何种类型的沙漠化土地，它们的发生与发展都是脆弱生态条件下人为强度干扰的结果，导致原生态环境的改变、地表形态的明显变化。

沙漠所引起的环境变化，主要表现为在原非沙漠地区的沙质草原出现类似沙质荒漠的各种风成地貌景观，在原系固定沙丘的地区主要表现为流沙面积逐渐扩大的加剧过程。由于沙漠化的发展风力吹扬作用的结果，地表组成物质中细颗粒及有机质被吹失，造成了土地的贫瘠性。沙漠化过程的发展，植被覆盖度变小，植物生长衰退，一方面减少了饲料的数量，影响草场质量；另一方面稀疏的植被更加速了地表风沙化的物理过程，促进了风沙地貌的发展，地表沙丘更趋向于密集，造成生态系统功能的退化，使可利用土地资源丧失，生物生产量下降，所有这些环境变化的要素，都可作为衡量土地沙漠化的重要标志。

从沙漠化土地治理的角度出发，一是要考虑各种因素作用在脆弱生态环境下造成的沙漠化土地现状，二是要考虑在人为继续强度利用及风力作用下的沙漠化发展速率。前者可以按沙漠化地区中目前流沙所占面积百分比的大小来衡量，这是一定时间内沙漠化过程发展到某一阶段的具体表现。后者是通过不同时期航空照片的对比分析来反映一定时间以来沙漠化发展蔓延的程度。发展的角度考虑，可以将中国北方的沙漠化土地划分为四种类型（表 3-11）。

中国北方地区沙漠化程度的类型及其标志　　表 3-11

土地沙漠化类型	面积（$\times10^4$km^2）	形态特征	形态指标指数%	年平均增长率%
严重沙漠化土地	3.4	流动沙丘占绝对优势并以密集连片方式分布	>51	>3
强烈发展中的沙漠化土地	6.1	流动沙丘成片分布并与固定、半固定沙丘交错分布	26～50	2～3
正在发展中的沙漠化土地	8.1	斑点状分布的流沙或较密集的灌丛沙堆，普遍的土壤风蚀及地表的粗化	6～25	1～2
潜在沙漠化土地	15.8	普遍的土壤风蚀及地表的粗化，小面积零星分布的流沙及风蚀点	<5	<1

上述四种类型实质上也是我们衡量一个地区沙漠化发展到何种阶段的标志，这对于沙漠化土地的治理有着实践的意义。

3. 土地沙漠化的原因

沙漠化的实质是土地干旱化，气候干旱和人类对土地的不合理经营都会促使土地干旱化。沙漠化发生在地球上干旱、半干旱和部分湿润和半湿润这类生态环境非常脆弱的地区，这些地区干旱度的增加会立即导致土地干旱化，引起沙漠化。气候干旱化是沙漠化的基本因素。过度放牧、过度农垦、滥伐林木和过量开采水资源等，都是沙漠化的促进因素。在人类活动影响很小的地质历史时期，沙漠化早就出现了。

近代沙漠化过程有加剧的趋势，人类不合理的经济活动是其主导因素，也就是说在促使沙漠化的因素上面叠加了促使沙漠化的人为因素，使沙漠化进程加快了。印度西部的塔尔沙漠是农垦加剧沙漠化的典型例子。这个面积 47km^2 的广袤沙漠，年降水量不到 130mm，公元前 5000 年时已经有比较发达的农业文化，中间一度衰落，这正是距今 3000 年的新冰期，气候干凉，到公元前 400 年时农业文明又兴盛起来，在公元 7 世纪发生多次尘暴，至公元 1000 年左右沙漠显著扩大，直至成为世界著名的沙漠。近 50 年来沙漠扩张速度达每年 0.8km。我国内蒙古伊克昭盟在 1965～1975 年的 10 年内开垦牧场 40 多万公顷，致使 666.67 万 hm^2，草地沙漠化。锡林郭勒盟 1947～1976 年的 30 年间开荒 24.36 万 hm^2，其中 22.17 万 hm^2 是 1958 年开垦的，造成 133.33 万 hm^2 的草原沙漠化。塔里木河两岸沙漠化土地已占耕地面积的 61.8%。

人们对肉食的需求量迅速增加，而对草场建设投资增加极微，发生过度放牧，酿成草原退化，以至沙漠化。特别是在水井附近，牲畜饮水，众多的牲畜践踏草和过量啃食，使得水井附近的草地受到严重破坏，首先成为沙地，以这些草场上斑点状沙地为中心，沙漠化不断向四周扩散，以至整片草场变成沙地。

干旱和半干旱地区居民对薪柴需求量很大，居民点附近的薪炭林木首先遭殃，跟随人们砍柴的足迹，风沙地不断从居民点附近向四周扩大。新中国成立以来新疆全区共砍伐破坏胡杨、柳和梭梭林 653 万亩，加剧了塔里木河等两岸的沙漠化；吉林和内蒙古东部的科尔沁草原，人们为了获得薪柴，用大笆搂草，把草根和草皮都搂起来，加上过度农垦和过度放牧，使得历史上曾是“地活宜耕种，水草便畜牧”的大草原变成面积达 6345 万亩的科尔沁沙地。

4. 沙漠化土地的治理

由于中国北方沙漠化土地的分布东西延长达 5500km，而且自然条件又各不相同，同系沙漠化土地，有的位于半湿润土地，如嫩江下游、第二松花江下游，有的位于干草原地带，如科尔沁沙区、毛乌素沙区的东部，有的位于荒漠草原地带，如宁夏的东南和毛乌索沙区的西部，有的位于干旱地带如河西走廊一些绿洲边缘，而有的位于极端干旱地带如塔克拉玛干沙漠南部诸绿洲的边缘，因此治理上有所不同。然而也需指出，在具体的治理措施上虽有不同，在治理的原则上仍有其共同性，如生态效益与经济效益的一致性，适度利用与多项互补等生态原则，把开发利用与治理融为一体。从这一角度考虑，中国北方沙漠化土地的治理可以分为两大类：潜在沙漠及正在发展中的沙漠化地区，应以资源合理开发利用、调节型的整治模式为主，一般适合于半湿润地带及半干旱地带；而在沙漠化强烈发展和严重的地区，则以通过人为相应附加能量及物质投入的重建生态系统的整治模式为主，换言之，也即必须采取一系列重大的措施，一般适合于干旱及极端干旱地带，半干旱地带以流动沙丘为主的严重沙漠化土地，也应遵循这一模式（表 3-12）。

沙漠化土地治理措施 **表 3-12**

序号	沙漠化土地类型	沙漠化土地治理的基本措施
1	半干旱地带 沙漠化土地	自然封育，保护植被。 调整以旱农为主土地利用比例，利用河谷平原及滩川地建立护田林网保护下的基本农田。 扩大牧草的比重，发展畜牧业是半干旱地带沙漠化土地今后经济发展的主要方向，应以利用波状沙地、丘间地、固定沙地及波状高平原栽植牧草，并和人工封育结合，要合理地确定载畜量和合理轮牧。 林业起保护生态环境的作用，应以灌木主配置在沙丘地段，农田防护林应以乔木、窄林带为好，并与路渠相结合，在临近沙丘的农田边缘应以乔灌结合防沙林为佳。
2	干旱地带 沙漠化土地	必须以内陆河流域作为生态单元，进行全面规划，合理分上、中、下游用水的适宜比例；在地下水的利用方面也要相应地作出规划，新疆古尔班通古特沙漠南缘的玛纳气河等就是一例。 以灌溉绿洲为中心，建立绿洲外围封沙育林带（利用动机灌溉余水），绿洲边缘乔灌结合的防沙林带与绿洲内部的窄林带、小网格的护田林网相结合的防护体系，吐鲁番、和田、莎车等绿洲就是显著的实例。 由于临近沙质荒漠边缘，风力作用下的沙丘前移入侵，因此对于绿洲边缘的流动沙丘，采取在沙丘表面设置沙障，障内栽植固沙植物与丘间营造片林相结合的防护体系，同时对绿洲外围沙质荒漠中的天然植被（如胡杨林、柳絮灌丛等）也要采取相应的保护措施。 干旱地带沙漠化土地的整治、除了采取相应的防治措施以防止沙漠化的蔓延外，对沙漠边缘或内陆河沿岸具有水土资源的荒地，在采取水利建设，营造护田林网和改良相结合的措施下，可以将荒地建设成新的绿洲，古尔班通特沙漠西南缘的石河子——奎屯垦区，塔克拉玛干沙漠北部边缘的塔里木垦区便是明显的实例。

5. 京、津、唐地区土地沙漠化灾害实例

京、津、唐地区的沙漠化问题作为一种广为人知的地质灾害正在区内某些地段发展和蔓延。沙漠化土地主要分布在永定河和滦河冲积扇区、潮白河故道区亦有零星分布。沙漠化在该区是近期出现的现象，是人为过度经济活动造成生态环境质量退化的结果。

（1）京、津、唐地区土地沙漠化的景观标志：

1）地表风蚀和粗化现象十分普遍。在滦河冲积扇区许多花生地的表面可以见到一层均匀散布的煤屑炉渣或其他一些生活废渣。这些渣屑随同施肥而布于耕地，经风蚀而残留地表，致使地表粗化。在干旱季节的大风天气，风蚀更加严重，一场大风可将播种于地下 5cm 的花生种吹露地表，造成花生无法生长。

2）片状流沙发育。主要分布在冲积扇古河道带造就的现今沙岗地和扇区几条现代河流的河道区。

3）密集流动沙丘的出现。这是本区沙漠化发展最严重阶段。在滦河、永定河冲积扇及昌黎滨海区发现流动沙丘已非罕见现象。

（2）土地沙漠化的危害

土地沙漠化是一种导致土地生产力下降的环境退化过程。沙漠化危害的具体表现是风沙流所造成的危害，其直接后果是使土壤有机质丧失，耕作层减薄，或造成原有良田被沙压埋，最终导致作物产量的大面积降低和可利用土地资源的丧失。以滦县地区为例，该县有耕地 87 万亩，流沙分布区占 40 万亩。沙漠化危害造成土地滋生能力下降，导致花生产量不稳定并呈逐年下降趋势。1982 年两三场大风过后就有 6 万余亩花生遭风蚀和沙埋，造成花生当年减产数十万斤。

（3）京、津、唐土地沙漠化的原因

该区沙漠化并非自古有之。从第四纪地质学角度看，本区片状流沙与流动沙丘分布和发育在晚更新世至现代形成的地貌单元上而未发现古沙丘的存在，说明本区片状流沙与流动沙丘的出现是近期的现象。滦河现代河滩流动沙丘的发育证实，沙漠化的发展和蔓延是迅速的。据史料记载，全新世期间京、津、唐地区的山地与平原都有很茂密的天然植被，虽然在最近一万多年的时间里气候有明显的波动变化，植被也相应有过变化，但大范围内始终以原始森林占据优势，局部低洼地区有湿生和沼泽植被，这种茂密原始森林与平原水草繁盛的状况历史时期一直存在。直至唐代，本区生态环境尚未遭到大规模破坏。当时永定河成为“清泉河”，河水清澈，很少泛滥。随着人类活动加剧，特别是辽、金时期以后，由于连年战乱，大兴土木建筑、采樵，毁林狩猎和垦荒等原因，天然植被遭到严重破坏。这给京、津、唐地区造成了严重的恶果：山区原始森林消失，水土流失加剧，平原区河流淤积加速，河道迁徙频繁。清泉河变为不定河，洪旱灾害增多，土地沙化相继开始出现。在最近一百多年来，由于人口的不断增长，人类对自然界的需求进一步加剧，经济开发强度进一步增大，在历史遗留下来的环境问题上，又叠加了现代经济发展伴生的环境问题，致使区域环境进一步恶化，从而导致了沙漠的产生。由此可见，本区沙漠化的出现是近期几百年间逐渐演变而来的，特别是近一百年左右的时期内，由于人类活动的进一步加剧而导致沙漠化的发展和蔓延。

京、津、唐土地沙漠化产生的主要原因是由于人为的过度经济活动造成生态环境质量退化。随着近代工农业的发展，城市规模不断扩大，人口激增，经济开发强度增大，对区域环境产生愈来愈大的影响。过度农垦放牧，采樵伐林，使天然植被遭到严重破坏，致使京、津、唐区域环境质量不断下降。生态环境的恶化导致了该区沙漠化的出现。

沙漠化加剧的另一个重要原因是地下水位的降低。滦河冲积扇形成之后，由于新构造活动，滦河河床下切，自扇顶部分开始逐渐失去滦河水的补给。下游河道在晚全新世期间的逐渐向东偏移，也使冲积扇下部失去滦河水的补给。自1990年以来的持续干旱与引滦工程的兴建，滦县地区的地下水位平均以1m/a的速率下降。地下水位的降低，导致原有生态环境的改变，原来的地表及地下浅水层被疏干，地表及土地浅层变得干旱，致使沙漠化进一步加剧。

近年来出现乡镇企业活动也是加剧沙漠化的因素之一。在滦河冲积扇及周围地区散布者低山和众多残丘，乡镇企业的采石、开矿活动几乎使全部的低山残丘遭到破坏，天然植物被踪影皆无，变成光秃秃一片，这不但破坏了生态环境，而且也为沙漠化提供了新的物质来源。

（4）京、津、唐地区沙漠化防治原则

京、津、唐地区在气候分区上属半湿润地区，本不该发生沙漠化，但沙漠化危害在本区却客观存在，说明本区在环境保护方面存在着严重问题。沙漠化危害直接威胁着本次农业经济的发展，应引起人们的高度重视，并意识到问题的严重性。

沙漠化这一过程在人为因素继续过度干扰和风力作用下，会自行扩大和蔓延。本区沙漠化未来的发展趋势主要受人为因素控制。随着人口的进一步增长与城市化进程的加剧，人们对自然资源的需求势必进一步大幅度增加，人类的经济开发强度必然进一步加大，如若不清醒地认识到这一点，不采取有效而合理的措施来保护和治理自然生态环境的话，那么伴之而来的是生态环境质量进一步恶化，沙漠化灾害将愈演愈烈，京津唐地区沙漠化的范围将会迅速蔓延扩大，程度也将愈加严重，今后要特别注意自然潜力与土地利用系统之间的动态平衡关系并根据开发利用与资源保护并举的原则，在沙漠化出现区建立以护田林网为骨架的农林结合的稳定系统，同时在全区范围内采取人工造林方法，提高全区森林覆盖率，使区域环境得到恢复和改善，从而使沙漠化逆转。

3.1.5 地震地质灾害

1. 我国地震地质灾害的成因和特点

地震是一个突发性的自然灾害，为各种自然灾害之首。其对人类的危害主要表现在两个方面，其一是地震导致的人员伤亡，其二是地震导致人类长期辛勤劳动而建立并赖以生存环境的破坏。

我国是一个多地震的国家，地震造成的人员伤亡在中国尤为突出。1556年1月23日陕西华县地震死亡83万人，1920年12月26日宁夏海源地震死亡20余万人，1976年7月28日河北唐山地震死亡24.2万人。无论是单个地震导致的死亡人数还是地震造成总的死亡人数，中国都位居之首。20世纪的20余次地震总死亡人数一百万余，其中发生在中国的两次大地震死亡人数占近44%。

地震导致人类赖以生存的环境破坏主要反映在生活和生产环境的破坏。仅从中国大陆12次震级大于7.0级强烈地震的灾害统计表3-13就可看出，地震造成的损失是极其严重的。其中，发生于城市的唐山地震损失近百亿，震后恢复近百亿。发生在人口密集的农村的中强地震，如 1979 年江苏溧阳 6.0 级地震导致直接经济损失亦达 1.3 亿，即使在人口稀少的边远地区，如 1985 年 8 月 23 日新疆乌恰 7.3 级地震亦造成 1 亿多的直接经济损失，震后恢复花费相同的代价。

中国大陆 12 次大地震震害统计　　表 3-13

时间	地点	M	受灾面积(万 km^2)	死亡人数(百人)	伤残(人)	倒房(万间)
1955.4.14	康定	7.5	0.5	0.84	224	0.006
1955.4.15	乌恰	7.0	1.6	0.18		0.02
1966.3.22	邢台	7.2	2.3	80	8613	13
1967.7.18	渤海	7.4		0.09	300	0.15
1970.1.5	通海	7.7	0.18	1.56	26783	34
1973.2.6	炉霍	7.9	0.6	22	2743	7.4
1974.5.11	永善	7.1	0.23	16	1600	6.6
1975.2.4	海城	7.3	0.09	13	4292	111.45
1976.5.29	龙陵	7.6		0.73	279	4.9
1976.7.28	唐山	7.8	3.2	2428	164851	3225
1976.8.16	松潘	7.2	5	0.38	34	0.05
2008.5.12	汶川	8.0	10	692.27 179.23(失踪)	374643	536

地震地质灾害是指地震导致的地质环境的变化与破坏，地震地质灾害不仅是地震灾害的重要组成部分，而且对人类的工程活动具有直接的影响，它往往导致灾难性的后果。地震引起的破坏，依据其成因和特点，主要可分为两大类，即振动破坏和地面破坏。振动破坏直接和地震大小、特点有关，其中地震作用强度占有主导地位，即地震越大，原则上造成的地震危害也越大，震动破坏的地质效应主要反映在不同地质条件下，将会出现不同的地震动特点，例如，反映在地震作用强度、频率特性和作用时间等方面，最终在不同地质环境下，将会出现不同的震害效果。地面破坏主要是在地震作用下，首先引起支承建筑物的场地岩体或土体的变形和破坏，从而造成各类工程的破坏，场地地面破坏往往出现在一定地形、地貌和沉积岩体及构造地质等条件下，常会引起永久地面变形。地面破坏效应的主导因素除了地震作用外，局部地质环境是不可忽视的内部因素，它决定了场地破坏类型、特点、危害及其出现的可能等。地震地质灾害可分为三种类型：

（1）地表破裂：指强震条件下由于岩土体的突然破裂和位移，而在地表形成的地面破坏。在极震区多见，其中包括地震断层和地裂缝。

（2）斜坡失效：由于斜坡地区岩土体的机械运动而导致斜坡破坏。主要类型有滚石、崩塌、剥落、滑坡、塌滑、流滑、泥石流。

(3) 地基失效：包括大面积的和局部两种情况，主要有可液化地层引起的喷砂冒水、地面开裂、下沉、岩溶及矿井坍塌等。

在上述地震地质灾害中，危害较大并在区域地震稳定性评价中具有重要作用的主要反映在三个方面：

(1) 地震断层：主要是由于地震构造作用造成近地表岩体的相对位错，其幅度从几十厘米到十几厘米，宽度最大可达几百米，其总长度可达几十甚至几百公里。

(2) 山体失稳：强烈地震引起非稳定山体以重力为主的斜坡滑移引起的地质灾害，主要表现在两个方面：其一是我国西部高山峡谷区，地震触发的山崩、滑坡、泥石流等地质灾害；其二是我国西部黄土高原地带，直立侵蚀沟谷崩塌引起地质灾害。例如，1920 年 12 月 16 日宁夏海源 8.5 级地震引起隆德西北各村宅没窑覆或移宅基于数里之外，覆压数十丈深者，共倒塌房屋 6 万余间，山崩崖塌、山川远移、峰谷互换，西北村镇东西两山口忽合为一大冢，三百户皆丛藏于山中。

(3) 大面积地基失效：主要表现在最晚松散沉积，特别是全新世饱水地层中，地震引起的液化、不均匀沉降、淤泥质土蚀变等导致大范围地表破裂、滑移、下沉、喷砂冒水等地质灾害。如 1976 年 7 月 28 日唐山 7.8 级地震造成滦河冲积平原及渤海滨海地带 2.4km^2 的大面积砂土液化。

2.我国地震地质灾害形成环境

地震地质灾害的成因环境，不外乎两个方面，一是地震的成因环境，二是地质灾害的成因环境。

(1) 中国地震的成因环境

中国地处欧亚板块东南部，以大陆为主体，被印度板块（包括缅甸板块)、太平洋板块和菲律宾海板块所夹持。印度板块和太平洋板块向中国大陆推挤导致了地壳升降幅度上的巨大差异，不仅有东西差异，亦有南北差异。

根据现代地壳运动特点和地震孕育、发生和发展的规律，中国地震可以概括为两大类：Ⅰ.和板块运动直接相关的板缘、板间地震；Ⅱ.板内地震，其中，板内地震包括四种成因类型。板内地震、板间地震主要有两种类型——断裂型、分地型。块缘地震如松潘地震带、马边地震带、东南沿海地震带等。

(2) 中国地震地质灾害的成因环境

总体来说，据地震地质灾害分布图可以发现，地震地质灾害除了受震级大小的影响外，还受到地区环境的制约。在中国西部地区，地震断层较为发育，而东部地区则相对为弱，地震断层的形成受多种因素的影响。其中，发震断层的性质、覆盖层厚度是主要的影响因素。中国西部地区的发震断层多为走滑型，而且活动强烈，极易在地表形成延伸远、与发震断层相贯通的地震断层，而东部地区的发震断层多为倾滑型且规模一般较小，倾滑型的断层活动远没有走滑型的容易在地表留下活动的痕迹。覆盖层，这里指第四系松散沉积，由于其非线性变形，可能会导致地表破裂，位错效应减小。一般来说，覆盖层厚度越大，越不易在地表形成破裂，大家知道，第四纪以后，中国东西部地区表现出明显的差异升降运动，西部地区大幅度抬升，遭受剥蚀，覆盖层极不发育；而东部地区则相反，长期地下降，第四系厚度一般较大，这也使得西部地区断裂效应明显，地震断层比东部发育。

斜坡失稳的发生，离不开斜坡，这是失稳的物质基础，显然，这一地质灾害明显地受到地形地貌的制约。我国西部地区由于板块上升强烈，形成高山峡谷，地形反差大，加上多雨等特点，特别是青藏高原边缘地带，既是地震活动地区，也是斜坡极易失稳区，在青藏高原北缘黄土分布区，陡切的黄土塬、黄土梁，在地震诱发下容易坍塌，往往导致严重危害，1920年海源地震伤亡人数极大，就是这个原因；而东部地区以平原为主体，山区只是局部的，所以斜坡失稳在东部地区不是主要的地质灾害类型。

大面积的地基失效主要为砂土液化和地面沉陷，砂土液化离不开液化层的存在，我国东部地区，特别是沿海，地壳的拉张作用形成了许多盆地，盆地内发育巨厚的第四纪沉积，其中不乏可液化层，在地震作用下，地基液化和淤泥质土蚀变为主题的基础失效和河岸坍塌等地震地质灾害特别明显，危害极大；广大的平原地区地震导致的大面积下陷，地下水位上升涌出，良田被淹，是又一特点；而西部地区，可液化层只存在于小范围内，很小会构成灾难性的地质灾害。

3.城市地震灾害实例

（1）河北唐山7.8级地震

1976年7月28日凌晨3时42分（北京时间），河北唐山发生7.8级强烈地震，震中烈度达十一度，同时18日45分又在距离唐山40余公里的滦县高家林发生7.1级地震，震中烈度为九度。强烈地震发生，唐山这座人口稠密、经济发达的工业城市遭到毁灭性的破坏，人民生命财产和经济建设遭到严重损失，地震造成24万余人死亡，16万4千人受伤，与唐山地区相邻的天津市也遭到八度至九度的破坏，北京虽为六度影响区，但个别地点烈度达到七度。唐山地震不仅震撼冀东，危及津京，而且波及辽、晋、豫、鲁、蒙等十四个省、市、自治区，其破坏程度与1679年9月2日发生在三河、平谷一带的8级地震相似，而伤亡则更为惨重。

地震瞬间，唐山市内外房倒屋塌、烟囱折断、公路路面开裂、铁轨变形、地面喷水冒砂、大量农田被淹，唐山这一工业城市又是我国煤矿基地，素有我国“第二煤都”之称。震后，煤矿井架歪斜，矿井大量涌水，通信中断，交通受阻，供水、供电系统被毁，昔日繁华闹市，震后成为废墟和瓦砾。主震7.8级发生后的当天下午，滦县又发生7.1级地震，灾情更加严重。唐山7.8级地震的震中位于唐山市区。烈度十一度区域面积10.5km²。其间建筑物普遍倒塌或破坏。铁轨大段呈蛇形扭曲，有些地段由于路基下沉，铁轨呈不规则的波浪状起伏。唐山火车站的铁轨外凸数十厘米，停在铁轨上的装货列车被振动翻倒，部分铁轨受振动力的作用挤压扭弯在一起；高大的砖烟囱、水塔几乎全部倒塌，个别未倒的也严重破坏。

极震区内桥梁普遍毁坏或严重破坏，如唐山市的陡河胜利桥，是一座长约66m，宽达10m的五孔水泥桥，7.8级地震时西边桥墩折断。公路区内地面及其附近，出现鼓包和裂缝。

极震区内地面出现的地震断层长达8km，水平右旋扭矩最大达2.3m，在地震断层带及其附近，震时地面上下颠动明显，断层两侧200米范围内，人被上抛具失重之感。

地下管道震时受到严重破坏。埋于土层中或置于暗沟，隧道中管道网破坏率很高。接口被拔动，管体折断，断裂达数百处，水电中断。

地震对地下工程破坏较轻，无严重破坏，唐山采煤所造成的地下采空区其相应的地面上，无明显的破坏加重现象。

沿河沟两侧，公路的人工填土基础薄弱处有着较大规模的地裂缝分布。河沟两侧是强烈液化地带，地面发生下陷，一些农田下陷处深可达1m，井积水，机井多数破坏。

据在烈度九度区的调查表明，地震时地面喷水冒砂遍布全区，最大喷砂孔径可达3m，该烈度区的喷砂面积总计约6000m²。

距唐山震中区100公里的天津市，松散层覆盖较厚，海河一带是历史上多湖沼洼地分布区，城市建筑过程中地势低凹地带均有各种回填土充填，土层松软，地下水位浅。唐山地震使其遭到八度的破坏，市属六个区的民用建筑全部倒塌和严重破坏达24%。损坏达41.6%，化工系统133个烟囱被震坏者达63%，道路也遭一定程度破坏，毛条厂一带砂土液化严重，地面上喷水冒砂甚为普遍。天津塘沽区内砂土液化与淤泥的震动软化也甚为普遍，淤泥的震动化也甚为普遍，天津厂内高达30余m的氯化钙废料堆，震时发生了滑坡，滑移距离达250m，18人和80多头牲畜死亡。

唐山地震是发生在人口稠密、繁华的城市区，震前又未作出预报，人们防备不及，7.8级地震造成惨重的灾难，在世界地震灾害史上留下令人难忘的一页。

（2）云南龙陵7.4级地震

1976年5月29日，云南省西部地区的龙陵县先后发生了两组强烈地震，第一组地震发生在20时23分，最大震级7.3级，第二组地震发生在22时00分，最大震级7.4级，两组地震的最高烈度均为九度，总受灾面积为1883km²，倒房与损坏房屋42万间。

从地震的地质条件来说，龙陵地震这类强震群以往研究得较少，它不像1970年云南通海发生的7.7级地震和1973年四川炉霍的7.9级震那样，后两者是发生在地质构造为深大断裂上，发震构造单一，地震断层两侧岩全剪切错动明显，水平错动量较大，而龙陵地震没有一条规律宏伟的、走向上连续的大断裂带。它是分布在一个三角形断块内部的地震破裂，只属于水平应力场作用下的共轭性构造活动表现。

极震区内发育着规模不等、组合形式复杂的地裂缝带，地裂缝主要分布在山脊部位，河谷两岸，公路及低洼平地，后者伴随有喷水冒砂的液化现象。

龙陵7.3级地震形成了两个极震区，最高烈度分别为九度强及九度，7.4级地震也形成两个高烈度区。

（3）汶川地震

汶川大地震发生于2008年5月12日14时28分04秒，震中位于四川省阿坝藏族羌族自治州汶川县境内、四川省省会成都市西北偏西方向90km处。根据中国地震局的数据，此次地震的面波震级达8.0Ms，破坏地区超过10万km^2。

汶川地震的震中烈度高达11度，汶川地震的10度区面积则为约3144km^2，呈北东向狭长展布，东北端达四川省青川县，西南端达汶川。以四川省汶川县映秀镇和北川县县城两个中心呈长条状分布，面积约2419km^2。其中，映秀11度区沿汶川—都江堰—彭州方向分布，北川11度区沿安县—北川—平武方向分布。极重灾区共10个县（市），分别是汶川县、北川县、绵竹市、什邡市、青川县、茂县、安县、都江堰市、平武县、彭州市。较重灾区共41个县（市、区），一般灾区共186个县（市、区）。

据民政部报告，截至2008年9月25日12时，汶川地震已确认有69227人遇难，374643人受伤，失踪人数为17923人。地震造成的直接经济损失8452亿元人民币。四川损失最严重，占到总损失的91.3％，甘肃占到总损失的5.8％，陕西占总损失的2.9％。

汶川大地震是1949年以来破坏性最强、波及范围最大的一次地震，造成了连接青藏高原东部山脉和四川盆地之间大约275km长的断层。地震专家普遍认为引发地震的原因在于龙门山断裂带。当时印度板块往北推进，向亚洲板块挤压并不断地向亚洲板块下插入，导致青藏高原迅速上升，并在高原的边缘形成了地震多发的断裂带，其中就包括龙门山断裂带。

汶川地震只有一个震源，规模与1976年唐山大地震相仿。由于该次地震震源较浅，属较为罕见的“板块内地震”，引发的地震波波及了半个亚洲，造成的受灾面积比唐山地震大。汶川地震是挤压断裂，错动方向是北东方向，地震错动时间特别长，比唐山地震还长，灾情分布较广。

汶川地震诱发的地质灾害、次生灾害比唐山地震大得多，地震引发的破坏性比较大的崩塌、滑坡等地质灾害十分严重，并在四川地区形成13个堰塞湖，主要位于汶川、北川及青川等区。由于堰塞湖有决堤危机，逾百万灾民及救灾人员紧急逃难，绵竹市清平镇需要永久放弃。唐家山堰塞湖是汶川大地震后形成的最大堰塞湖，位于涧河上游距北川县城约 6 公里处。

大地震造成四川和重庆等地约 391 座水库出现险情，其中，大型水库 2 座，中型水库 28 座，小型水库 321 座。其中最大水库——紫坪铺水库，出现裂缝和局部沉陷，邻近山区不断下泄大量土石流，危及水库安全。地震造成四川省 65 处（超过一半）国家重点文物保护单位受到破坏，近 120 个省级文物保护地方受损毁。其中，建于明末的四川阆中白塔在地震中拦腰截断；都江堰市二王庙古建筑群、彭州领报修院、江油市李白故里等倒塌损毁；绵竹剑南春“天益老号”酒坊遗址古建筑、理县桃枰羌寨、江油市杜甫草堂、安县文星塔、青山市普照寺等则局部倒塌或受到严重破坏，等等。

3.2　城市地质环境与土地能力（以南京为例）

土地能力研究作为系统研究，综合考虑系统内的各种要素，科学地为城市规划提供土地能力分析和评价结果。土地能力高低可由工程造价各种费用来表示，它与土地利用类型、地质环境要素有密切的关系。

3.2.1　土地能力和减缓费用

城市规划中涉及的土地能力，也就是指土地工程能力，指的是土地作为建设用地时所具有的能力。土地只有在其开发利用时才显示出其能力，分析和评价土地能力时，土地赋存的地质环境条件和土地利用类型是分析论证时需要充分协调的最重要的两个因素，一方面需要最大限度发挥土地赋存的环境条件表现出来的资源能力，另一方面又要最大限度地减少环境条件形成的制约。因此在分析和评价土地能力之前，有必要设想土地利用的同时且之前与地质环境的作用效应，可以用费用比反映某种土地利用的情况下，由于种种环境因素影响而造成的额外费用，有关费用比可分为三类：

1. 灾害损失费用：由环境地质灾害造成的直接经济代价和社会影响。

2. 缓减费用：为避免或减轻灾害损失所需的勘察、设计、研究、工程补救与防治措施等费用。

3. 资源损失费用：因土地开发利用使自然资源无法很好利用造成的损失。

城市规划建设的根本任务在于保证人民生命和财产的安全、科学经济地营造城市，因而用于工程建设目的的土地利用应选择明显反映缓减费用比的因素作为评价土地的能力的指标。

3.2.2　土地能力与地质环境要素

地质环境要素包括与动力地质相关的环境要素、与岩土类型相关的环境要素、与水文地质条件相关的环境要素、与人类活动相关的环境要素等，其分级体系见图 3-21。

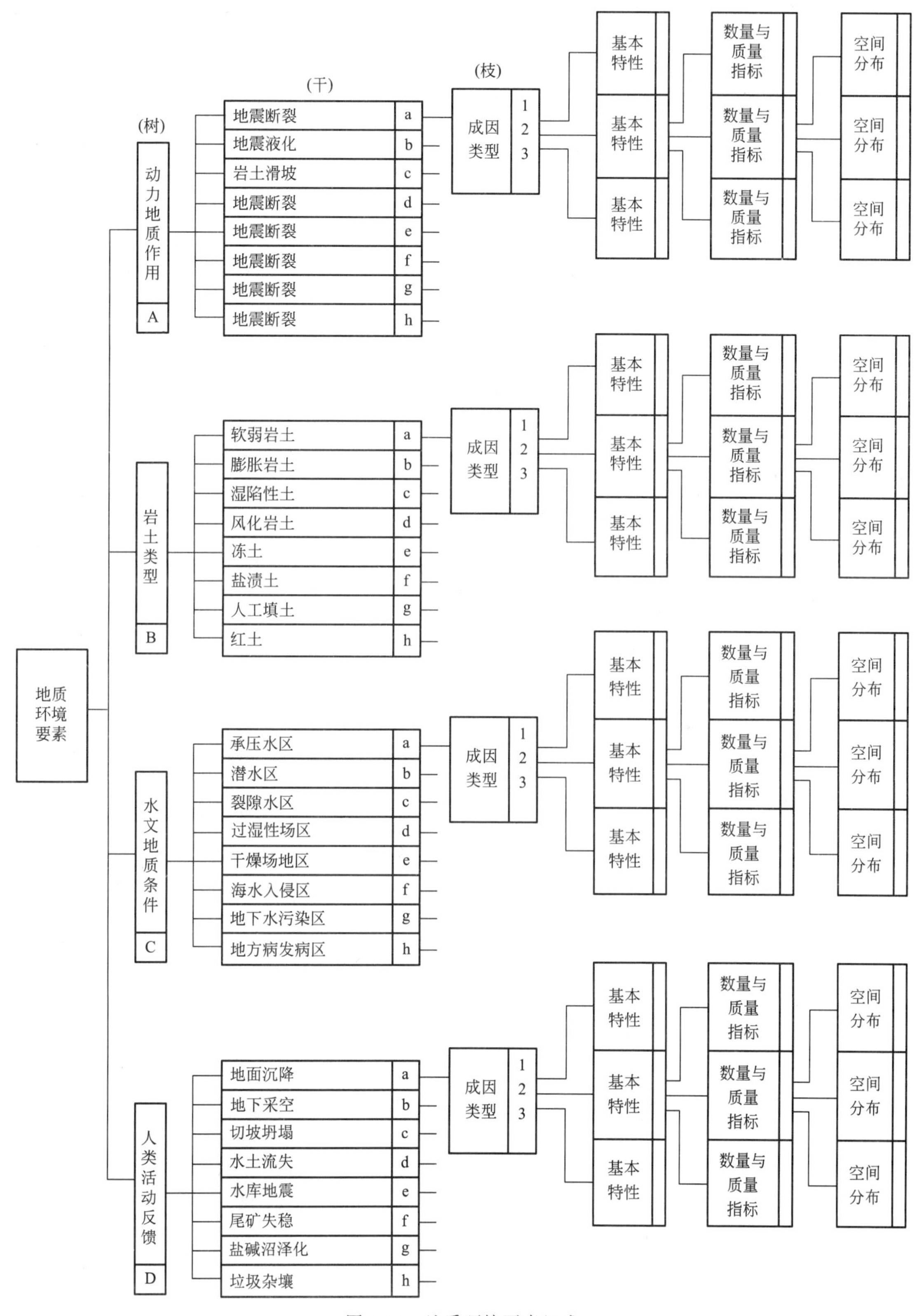

图 3-21　地质环境要素组成

在土地开发利用的规划问题上，土地能力的评价不应只将直接承载的场地作为唯一的工程地质条件，而应将土地开发利用纳入地质环境的大系统中。如南京市的土地利用能力评价，既要考虑到承载土地的稳定性、地下水埋深、地震震害，又要考虑到洪泛雨涝及边坡稳定性问题（图 3-22）。

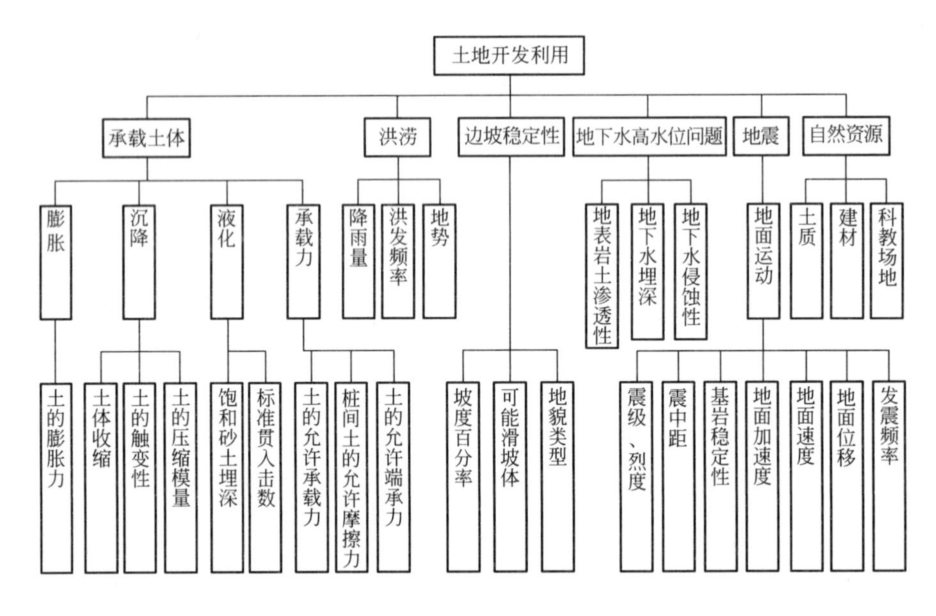

图 3-22　影响土地能力的主要环境地质要素多级梯阶结构

3.2.3　南京市土地资源利用类型

评价土地能力，除需要考虑土地赋予的地质环境外，还必须考虑土地利用类型。不同类型的土地利用，土地的现实价值和能力也表现出差异。

据《城市用地分类与建筑用地标准》规定为十类用地：居住用地；公共设施用地；工业用地；仓储用地；对外交通用地；道路广场用地；市政公共设施用地；绿地 ；特殊用地；水域或其他用地。

《南京市分区规划纲要》根据南京市的性质、规模、布局及建设条件，将南京市土地利用分为六类十一种：规划保护区（严格控制用地、控制用地、协调用地）；绿地；居住用地；高层建筑及高层经营建筑；工业用地；仓储用地。

这里仅选择居住用地中的住宅用地为代表进行评价，分低层建筑用地（1～2 层 3～6m 之间）；多层住宅用地（3～7 层 8～20m 之间）；高层住宅用地（8 层以上或大于 20m 的建筑）。

综上所述，土地工程能力不仅与地质环境要素有关，也与土地利用类型有关。从技术经济的角度看，力求使缓减费用最小，场地稳定性较大时有较高的土地工程能力。由土地能力与地质环境要素多级阶梯图，结合南京市具体情况，南京市地质环境主题要素按重要性排列为：洪涝、承载土体、边坡稳定性、地下水埋深。

第4章　城市地质灾害预测方法分析

4.1　概述

城市地质灾害发生发展机制非常复杂，其灾害预测是一个难度最大的课题。多样的预测体系，我们只能借助系统的方法，开展跨学科的交叉研究，将其统一规划到城市地质灾害的总纲要中。目前，遥感技术及计算机技术取得了很大的进步，可以通过大范围、不同时摄影资料和数据的分析，获取制定城市规划及防灾所需的地面信息；利用可见光摄影、红外摄影、多光谱摄影和微波设定的图片资料，获取环境和灾害信息以及地质地理要素的质量特征与数量指标，有助于对灾害地区土地利用进行定量分析；通过城市短期内重复摄影资料、分析洪水、滑坡等灾害的动态变化和规律，实现对灾害的监测和预测预报；保证灾害分布图像轮廓的真实性和准确性；利用计算机技术可为城市的防灾建立中型、大型数据库，从而为城市地质灾害预测评价更快更早走入定量化创造条件。

地质灾害的预测评价实际上是一种环境质量的分析过程。为了更好地表现灾害评价中以时空特征（包括静态与动态）为核心的地质灾害信息，利用灾害的风险特征，以各种专业型的评价模型及各种预测数学模型为基础，建立预测评价模型，可以为灾害的分析及评估提供可行性和达到结论的相对合理性。

正确的预报是建立在对客观事物的过去和现状进行深入研究和科学分析的基础之上的。历史是连续的，过去、现在和未来是有规律可循的，立足于过去和现在，使用逻辑结构将它们与未来相联系，构成了预报。预报工作直接影响着地质灾害减灾的成败得失。如长江三峡新滩滑坡进行了多年的长期监测，组成了完整的变形监测网，在对其充分研究的基础上，根据滑坡变形加剧增加的发展趋势及滑体宏观变形征兆，作出了正确的临灾预报，使滑坡区457户共1317人及时撤离，无一人员伤亡，并及时在长江进行封航措施，未酿成灾难性后果。做好地质灾害的预报工作具有十分重大的社会效益和经济效益。

地质灾害的监测预报工作是地质灾害防治实践中的一个十分重要的课题，必须指出，准确有效地进行地质灾害的监测预报，是以宏观地质研究为基础的，只有紧紧抓住了地质体的特征，同时也注重地质环境的变异，才能取得成功的监测预报。

4.1.1 地质灾害监测

监测是同预报联系在一起的，地质灾害监测是地质灾害预报基础信息获取的一种有效手段，只有在充分掌握正确的有效信息前提下，才能有的放矢，搞好地质灾害的预报、监测的目的是预报地质灾害的发展渐变趋势，具体了解和掌握演变过程，适时捕捉地质灾害临近爆发的特征信息。不同的时空尺度分布规律，决定着地质灾害的监测工作应是在不同的空间尺度汇总分层进行的，应强调其形成演变的阶段性、系统性。地质灾害的形成发展有着各自不同的内在规律，因此，监测工作应对不同灾害类型采用不同的策略、不同的方法，具体问题具体分析。

1.地质灾害监测内容：包括地质灾害成灾条件监测、地质灾害成灾过程监测和地质灾害防治效益的反馈监测。

（1）地质灾害成灾条件监测：地质灾害成灾条件十分复杂，其中地质结构是控制地质灾害的核心。因此，对成灾条件的监测应主要侧重于对地质结构各构成要素的监测：地质灾害的载体——岩土体特征；地质成灾边界条件——各种不同级序的不连续界面、分划性界面；地质灾害的地质物理环境赋存特征——地热、地下水、地应力等；地质灾害的作用对象——生物圈特征；人类工程经济活动对地质灾害的发生发展具有巨大的诱发作用，因此，其亦是重要的成灾条件监测内容之一。对不同的地质灾害类型，其监测的终点是有区别的。例如滨海平原区大中城市由于过量抽取地下水引起的地面沉降的监测，主要应监测其地下水位的变化特征，对平原地区冷浸渍害田的监测亦主要是地下水动态长期观测。成灾条件的第二个监测内容是对地质灾害链中各相关要素的相互作用、相互联系关系的监测，地质灾害的群发性、共性、伴生、诱导关系，说明了这一考虑的必要。对某些地质灾害监测的全部内容可能就构成了其后续诱导灾害的成灾条件而作为监测分析对象。

（2）地质灾害成灾过程监测：地质灾害成灾发展过程的阶段性是供成灾过程监测的基础，成灾过程的监测应突出地质灾害的时空效应，针对不同阶段的地质灾害采取不同的监测手段，注重突出反映某项发育迹象，以发现和认识地质灾害的成灾全过程特征。地质灾害成灾过程的动态观测就是地质灾害发育“动”的认识和地质灾害本质“态”的了解。不管是突发型地质灾害还是渐进型地质灾害，其成灾过程均包含着从发生、发展高潮、爆发到死亡的全过程。监测工作需从地质灾害成灾的萌芽状态起始，其手段、范围、精度应随着成灾过程的发展逐渐齐全、拓宽、加深。监测资料的积累是判定地质灾害的动态作用机理过程的第一手感性认识，因此，成灾过程的监测必须是一种不间断的连续性的工作。灾害爆发前常常具有显露的或隐含的临近剧变期的异常变异、先兆信息，这些都是成灾过程监测中所必须致力于捕捉的。

（3）地质灾害防治效益的反馈监测：地质灾害防治效益的监测，其一方面监测地质灾害防治措施的可靠性、有效性，另一方面反馈防治工程、防治设计。防治施工的科学合理性，及时抓住演化信息，跟踪监测分析，现在已愈来愈受到人们的重视。地质灾害防治工作是融社会、经济、环境及技术于一体的工程，要求达到整体的最优化。它是以安全性原则——以不成灾为目的、经济性原则——以投入最少的资金、环境效益原则——获取最大的环境改善等为前提的，地质灾害防治效益的监测可以反馈其预期目标与防治效果之间协调统一的距离，如果安全保证达不到，则可在监测反馈的基础上，进一步加强防治工作，如果安全性过高，造成浪费，则今后的灾害防治体系应予吸取教训。因此，地质灾害防治效益反馈监测既是地质灾害安全监测体系的必要延续，又是进一步认识地质灾害成灾条件、发灾动态机理过程的再分析、再研究、再探索的过程。

在不同时间区间段上，监测体系的布置是有所不同的。长期的监测工作，应立足于灾害机理、成灾条件的了解；中期监测的着眼点是预防措施；短期监测重点于治理；临灾监测服务于避灾救灾；而反馈监测侧重于效益及经验的获取。

2. 地质灾害监测方法

地质灾害常常具有在时间上的突发性，空间上的随机性，种类上的多样性，条件上的恶劣性以及后果的严重性等特点，因此监测技术应具有快速、机动、准确和集成的特点，需要建立多层次的、立体交叉作业的实时监测评价技术系统。监测措施、手段应强调群测群防与专业化队伍相结合、土洋结合、定性与定量相结合、宏观与微观相结合、综合化、系统性原则。对于区域性及某些特殊类型地质灾害的形成、变化和发展趋势的监测，应用遥感技术，是必不可少的，在一定意义上讲，遥感技术是地质灾害监测的“宏观”技术手段。对某些地质灾害的仪器量测可视为地质灾害监测的“微观”技术手段。

（1）宏观遥感监测技术手段

遥感技术的监测系统常由遥感数据获取、有用信息抽取及遥感应用组成。遥感数据获取是在遥感工作平台和传感器构成的数据获取技术系统的支持下实现的。遥感应用则主要包括对地质灾害对象或过程的调查制图、动态监测、预测预报等不同的层次，一般可在信息系统的支持下完成，现代遥感技术在地质灾害的监测中，具有宏观、快速、准确、直观性强等特点，近20年来，我国遥感技术在地质灾害监测方面得到了广泛的应用。如铁道部在成昆铁路沙湾——泸沽段330km长的范围内，利用遥感进行了动态变化监测，通过对美国陆地卫星MSS图像的分析，查明了背景，获得了关于单个泥石流沟的环境因素，如地貌、岩性、构造、植被等信息，从 205 条沟谷中确定了 73 条为泥石流沟，并对它们进行严重等级划分，为泥石流的防治提供科学依据。1984 年以后，在用遥感技术调查监测水土流失的工作上，以统一的标准和精度，对同一（或相近时间不同横向空间，或对同一地区不同纵向）空间进行遥感调查、监测，编制了水土流失图并开展在遥感监测基础上与 USLE（universal soil loss eqoation）相结合，实行土壤流失量的预测及实现保土措施强度的预报。原地矿部遥感所利用红外微波遥感工作平台，对宁夏汝箕沟煤田自然地质灾害进行了调查和监测，取得了大量的丰富资料。

（2）“微观”监测技术手段：

1）物探监测：包括地震勘探、声波测试、无线电透视、孔内录像或超声成像以及大地电场法等多种手段。

2）多维位移监测：包括地表及井中的三维相对及绝对位移量测，可用电感式位移计、电阻式位移计、机械式、传液式、声波反射式、声波提时法、光学测量法、大地水准测量法。

3）地面倾斜测量。

4）井中倾斜测量：可有高精度伺服加速度式倾斜仪、陀螺式测斜仪。

5）地声测量：包括岩石破裂的声发射幅度及频数的测量，泥石流摩擦撞击噪声监测，地表及井中的脉动的卓越频率（或卓越周期）及振幅测量。

6）岩土体内声波声速及接收信号振幅谱的观测，以反映地质体变化引起的结构变化。

7）地应力观测、可有钢弦应力法、压磁电感法、声发射凯塞效应法。

8）温度或含水量的测定。

9）地下水的监测：包括地下水位、地下水压、地下水质等内容。

10）计算机断层扫描、层析成像（地下 CT 技术）、地质雷达。

上述多种物理参数变化的综合监测利用，可确切地反映地质灾害的变化，是趋势预报及监灾预报的可靠基础。

4.1.2 地质灾害的预报

地质灾害预报过程应突出的四个基本观点：系统的观点、联系的观点、变化的观点、运动的观点。

地质灾害的过去、现在和将来之间存在着一种纵向的发展逻辑关系。这种因果关系是受一定的规律支配的，因此必须全面分析地质灾害及与其有关联的所有因素的发展规律。将地质灾害作为一个相互作用和反作用的动态整体来研究，将地质灾害与其周围的环境组成一个综合体来研究，可采用树状分析、系统网络、图标、流程图式等方式，形象地给出地质灾害预测系统的整体性和发展方向。系统的观点要求只能客观如实地反映地质灾害及其相关因素的发展规律及组合方式，不能随意增减某些因素或改变它们的组合方式，地质灾害的相关因素之间及地质灾害与相关因素之间存在着某种依存关系，应全力剖析这些联系的本质，并且突出重点。联系的观点是指相关因素的横向联系及其作用与反作用的依存关系，这对地质灾害的预报极为重要。地质灾害的相关因素不是一成不变的，它同样有着自己的发展历史，这些因素的各个发展阶段对地质灾害都有影响，有的甚至会改变地质灾害的发展方向或性质。相关因素是地质灾害内部矛盾性的外因，如果外因变化很平稳，或处于相对稳定的状态，则可利用历史数据进行外推，预测地质灾害的发展，否则不然。在地质灾害中一方面强调人类活动对地质环境的破坏作用，另一方面强调人类改造自然、征服自然、创造未来的能力，强调人对地质灾害发展进程的影响。

预报本身不是目的，它是达到目的的工具，而这种目的主要是地质灾害的防治减免决策。因此，我们的地质灾害预报系统一般采用效用极大化，而非精度极大化。特别是如果当某些预测变量达到临界水平时，决策将剧烈变化，十分重要的是发展能够使关键范围内的预报精度极大化的预测系统，而以普遍降低全部可能的预言的平均精度为代价，与预报的效用极大化相联系的是定向决策而非定向预测，使预报服务于决策。

通常，地质灾害的预报是在一定的风险水平上的预报，我们需要评判其预报的有效性。预报的有效性是预报结果的效用，而不是其精确性。一般可采用可靠性为预报确定一个有效的上限的办法，或者以短期预测的有效性为基础，对有效性估计中反映的趋势，用逻辑外推法来进行估计长期预报的有效性。

地质灾害预报的基本方法见表 4-1，应具体情况具体分析，有些方法可以联合使用，以求得科学合理的预报地质灾害。

地质灾害预报基本方法　　**表 4-1**

<table>
<tr><th>序号</th><th colspan="2">预报方法</th><th>基本原理与步骤</th></tr>
<tr><td rowspan="3">1</td><td rowspan="3">类比分析预报法</td><td>类推灾害与类推模型比较法</td><td rowspan="3">类比分析是根据先例时间作出的一种预报判断。类比分析是在所需预报的地质灾害与先前已发生过的典型地质灾害进行的一系列比较过程。前者称为类推灾害，后者称为类推模型。地质灾害预报的类比分析本质是把类推灾害与类推模型进行逐项比较，如果发现两者基本特征相似，并具有相同的性质，就可以用类推模型模拟预报地质灾害，就可预言，类推灾害将会有与类推模型相似的结局。类比分析的核心是有效类推，应着力研究影响地质灾害发展的各种成灾条件，即类推量。对其主控作用的类推量的相似性必须得到严格保证。对于无先例事件的地质灾害预报方法，亦即当不能仿照过去的数据来进行预报时，常常求助于有经验的专家的诊断，这种专家的诊断性质是先例事件的综合集成，通常表现为经验、直觉。专家论断也还是将类推地质灾害与经过专家思维加工过的综合先例事件集成后与类推模型之间的一种比判，因此也是类比分析的范畴。在地质灾害的类比分析预报中，还常用模型试验的方法进行预报工作，即对应用相似理论缩小了比例的地质灾害进行物理模拟和数值模拟分析，然后再予以类比</td></tr>
<tr><td>专家经验集成模型比判法</td></tr>
<tr><td>模拟试验分析法</td></tr>
</table>

续表

<table>
<tr><th>序号</th><th colspan="3">预报方法</th><th>基本原理与步骤</th></tr>
<tr><td rowspan="12">2</td><td rowspan="12">因果分析预报法</td><td colspan="3">自然界存在着普遍的因果关系，地质灾害的过去、现在是预报未来的一把钥匙。未来的行为、进程是建立在过去和现在的基础上的。地质灾害的因果分析预报主要是基于逻辑思维，作出逻辑判断。因果分析预报方法概括起来有下列几类</td></tr>
<tr><td rowspan="6">灰色预报法</td><td colspan="2">地质灾害系统既含有已知信息，又含有未知信息，常常构成灰色系统，系统的灰度取决于系统的复杂性和对系统认知的层次。灰色预报是从系统内部的特征出发，通过建立系统的行为特征的模型，将一个灰色系统由灰变白，从而获得系统规律的认识</td></tr>
<tr><td>数列预测</td><td>对系统行为特征值大小的发展进行预报。其特点是对地质灾害行为特征等时距地观测</td></tr>
<tr><td>灾变预测</td><td>对系统行为特征量超过某个阈值（界限值）的异常值将在何时再出现的预测，其特点是对异常值出现时间的预测</td></tr>
<tr><td>季节变预测</td><td>它是一种特定时区内的灾变预测</td></tr>
<tr><td>拓扑预测</td><td>对一段时间内行为特征数据波形的预测</td></tr>
<tr><td>系统综合预测</td><td>将某一系统各种因素的动态关系找出，建立系统动态框图，不但可以了解整个系统的变化，还可以了解系统中各环节的发展变化</td></tr>
<tr><td>交互作用预报</td><td colspan="2">在预报过程中用影响灾害预报最终输出的方式来影响中间输出，用竭力优化某个指标的方式来影响输出，交互作用分析预报常常可以为地质灾害系统的灵敏度分析提供方便的捷径，其可以改变各边界变量或预报变量的参数，然后确定预报结果对这些值变化的灵敏度。在这种情况下，每次预报本身无交互作用，但是，如果用不同的边界变量和预报变量值，作出一连串预测，那么这些预测可以为试图确定灵敏度构成交互作用</td></tr>
<tr><td>分枝预报</td><td colspan="2">分支产生与应用决策有关的问题，与对策分析中的单决策战略模型相对应。分枝预报根据在预报轮回中出现的时间，进行选择性的预报判断，而不涉及与预报者之间的交互作用。分枝可以取决于某个中间预报结果的值。如果满足几个不同的过去数据趋势直线相互共线的条件，就把它们聚合成单个合成变量。这样就能把一个多变量预报问题转变为单变量预报问题。下游需由分析作出的决策预报，原则上也可以在源头或起始点的某个主要分枝点作出。同时，地质灾害的预报系统还可以分解为延伸于一段时间的一系列预报</td></tr>
<tr><td colspan="2">分量分配预报</td><td>分量分配预报是对地质灾害总变量的分量或因子进行预测，然后综合这些预测给出总的预报，得出最佳预报所必需的分离程度。受多个因素的影响，分离程度（水平）取决于对地质灾害系统的判断，因此必须提供必要的判断性输入，得出与聚合变量有意义的陈述。分离应该是在预报者最高水平上进行的分离</td></tr>
<tr><td colspan="2">交叉分配预报</td><td>交叉冲击预测考虑到不同事件趋势的相互冲击。在趋势冲击分析中，可以使一个事件对一种趋势的冲击幅度领先于相当的期望值。在冲击分析中可能存在有更高阶的交互作用，两个趋势可以共同对第三个趋势施以不可相加的效应。在确定对第三个事件或对某种趋势冲击时，其时序效应即两个事件哪个先发生亦是需在预报中应予以注意的</td></tr>
<tr><td colspan="2">马尔科夫法及分布延迟法预报</td><td>马尔科夫法使进入未来的下一步仅依赖于最近的现在，预报由单变量函数——相关状态的函数作出。分布延迟预报允许在一个时间序列中，过去事件超越几个不同的区间来影响未来实践。现在状态可以是任意维相空间中的一个变量，所以在马尔科夫模型与分布延迟模型之间有一种形式上的等价性。可以认为，过去的一切性质都被隐含在现在中了</td></tr>
<tr><td>3</td><td>统计分析预报法</td><td colspan="3">统计分析预报是通过一系列的数学方法，以地质灾害的过去和现在的数据资料进行分析，运用数理统计、运筹学、调和分析、极值分析、数学滤波、图像识别等方法，根据地质灾害的统计性规律、周期性规律等进行定量的地质灾害预报</td></tr>
</table>

续表

序号	预报方法		基本原理与步骤
3	统计分析预报法	调和分枝预报	地质灾害常常存在一个周期性变化，因此可以应用调和分析进行地质灾害的预报
		时间序列预报	地质灾害发展过程是一个时间序列，可充分利用数据顺序信息来预报地质灾害
		马氏过程预报	用马氏过程的随机转移特性进行预报地质灾害
		相关、回归分析预报	应用地质灾害之间的统计相关性建立经验公式进行预报。地质灾害的发展过程与生物生长过程有一定的相似性，利用生长曲线可以进行地质灾害的预报。通常可利用皮尔曲线、甘沛慈曲线进行预报
		极值理论法预报	此法只要求观测数据取一个时间间隔的最大值，这与预报资料数据如地震时大震漏记的可能性小，而小地震无完整记录的实际情况较为适用
		图像识别法	对多因子进行筛选，利用多因子分类判别和预测，是综合预报的一类方法

4.2　城市地质灾害预测评价模型

模型是人类对现实事物的简化、模拟和抽象。建立城市地质灾害预测评价模型，可用来分析地质灾害系统的特征，设计最佳防灾方案和实现地质灾害最优控制，完成城市规划与管理的科学化。

4.2.1　灾害风险决策模型

决策模型主要涉及确定性决策（多采用线性规划、微分极值、线性盈亏分析等）、风险型决策（多采用期望损益分析、边际分析、效用概率分析、马氏分析等）、不定性决策（多采用悲观分析、小中取大；乐观决策；大中取大；折中决策；最小遗憾；大中取小等概率决策方法）、博弈型决策、多目标决策等。灾害风险决策模型可采取 m 种不同行动的集合，如决策空间 A

$$A=\{a_1,\cdots,a_j,\cdots,a_m\}$$

状态空间 θ，能出现几类状态组合，如

$$\theta=\{\alpha_1,\cdots,\alpha_j,\cdots,\alpha_m\}$$

$$\sum_{j=1}^{n} p(\theta_j)=1$$

$p(\theta_j)$是 θ_j 状态出现的概率。C 为后果空间，及采取 m 种不同行动方案在集中状态下取得的 $m\times n$ 中状态的集合：

$$C=\{C_{11},\cdots,C_{ij},\cdots,C_{mn}\}$$

第 i 种行动所采取的后果 C_j 期望值为：

$$E=[C(\alpha_i,\theta)]=\sum_{j=1}^{n} C(\alpha_i,\theta_j)\times P(\theta_j)$$

按上式算出每一种行动方案后果的期望值。由于每一方案均具有风险性，故可取期望值最大或最小（视问题性质而定）对应的方案为决策方案。仍以地震预测（发震时间、地点、震级、强度）为例，不仅在尺度上有误差范

围，且只能从概率的角度判断地震是否会发生。漏报(如1976年唐山市7.8级地震)固然会造成人员和社会财富的巨大损失，而虚报不仅会引起社会生产和生活秩序混乱，甚至会带来人员伤亡，导致更大损失，即便是成功预报(如1975年海城7.2级地震)也同样造成不可避免的损失。故应按照使社会经济损失减少到最低限度的原则来确定最佳的预报方式。如何将一定区域内的社会结构视为一个系统，各种预报决策(预报方式)集合作为输入、社会效果(损失值)作为输出。输入(预报决策集)包括了各种可供选择的预报方式，如预报时段区间、波及空间范围、强度、各要素的准确率以及如何向社会公众发布预报的方式和可能性等。

4.2.2 地质灾害的模糊预测模型

世界的各种现象，按其结果可分为确定性现象与非确定性现象。而非确定性现象又分为随机现象和模糊现象。对于随机现象可基于概率理论与统计数学进行研究，对于模糊现象应以模糊数学方法解决。鉴于地质灾害预测的许多问题只有模糊性，故而建立模糊数学模型以解决城市地质灾害有关预测问题。

4.2.2.1 基于模糊准则的宁波甬江塌岸预测

宁波市地处东海之滨，杭州湾南翼，是我国著名的港口城市。奉化江、余姚江在宁波汇合为甬江，顺北东方向于镇海入海。甬江是浙东一条重要的水运航道。宁波港、镇海港就坐落在甬江两岸，故而对甬江两岸的稳定性进行研究具有重大的社会和经济效益。

1.影响甬江两岸稳定性的因素

表4-2为甬江两岸各土层特性表。影响甬江稳定的因素总的可分为内在因素和外在因素。内在因素主要指岩性结构、河流形态；外在因素则有河水动态、气候、地震及环境和人为条件。

(1)土体性质与结构

土层的性质与结构的差异决定着土层物理力学性质的差异，从而也决定着土体滑动面上抗滑力和下滑力大小的差异，因而影响岸坡稳定。甬江切割深度范围内的土层在工作区内的物理力学性质、结构特征基本一致，因此对甬江两岸稳定性分区中不予考虑。

(2)河流形态

甬江是个弯曲型河流，水流通过弯道时，产生的离心力使主流线偏向河流的凹岸。在水面上部，离心力和附加应力的向量和指向凹岸。在水面下部则指向凸岸，形成横向环流，它与纵向水流结合在一起，形成螺旋流，结果使凹岸不断受到侵蚀，凸岸则接受淤积，从而导致凹岸塌陷，凸岸淤涨。

(3)河水动态

对甬江两岸稳定性能产生影响主要有流速和潮差。流速主要影响岸坡土体的冲淤，当流速大于临界冲刷流速时，水流侵蚀岸坡，使坡脚淘空而塌陷。当流速小于临界搬运流速时就产生淤积。潮差对岸坡稳定性的影响主要表现在当潮差变化时会引起岸坡土体孔隙水压力的变化，从而影响岸坡土体的滑动力和抗滑力。

(4)气候

降雨使河流水位抬升，导致河流补给地下水，改变了岸坡土体的孔隙水压力的大小和方向，降雨也使岸坡土体含水量增加，孔隙水压力增加，降低了土的强度，影响岸坡稳定。此外，气候的干湿变化引起土体的收缩和膨胀，使岸坡土体分裂成土块，强度降低、影响稳定性。但由于工作区气候影响是一致的，因此在稳定性分区中可不予考虑

(5)地震

发生地震时，岸坡土、砂颗粒间的联结力破坏，饱水的砂土出现液化。地震将直接对岸坡土体的下滑力和抗滑力产生影响，因此，地震将影响岸坡的稳定。但由于地震对工作总区影响是一致的，因此稳定性分区中不予考虑。

(6)环境和人为因素主要指护岸，植被发育程度以及人工在坡脚挖泥、坡顶堆积等对岸坡稳定性的影响程度

2.甬江两岸分段

为了能更好地对甬江两岸稳定性规律作出正确的评价，需要对甬江两岸进行分段，分段原则是按照河流形态、江岸坡脚、河水动态及环境地质因素等的一致性来划分，这样有利于在稳定性分区的定量评价中对每一小段作计算。根据上述原则，把工作区划分为11小段，每一小段又分为南北两岸，这样共22小段(表4-3)。

因土体的性质结构、气候、地震对工作区稳定有较大影响，但影响一致，因此在两岸稳定性分区中可不予考虑，所以甬江两岸各段的特点可以从以下几个方面考虑。

(1)地下水

根据靳斯先生的研究，地下水对河岸的影响可用岸坡土体的含水量来反映。因为土体含水量增大会使孔隙水压力增大。通过对甬江两岸各段含水量的研究，可把甬江两岸土体的地下水划分为A、B、C三种类型。

A型——此类型的岸坡在河流切割深度范围内的土体含水量为66.75%。属此类型的岸坡有1、1’、2、2’、5、5’、6、6’、7、7’、8、8’共12段。

B型——此类型岸坡土体的含水量为44.1%。属此类型的岸坡有3、3’、4、4’共4段。

C型——此类型岸坡土体的含水量为59.2%。属此类型的岸坡有9、9’、10、10’、11、11’共6段。

(2)河流形态特征

主要指河流平面形态、曲率半径、岸坡角、切割深度、平均河宽等。

(3)河水动态

甬江两岸各土层特性表 **表 4-2**

	编号	时代	成因	工程地质特征	颗粒级配				天然含水量 w(%)	天然容重 γ (g/cm³)	孔隙比 e	塑性指数 I_P	液性指数 I_L	内摩擦角 φ (度)	内聚力 c (kPa)	压缩系数 a (cm²/kg)
					砾石含量 >2mm	砂砾含量 0.05～2mm	粉粒含量 0.005～0.05mm	黏粒含量 <0.005mm								
宁波平原	Ⅰa	Q_4^3	mal～m	岩性为淤泥,属近代沉积,主要分布于沿海高潮线以下,厚 2～3m,灰黄色,以粉粒为主,该土层饱和,流塑状态,具高压缩性,易触变,物理力学性质差		4.0	54.0	42.0	44.1	1.77	1.230	17.3	1.37	11.0	10	0.109
	Ⅰb	Q_4^3	氧化层	岩性为粉质黏土(硬壳层):棕黄、黄褐色,向下渐变为灰黄色,为不同成因的粉质黏土,泥质粉质黏土,暴露地表氧化而成,厚 1～1.5m,可塑,中～高压缩性,物理力学性质较好		4.5	55.0	40.5	31.9	1.88	0.988	16.5	0.54	15.2	24	0.049
	Ⅱa	Q_4^2	m～h	岩性为泥炭质土,灰黑、黑褐色,含水量高,土质不均匀,具高压缩性,厚 1m		6.0	62.0	32.0	87.4	1.49	2.493	28.7	2.18	12.2	10	0.315
	Ⅱb	Q_4^2	m	岩性为淤泥质粉质黏土:灰、深灰色具微层理,流塑状态,具高压缩性,渗透系数 10～2×10cm/s,层位稳定,顶板埋深 1～2m,透水性差,灵敏度高					46.1	1.75	1.287	15.6	1.52	10.9	9	0.116
	Ⅲa	Q_4^1	al～m	岩性为粉细砂,粉质黏土,灰、灰绿色,饱水,稍密～中密,中压缩性,厚层状,厚 5～25m					26.2	1.90	0.795			25.4	1.7	0.015
	Ⅲb	Q_4^1	m	岩性为淤泥质粉质黏土,灰色,软塑状态,高压缩性,高灵敏度,透水性差,固结慢,顶板埋深 16～29m,厚 5～30m					39.1	1.80	1.101	15.9	1.02	12.1	24	0.056
	Ⅲc	Q_4^1	m～h	岩性为含有机质粉质黏土,灰褐、赤黑色,含较多腐烂植物茎叶,软塑状态,具高压缩性顶板埋深 20～40m,厚度 0～20m		5.0	49.0	46.0	43.5	1.76	1.245	21.6	0.98	11.0	19	0.063

续表

编号	时代	成因	工程地质特征	颗粒级配				天然含水量 w(%)	天然容重 γ (g/cm³)	孔隙比 e	塑性指数 I_P	液性指数 I_L	内摩擦角 φ (度)	内聚力 c (kPa)	压缩系数 a (cm²/kg)
				砾石含量 >2mm	砂砾含量 0.05～2mm	粉粒含量 0.005～0.05mm	黏粒含量 <0.005mm								
Ⅳa	Q_3^2	al～l	岩性为粉质黏土：上部暗绿色黏土，下部褐黄色黏土，粉质黏土，常见铁锰结核，又称黄色硬土层，可塑～硬塑状态，中～低压缩性					29.1	1.92	0.819	14.8	0.48	18.8	33	0.024
Ⅳb	Q_3^2	m	岩性为粉质黏土：黄灰、深灰色，软塑～软可塑状态，顶板埋深 20～50m，厚度 5～20m		11.5	56.0	34.0	33.6	1.86	0.942	14.8	0.76	15.2	20	0.031
Ⅳc	Q_3^2	l	岩性为粉质黏土：灰色、黄绿色，可塑～硬塑状态，具中～低压缩性，该层是区内物理力学性质最好的黏性土层					25.1	1.98	0.702	11.4	0.40	19.7	41	0.020
Ⅳd	Q_3^2	al al～pl	岩性为砂砾石，含砾砂：向甬江下游颗粒变细，埋深也增大，厚 10～20m，也有些地方缺失，中密、低压缩性												
Ⅴa	Q_3^1	l	岩性为粉质黏土：灰绿、黄绿色，可塑～硬可塑状态，低压缩性，顶板埋深 50～60m，厚 2～5m，工程地质意义不大												
Ⅴb	Q_3^1	al al～pl	岩性为砂砾石，含砾砂：松散～半胶结状，强度高，承载力大。但由于该层之顶有多层桩基持力层供选用，故工程地质意义不大		10.0	56.0	34.0	32.1	1.90	0.896	11.0	0.53	28.0	28	0.024
Ⅵa	Q_2^2	l	岩性为粉质黏土：灰绿、黄绿色，可塑～硬塑，中～低压缩性，顶板埋深 50～70m												
Ⅵb	Q_2^2	al al～pl	岩性为砂砾石：褐黄色，中密～密实，顶板埋深 60～90m。	54.0	34.5	8.0	3.5	34.2	1.87	0.956	12.8	0.45	22.5	27	0.027

甬江各分段特征表

表 4-3

段号	范围	长度（m）	地下水类型	河流形态：曲率半径（m）	河流形态：平面形态	河流形态：曲率（km^{-1}）	河流形态：坡度（m）	河流形态：平均水深（m）	河流形态：切割深度（m）	河流形态：平均河宽（m）	河水动力：潮差（m）	河水动力：流速（m/s）	河水动力：流量（m^3/s）	环境特征：荷载 kPa	环境特征：护岸或植被情况	备注
1	ⅠⅠ～ⅡⅡ	1010	A	1190	凹	0.84	23°	7.2	13.1	280	0.52	−0.36～0.42	5.35	25	中等	在曲率半径及曲率的两栏中，出现过负数，并非表示曲率半径和曲率有负值，而是表示河流的凸岸。流速一栏中，都有一正一负两个数值。负值表示落潮时流速，正值表示涨潮是流速
1′				−880	凸	−1.17	12°							5	中等	
2	ⅡⅡ～ⅢⅢ	560	A	+∞	近直线	0.00	11°	3.6	8.2	360	2.30	−0.54～0.45	580	5	中等	
2′				+∞	近直线	0.00	10°							5	中等	
3	ⅢⅢ～ⅣⅣ	1120	B	−360	凸	−2.78	12°	6.8	14.6	360	1.65	−0.44～0.54	611	5	中等	
3′		1500	B	730	凹	1.37	46°							55	差	
4	ⅣⅣ～ⅤⅤ	1500	B	6800	微凸	0.15	9°	4.6	9.5	460	1.45	−031～0.38	647	5	中等	
4′				−6210	微凹	−0.16	8°							63	较好	
5	ⅤⅤ～ⅥⅥ	1240	A	2420	凹	0.41	23°	6.7	10.3	410	1.51	−0.27～0.33	647	5	中等	
5′				−2010	凸	−0.50	12°							15	较好	
6	ⅥⅥ～ⅦⅦ	1520	A	+∞	近直线	0.00	10°	4.6	10.4	520	1.89	−0.30～0.28	647	5	较好	
6′				+∞	近直线	0.00	9°							15	中等	
7	ⅦⅦ～ⅧⅧ	940	A	−1400	凸	−0.71	12°	6.5	11.1	400	1.30	−0.40～−0.45	721	5	中等	
7′				2010	凹	0.50	18°							5	中等	
8	ⅧⅧ～ⅨⅨ	2320	A	+∞	近直线	0.00	12°	4.7	10.0	470	1.40	−0.31～0.49	754	15	中等	
8′				+∞	近直线	0.00	12°							20	较好	
9	ⅨⅨ～ⅩⅩ	880	C	970	凹	1.03	27°	7	12.7	380	1.31	−0.25～0.53	777	20	中等	
9′				−630	凸	−1.58	15°							5	中等	
10	ⅩⅩ～ⅩⅠⅩⅠ	850	C	+∞	近直线	0.00	15°	4.1	9.8	420	1.45	−0.48～0.55	839	5	中等	
10′				+∞	近直线	0.00	15°							5	差	
11	ⅩⅠⅩⅠ～ⅩⅡⅩⅡ	1160	C	−510	凸	−1.96	26°	14.3	18.7	250	1.54	−0.25～−0.53	855	75	好	
11′				1410	凹	0.71	30°							50	好	

主要指流速、流量、潮差。

(4)环境特征

主要指护岸程度、植被发育程度以及距岸坡顶 40m 范围内的荷载。甬江两岸各段特征见表 4-2。

3. 甬江两岸稳定性分区预测

河流处于不断侵蚀、搬运、沉积过程中，因此河流的形态是不断变化的，河流岸坡的稳定程度也是不断变化的。如甬江梅墟湾南岸在 20 世纪三四十年代以前基本上没有坍塌过，后因河道弯曲，南岸侵蚀，北岸淤积，致使近年南岸塌岸严重。因此，对甬江进行稳定性分区时，要有历史的长远观点，必须综合各种影响边坡稳定性的因素。考虑到模糊数学在多因素综合评价中有其独特的优越性，并且准确度较高，因而采用模糊数学进行甬江两岸稳定性分区。在计算之前，首先根据中外有关平原河流岸坡失稳的统计结果，结合甬江特有的地质、环境条件和已有的失稳原因，找出影响甬江边坡稳定的 7 个因素：横断面形态、平面形态、河流切深、河水动态、荷载、地下水和自然人工环境，对上述因素逐一找出它促进边坡破坏的有害成分，采用数理统计的方法，制定单因素有害成分的各级边坡(Ⅰ、Ⅱ、Ⅲ)，其中Ⅰ级边坡指稳定边坡，Ⅱ级边坡指次稳定边坡，Ⅲ级边坡指危险边坡。

(1)分级标准

1)横断面形态据统计资料，应把岸坡坡脚＞12°(即坡度＞1:5)视为有害成分，这样将边坡分为 3 级。

2)平面形态，应把凹岸的曲率＞0.2km^{-1} 视为有害成分，将边坡分为 3 级。

3)河流切深，切深＞10m 视为有害成分，将边坡分为 3 级。

4)河流动态，根据张中胤总结出的水流搬运起动速率曲线，可把流速＞0.48 且潮差＞0.5m 者视为有害成分，将边坡分为 3 级。

5)荷载，根据甬江特殊性，通过已有塌岸的研究成果，应视荷载＞50kPa 为有害成分，将边坡分为 3 级。

6)地下水，据靳斯先生的调查统计结果，结合甬江岸坡实际情况，应视天然含水量＞40%为有害成分，将边坡分为 3 级。

7)自然、人工环境，这个因素由于没有量的概念，可以根据实际情况与要求，把环境的优劣分为 5 等。

为了便于计算，将上述七种指标的影响在划分三级时所取的最高值视为 1，用它除各级边坡取值，得出无量纲的系数，见表 4-4。

(2)隶属函数的建立

模糊数学方法评价边坡，须先对各单项影响因素指标进行评价，在此基础上再进行综合评价，而各单位指标评价，是以隶属度来刻画事物的模糊界限，隶属度又是以隶属函数来表达。因此，正确建立隶属函数是解决问题的关键。采用三相线性关系建立隶属函数，这虽然有点偏差，但对稳定性分区来说，由于使用相同的规则，精度将提高，并且线性隶属函数也便于计算。取 U 为影响因素的模糊集合，V 为边坡分级的模糊集合，即 U(断面形态、平面形态、河流切深、河水动态、荷载、地下水、自然人工环境)，V(Ⅰ、Ⅱ、Ⅲ)。现根据边坡 3 个分级标准，写出各影响因素的线性隶属函数(表 4-5)。

各因素的分级标准 **表 4-4**

因素 \ 级别	Ⅰ	Ⅱ	Ⅲ
横断面形态	0.27	0.58	1
平面形态	0.17	0.5	1
河流切深	0.4	0.6	1
河水动态	0.34	0.7	1
荷载	0.56	0.78	1
地下水	0.5	0.75	1
自然人工环境	0.33	0.67	1

各评价因素的隶属函数 **表 4-5**

各因素的分级标准	各级边坡隶属函数的建立
1. 横断面形态 (1)坡角<12°为Ⅰ级边坡 (2)坡角=26°为Ⅱ级边坡 (3)坡角>45°为Ⅲ级边坡	1. 断面形态对Ⅰ、Ⅱ、Ⅲ级边坡的隶属函数 $Y\text{I}=\begin{cases}0 & X>0.58\\ -3.23(X-0.58) & 0.27<X<0.58\\ 1 & X<0.27\end{cases}$ $Y\text{Ⅱ}=\begin{cases}0 & X<0.27\quad X>1\\ 3.23(X-0.27) & 0.27<X<0.58\\ -2.38(X-1) & 0.58<X<1\end{cases}$ $Y\text{Ⅲ}=\begin{cases}0 & X<0.58\\ -2.38(X-1) & 0.58<X<1\\ 1 & X>1\end{cases}$
2. 平面形态 (1)曲率<0.2(km^{-1})为Ⅰ级边坡 (2)曲率=0.8(km^{-1})为Ⅱ级边坡 (3)曲率>1.2(km^{-1})为Ⅲ级边坡	2. 平面形态对Ⅰ、Ⅱ、Ⅲ级边坡的隶属函数 $Y\text{I}=\begin{cases}0 & X>0.5\\ -3.03(X-0.5) & 0.17<X<0.5\\ 1 & X<0.17\end{cases}$ $Y\text{Ⅱ}=\begin{cases}0 & X<0.17\quad X>1\\ 3.03(X-0.17) & 0.17<X<0.5\\ -2(X-1) & 0.5<X<1\end{cases}$ $Y\text{Ⅲ}=\begin{cases}0 & X<0.5\\ 2(X-0.5) & 0.5<X<1\\ 1 & X>1\end{cases}$
3. 河流切深 (1)切深<10m 为Ⅰ级边坡 (2)切深=15m 为Ⅱ级边坡 (3)切深>25m 为Ⅲ级边坡	3. 河流切深对Ⅰ、Ⅱ、Ⅲ级边坡的隶属系数 $Y\text{I}=\begin{cases}0 & X>0.6\\ -0.5(X-0.6) & 0.4<X<0.6\\ 1 & X<0.4\end{cases}$ $Y\text{Ⅱ}=\begin{cases}0 & X<0.40\quad X>1\\ 5(X-0.40) & 0.4<X<0.6\\ -2.5(X-1) & 0.6<X<1\end{cases}$ $Y\text{Ⅲ}=\begin{cases}0 & X<0.5\\ -2.5(X-0.6) & 0.6<X<1\\ 1 & X>1\end{cases}$

续表

各因素的分级标准	各级边坡隶属函数的建立
4. 河水动态 (1)流速＜0.48m/s，潮差＜0.50m，为Ⅰ级边坡 (2)流速＝0.8m/s，潮差＝1.5m，为Ⅱ级边坡 (3)流速＞1m/s，潮差＞2.50m，为Ⅲ级边坡	1. 断面形态对Ⅰ、Ⅱ、Ⅲ级边坡的隶属函数 $YI=\begin{cases}0 & X>0.7\\ -2.78(X-0.7) & 0.34<X<0.7\\ 1 & X<0.34\end{cases}$ $Y\text{Ⅱ}=\begin{cases}0 & X<0.34 \quad X>1\\ 2.78(X-0.34) & 0.34<X<0.7\\ -3.33(X-1) & 0.7<X<1\end{cases}$ $Y\text{Ⅲ}=\begin{cases}0 & X<0.7\\ -3.33(X-1) & 0.7<X<1\\ 1 & X>1\end{cases}$
5. 平面形态 (1)荷载＜50kPa，为Ⅰ级边坡 (2)荷载＝70 kPa，为Ⅱ级边坡 (3)荷载＞90 kPa，为Ⅲ级边坡	2. 平面形态对已、Ⅱ、Ⅲ级边坡的隶属函数 $YI=\begin{cases}0 & X>0.78\\ -4.55(X-0.78) & 0.56<X<0.78\\ 1 & X<0.56\end{cases}$ $Y\text{Ⅱ}=\begin{cases}0 & X<0.56 \quad X>1\\ 4.55(X-0.56) & 0.56<X<0.78\\ -4.55(X-1) & 0.78<X<1\end{cases}$ $Y\text{Ⅲ}=\begin{cases}0 & X<0.78\\ -4.55(X-0.78) & 0.78<X<1\\ 1 & X>1\end{cases}$
6. 河流切深 (1)天然含水量＜40％，为Ⅰ级边坡 (2)天然含水量＝60％，为Ⅱ级边坡 (3)天然含水量＞80％，为Ⅲ级边坡	3. 河流切深对Ⅰ、Ⅱ、Ⅲ级边坡的隶属系数 $YI=\begin{cases}0 & X>0.75\\ -4(X-0.75) & 0.5<X<0.75\\ 1 & X<0.5\end{cases}$ $Y\text{Ⅱ}=\begin{cases}0 & X<0.50 \quad X>1\\ 4(X-0.5) & 0.5<X<0.75\\ -4(X-1) & 0.75<X<1\end{cases}$ $Y\text{Ⅲ}=\begin{cases}0 & X<0.75\\ 4(X-0.75) & 0.75<X<1\\ 1 & X>1\end{cases}$
7. 自然、人工环境 (1)环境劣度＜0.25，为Ⅰ级边坡 (2)环境劣度＝0.50，为Ⅱ级边坡 (3)环境劣度＞0.75，为Ⅲ级边坡	3. 河流切深对Ⅰ、Ⅱ、Ⅲ级边坡的隶属系数 $YI=\begin{cases}0 & X=0.667 \quad 10 \quad 1.33\\ 1 & X=0 \quad 0.33\end{cases}$ $Y\text{Ⅱ}=\begin{cases}0 & X=0 \quad 0.33 \quad 1.0 \quad 1.33\\ 1 & X=0.667\end{cases}$ $Y\text{Ⅲ}=\begin{cases}0 & X=0 \quad 0.33 \quad 0.667\\ 1 & X=1.0 \quad 1.33\end{cases}$

（3）计算各因素对Ⅰ、Ⅱ、Ⅲ级边坡的隶属度

首先应换算实测值 X，方法是将表 4-3 中的 各因素实测值除以各因素分级的最高级（Ⅲ）的标准，所得的值就是将 X 实测值带入各自的隶属函数，求出每段各因素对Ⅰ、Ⅱ、Ⅲ级边坡的隶属度（表 4-6），由此得出甬江岸坡每个影响因素以隶属度依次单项评价的结果。每个因素的 3 个隶属度排列组成 7×3 矩阵，称模糊矩阵用 R 表示。例如 1 段，实测值

$(X_i)_1$ = (0.51，0.7，0.524，0.314，0.28，0.83，0.667)，见表 4-7 所示。

各影响因素的隶属度 **表 4-6**

段号	因素 隶属函数	横断面形态	平面形态	河流切深	河水动态	荷载条件	地下水	自然人工环境
1	YⅠ	0.226	0	0.38	1	1	0	0
	YⅡ	0.775	0.6	0.62	0	0	0.68	1
	YⅢ	0	0.4	0	0	0	0.32	0
2	YI	1	1	1	0	1	0	0
	YII	0	0	0	0.9	0	0.68	1
	YIII	0	0	0	0.1	0	0.32	0
3	YI	1	1	0.1	0.28	1	0.8	0
	YII	0	0	0.99	0.72	0	0.2	1
	YIII	0	0	0	0	0	0	0
4	YI	1	1	1	0.61	1	0.8	0
	YII	0	0	0	0.39	0	0.2	1
	YIII	0	0	0	0	0	0	0
5	YI	0.226	0.48	0.35	0.64	1	0	0
	YII	0.775	0.52	0.05	0.36	0	0.68	1
	YIII	0	0	0	0	0	0	0
6	YI	1	1	0.9	0.5	1	0	1
	YII	0	0	0.1	0.5	0	0.68	0
	YIII	0	0	0	0	0	0.32	0
7	YI	1	1	0.8	0.58	1	0	0
	YII	0	0	0.2	0.42	0	0.68	1
	YIII	0	0	0	0	0	0.32	0
8	YI	1	1	1	0.42	1	0	0
	YII	0	0	0	0.58	0	0.68	1
	YIII	0	0	0	0	0	0.32	0
9	YI	0.952	0.28	0.45	0.42	1	0.04	0
	YII	0.048	0.72	0.55	0.58	0	0.96	1
	YIII	0	0	0	0	0	0	0
10	YI	0.808	1	1	0.39	1	0.04	0
	YII	0.192	0	0	0.61	0	0.96	1
	YIII	0	0	0	0	0	0	0
11	YI	0	1	0.83	0.36	0	0.04	1
	YII	1	0	0	0.64	0.77	0.96	0
	YIII	0	0	0	0	0.23	0	0

续表

段号	因素 / 隶属函数	横断面形态	平面形态	河流切深	河水动态	荷载条件	地下水	自然人工环境
1'	YⅠ	1	1	0.38	1	1	0	0
	YⅡ	0	0	0.62	0	0	0.68	1
	YⅢ	0	0	0	0	0	0.32	0
2'	YI	1	1	1	0	1	0	0
	YII	0	0	0	0.9	0	0.68	1
	YIII	0	0	0	0.10	0	0.32	0
3'	YI	0	0	0.1	0.28	0.77	0.8	0
	YII	0	0	0.99	0.72	0.23	0.2	0
	YIII	1	1	0	0	0	0	1
4'	YI	1	1	1	0.81	0.36	0.8	1
	YII	0	0	0	0.39	0.64	0.2	0
	YIII	0	0	0.95	0	0	0	0
5'	YI	1	1	0.05	0.65	1	0	1
	YII	0	0	0.95	0.36	0	0.68	0
	YIII	0	0	0	0	0	0.32	0
6'	YI	1	1	0.9	0.5	1	0	0
	YII	0	0	0.1	0.5	0	0.68	1
	YIII	0	0	0	0	0	0.32	0
7'	YI	0.58	0.24	0.8	0.58	1	0	0
	YII	0.42	0.76	0.2	0.42	0	0.68	1
	YIII	0	0	0	0	0	0.32	0
8'	YI	1	1	1	0.42	1	0	1
	YII	0	0	0	0.58	0	0.68	0
	YIII	0	0	0	0	0	0.32	0
9'	YI	0.808	1	0.45	0.42	1	0.04	0
	YII	0.192	0	0.55	0.58	0	0.96	1
	YIII	0	0	0	0	0	0	0
10'	YI	0.808	1	1	0.39	1	0.04	0
	YII	0.192	0	0	0.61	0	0.96	0
	YIII	0	0	0	0	0	0	1
11'	YI	0	0	0.63	0.36	1	0.04	1
	YII	0.79	0.82	0	0.64	0	0.96	0
	YIII	0.21	0.18	0	0	0	0	0

各影响因素的实测值 表 4-7

段号 \ X值（实测 / 因素）	横断面形态	平面形态	河流切深	河水动态	荷载条件	地下水	自然人工环境
1	0.51	0.7	0.524	0.314	0.28	0.83	0.667
1′	0.27	0	0.524	0.314	0.06	0.83	0.667
2	0.24	0	0.33	0.73	0.06	0.83	0.667
2′	0.22	0	0.33	0.73	0.06	0.83	0.667
3	0.27	0	0.58	0.6	0.06	0.55	0.667
3′	1.02	1.14	0.58	0.6	0.61	0.55	1.33
4	0.2	0.125	0.38	0.48	0.06	0.55	0.667
4′	0.18	0	0.38	0.48	0.7	0.55	0.33
5	0.51	0.34	0.41	0.47	0.06	0.83	0.33
5′	0.27	0	0.41	0.47	0.17	0.83	0.667
6	0.22	0	0.42	0.52	0.17	0.83	0.667
6′	0.2	0	0.42	0.49	0.06	0.83	0.667
7	0.27	0	0.44	0.49	0.06	0.83	0.667
7′	0.4	0.42	0.44	0.55	0.06	0.83	0.667
8	0.27	0	0.4	0.55	0.17	0.83	0.667
8′	0.27	0	0.4	0.55	0.22	0.83	0.667
9	0.6	0.86	0.51	0.55	0.22	0.74	0.667
9′	0.33	0	0.51	0.56	0.06	0.74	0.667
10	0.33	0	0.4	0.56	0.06	0.74	0.667
10′	0.33	0	0.4	0.56	0.06	0.74	1.33
11	0.58	0	0.75	0.57	0.83	0.74	0
11′	0.67	0.59	0.75	0.57	0.56	0.74	0

各影响因素的权重 表 4-8

段号	项目 \ 因素	横断面形态	平面形态	河流切深	河水动态	荷载条件	地下水条件	自然人工环境
	Si	0.617	0.567	0.667	0.68	0.78	0.75	0.667
	Pi	0.21	0.21	0.105	0.053	0.21	0.053	0.053
1	*Pi*	0.173	0.264	0.082	0.025	0.076	0.059	0.052
	Pi	0.237	0.361	0.112	0.034	0.104	0.081	0.071
2	*Pi*	0.081	0	0.052	0.057	0.017	0.059	0.052
	Pi	0.255	0	0.164	0.179	0.053	0.186	0.164
3	*Pi*	0.092	0	0.091	0.047	0.017	0.039	0.052
	Pi	0.272	0	0.269	0.139	0.05	0.115	0.154
4	*Pi*	0.068	0.047	0.06	0.037	0.017	0.039	0.052
	Pi	0.212	0.147	0.158	0.116	0.053	0.122	0.162

续表

段号	项目	横断面形态	平面形态	河流切深	河水动态	荷载条件	地下水条件	自然人工环境
	Si	0.617	0.567	0.667	0.68	0.78	0.75	0.667
	Pi	0.21	0.21	0.105	0.053	0.21	0.053	0.053
5	*Pi*	0.173	0.127	0.064	0.037	0.017	0.059	0.052
	Pi	0.327	0.24	0.121	0.07	0.032	0.112	0.098
6	*Pi*	0.075	0	0.066	0.041	0.046	0.059	0.025
	Pi	0.24	0	0.212	0.131	0.147	0.180	0.08
7	*Pi*	0.092	0	0.069	0.038	0.017	0.059	0.052
	Pi	0.281	0	0.211	0.116	0.052	0.18	0.159
8	*Pi*	0.092	0	0.063	0.043	0.046	0.059	0.052
	Pi	0.259	0	0.177	0.121	0.13	0.166	0.146
9	*Pi*	0.204	0.325	0.081	0.043	0.059	0.052	0.052
	Pi	0.25	0.398	0.099	0.053	0.072	0.064	0.064
10	*Pi*	0.112	0	0.063	0.043	0.017	0.052	0.052
	Pi	0.33	0	0.186	0.127	0.5	0.153	0.153
11	*Pi*	0.198	0	0.117	0.044	0.196	0.052	0
	Pi	0.323	0	0.193	0.072	0.323	0.086	0
1′	*Pi*	0.092	0	0.082	0.025	0.017	0.059	0.052
	Pi	0.281	0	0.251	0.076	0.052	0.18	0.159
2′	*Pi*	0.075	0	0.052	0.057	0.017	0.059	0.052
	Pi	0.24	0	0.167	0.183	0.054	0.139	0.167
3′	*Pi*	0.347	0.429	0.091	0.047	0.164	0.039	0.105
	Pi	0.284	0.352	0.074	0.039	0.134	0.032	0.086
4′	*Pi*	0.062	0	0.06	0.037	0.188	0.039	0.025
	Pi	0.151	0	0.146	0.09	0.457	0.095	0.061
5′	*Pi*	0.092	0	0.064	0.037	0.046	0.059	0.025
	Pi	0.285	0	0.198	0.114	0.142	0.183	0.077
6′	*Pi*	0.068	0	0.066	0.041	0.017	0.059	0.052
	Pi	0.224	0	0.218	0.135	0.056	0.195	0.172
7′	*Pi*	0.136	0.158	0.069	0.038	0.017	0.059	0.052
	Pi	0.257	0.299	0.13	0.072	0.032	0.112	0.098
8′	*Pi*	0.092	0	0.063	0.043	0.059	0.059	0.025
	Pi	0.27	0	0.185	0.126	0.173	0.173	0.073

续表

段号	项目 \ 因素	横断面形态	平面形态	河流切深	河水动态	荷载条件	地下水条件	自然人工环境
	*S*i	0.617	0.567	0.667	0.68	0.78	0.75	0.667
	*P*i	0.21	0.21	0.105	0.053	0.21	0.053	0.053
9′	*P*i	0.112	0	0.081	0.043	0.017	0.052	0.052
	*P*i	0.314	0	0.227	0.12	0.048	0.146	0.146
10′	*P*i	0.112	0	0.063	0.043	0.017	0.052	0.105
	*P*i	0.286	0	0.161	0.11	0.043	0.133	0.268
11′	*P*i	0.228	0.223	0.117	0.044	0.15	0.052	0
	*P*i	0.28	0.274	0.114	0.053	0.184	0.064	0

$$R=\begin{bmatrix}0.226 & 0.775 & 0\\0 & 0.6 & 0.4\\0.33 & 0.62 & 0\\1 & 0 & 0\\1 & 0 & 0\\0 & 0.68 & 0.32\\0 & 1 & 0\end{bmatrix}$$

（4）权重计算

上述七个因素对甬江稳定性分区所起作用不同，影响程度不一，因此必须对每个因素视其重要程度赋以一定的权 P_i，从而算出第 i 种影响因素的实际影响值 C_i：

$$C_i=X_iP_i$$

式中，X_i——第 i 种因素的实测值 C（表 4-5），根据 C_i，依据计算权重。

$$P_{\mathrm{i}}=\frac{C_{\mathrm{i}}}{S_{\mathrm{i}}}=\frac{X_{\mathrm{i}}P_{\mathrm{i}}}{X_{\mathrm{I}}}$$

式中，S_{i}——第 i 种影响边坡的边坡分级标准，取三个级别的平均值；$S_{\mathrm{i}}=\frac{1}{3}$（Ⅰ＋Ⅱ＋Ⅲ）。甬江各影响因素的 S_{i} 值用集合表示：$\{S_{\mathrm{i}}\}_{甬江}=$ {0.617，0.567，0.667，0.68，0.78，0.75，0.667}。

为了进行综合评价，各单项权重须归一化，即 $\overline{P}_{\mathrm{i}}=(\frac{C_{\mathrm{i}}}{S_{\mathrm{i}}})/(\sum_{i=1}^{7}\frac{C_{\mathrm{i}}}{S_{\mathrm{i}}})$。甬江各段模糊集合 U 中各因素给予权重，计算结果列于表 4-8。根据表 4-7 和归一化后组成 1×7 模糊矩阵，用 A 表示。比如 1 段，$A_1=$（0.237 0.361 0.112 0.034 0.104 0.081 0.071）。

（5）综合评价

把两个模糊矩阵 A 和 R 进行复合运算，用 A_0R 表示，即：

$$A_0R=\overline{(P_1P_2P_3P_4P_5P_6P_7)}\cdot\begin{bmatrix}Y\text{Ⅰ}_1 & Y\text{Ⅱ}_1 & Y\text{Ⅲ}_1\\ Y\text{Ⅰ}_2 & Y\text{Ⅱ}_2 & Y\text{Ⅲ}_2\\ Y\text{Ⅰ}_3 & Y\text{Ⅱ}_3 & Y\text{Ⅲ}_3\\ \vdots & \vdots & \vdots\\ Y\text{Ⅰ}_7 & Y\text{Ⅱ}_7 & Y\text{Ⅲ}_7\end{bmatrix}$$

如 1 段

$$A_0R_1=(0.237\quad 0.361\quad 0.112\quad 0.034\quad 0.104\quad 0.081\quad 0.071)\cdot\begin{bmatrix}0.026 & 0.775 & 0\\ 0 & 0.6 & 0.4\\ 0.38 & 0.62 & 0\\ 1 & 0 & 0\\ 1 & 0 & 0\\ 0 & 0.68 & 0.32\\ 0 & 1 & 0\end{bmatrix}=(0.186\quad 0.596\quad 0.170)$$

可知 1 段Ⅱ级边坡的隶属度最大（0.586），应为Ⅱ级边坡。因 1 段重要性不大，可归入次稳定边坡处理，其余各段边坡的复合运算结果列于表 4-9。

综合评价结果　　　　**表 4-9**

隶属度 / 级别段号	Ⅰ	Ⅱ	Ⅲ	稳定性判断
1	0.186	0.596	0.170	次稳定
1′	0.281	0.251	0.180	稳定
2	0.255	0.186	0.186	稳定
2′	0.240	0.189	0.189	稳定
3	0.272	0.269	0	稳定
3′	0.134	0.134	0.352	不稳定
4	0.212	0.162	0	稳定
4′	0.360	0.457	0	次稳定
5	0.240	0.327	0.122	次稳定
5′	0.285	0.183	0.183	稳定
6	0.240	0.189	0.189	稳定
6′	0.224	0.195	0.195	稳定
7	0.281	0.180	0.180	稳定
7′	0.257	0.299	0.112	次稳定
8	0.259	0.166	0.166	稳定
8′	0.270	0.173	0.173	稳定
9	0.250	0.398	0	次稳定
9′	0.314	0.227	0	稳定
10	0.300	0.153	0	稳定
10′	0.286	0.133	0.286	稳定
11	0.193	0.323	0.230	次稳定
11′	0.184	0.280	0.210	次稳定

（6）甬江两岸稳定性分区

根据综合计算结果表4-9可以看出，甬江从三官堂——镇海共有14段稳定区，7段次稳定区，1段不稳定区（图4-1甬江两岸稳定分区图）；各分区特点见表4-10。

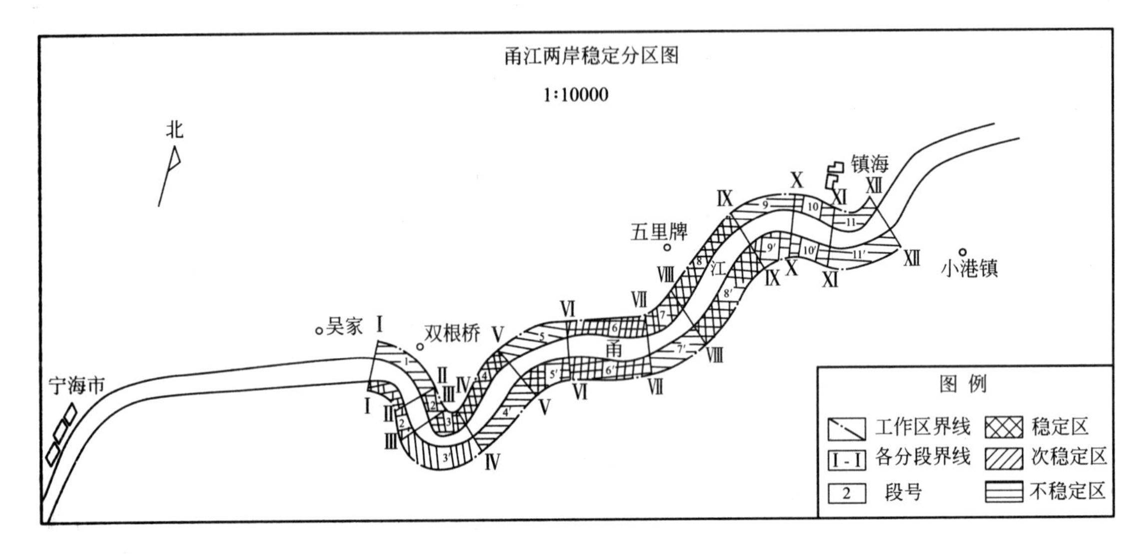

图4-1　甬江两岸稳定分区图

甬江岸坡稳定规律分区　　表4-10

分区	亚类	属于各区的地段	各区特征
稳定区Ⅰ	Ⅰ1	1′,3′,5′,7′,9′	该类共有5小段,全为甬江的凸岸。该类的特点是江岸坡度较缓,河流切深较浅,岸坡顶荷载轻或没有。在河流切割深度范围内,土层主要有杂填土、泥炭质土和淤泥质粉质黏土,杂填土主要为工业和生活垃圾。泥炭质土为全新世中期滨海沼泽相沉积,土性不均匀,强度低,淤泥质粉质黏土为全新世中期海沉积、流塑状态,具高压缩性
	Ⅰ11	2,2′,4,6,6′,8,8′,10,10′	该类共有9小段,全为甬江直线岸。该类的特点是岸坡度缓,河流切深较浅,岸坡顶荷载较轻。在河流切割深度范围内,土层主要有杂填土、泥炭质土和淤泥质粉质黏土。杂填土主要为工业和生活垃圾,泥炭质土为全新世中期滨海沼泽相沉积,土性不均匀,强度低,淤泥质粉质黏土为全新世中期海相沉积,流塑状态,据高压缩性
次稳定区Ⅱ	Ⅱ1	1,5,7’,9,11′	该类共5小段,全为甬江的凹岸,坡度相对较缓,但河流切深浅,岸坡顶荷载轻。 在河流切割深度范围内,土层主要有杂填土、泥炭质土和淤泥质粉质黏土。杂填土主要为工业和生活垃圾。泥炭质土为全新世中期滨海沼泽相沉积。土性不均匀,强度低。淤泥质粉质黏土为流塑状态,具高压缩性
	Ⅱ2	4′	该区为直线段次稳定区,坡度缓,河流切深浅。但岸坡顶荷载较重。 在河流切割深度范围内,土层主要有杂填土、泥炭质土和淤泥质粉质黏土。杂填土主要为工业和生活垃圾,泥炭质土为全新世中期滨海沼泽相沉积,土性不均匀,强度低,淤泥质粉质黏土为流塑状态,具高压缩性

续表

分区	亚类	属于各区的地段	各区特征
次稳定区Ⅱ	$Ⅱ_3$	11	该区为甬江凸岸次稳定区，其坡度缓，河流切割深。岸坡顶荷载重，但护岸程度极好。 在河流切割深度范围内，土层主要有杂填土、泥炭质土和淤泥质粉质黏土，杂填土主要为工业和生活垃圾，泥炭质土为全新世中期滨海沼泽相沉积，土性不均匀，强度低，淤泥质粉质黏土为流塑状态，具高压缩性

从上述的稳定性分区结果可以看出，甬江是相对稳定的河流，塌岸问题不很严重，但也不是都没塌岸问题，其中梅墟湾南岸（3’段）就是处塌岸问题最严重的地段。综合各地段的稳定情况，可得出如下结论：

1）甬江大部分地段是稳定的，能发生塌岸的地段只是个别地段。

2）甬江的凹岸相对地要比凸岸及直线岸危险，从上述分区结果可以看出，甬江凸岸级直线岸大多为稳定区，而凹岸大多为次稳定区或不稳定区。

3）处于次稳定区或不稳定区的岸坡，一般都有比较陡的河岸坡度（坡度>1∶5）。

4）甬江的凸岸和直线岸，有处于次稳定区的，一般是由于有较深的河流切割深度或江岸顶部有较大的荷载。

5）护岸的好坏对河岸边坡稳定性的影响是有限的。因为有些护岸较好的岸坡，在其他因素为不利的情况下，岸坡还是处于次稳定状态。

4.2.2.2　模糊聚类评判城市灾害与建筑地基适宜性

建筑地基适宜性指的是作为工程建筑地基的土层的稳定性好坏和工程造价的高低的综合条件。就当前建造技术发展水平来看，几乎可以说没有不适宜的建筑地基。但问题是复杂的建筑结构虽然可以换得“稳定”的建筑地基，但同时也付出了惊人的经济代价。因此，使工程建筑在低廉的工程造价下获得相对稳定的建筑环境，这就是地基适宜性评价的宗旨。

本次采用了“点面结合、由点到面”的评价方法。（数据）点适宜性评价是制图区平面适宜性评价的基础，对于采用了较为先进、合理的“专家聚类法”或叫“总分法”。它是在给定拟评价因子权重、基本分、指标分级的基础上，先确定各评价因子取得的单项分值，然后分别乘上其对应权值，累加后得到总分值。总分值越高，反映数据点的建筑地基适宜性越好。它是一种连续分布函数，因此根据数据点总分值可以很容易地利用趋势分析方法对制图区平面适宜性进行推演，体现由点到面的思维过程。总体评价过程如图 4-2。

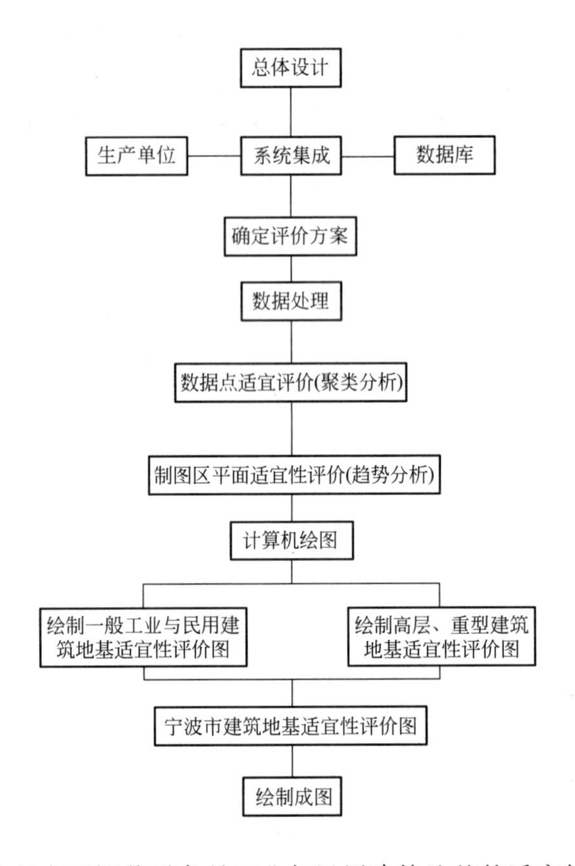

图 4-2 总体评价过程

由于本次的主要评价对象是工业与民用建筑地基的适宜性，这类地基一般可以分为一般工业与民用建筑地基（天然地基）和桩基（即高层、重型建筑物地基）两大类，因此在进行适宜性评价时，首先对上述两类地基的适宜性分别进行了评价，然后根据它们的组合关系确定建筑物地基（场地）的适宜性。根据统计推断和集体评议结果，确定了两类地基适宜性的评价标准（方案）（表 4-11、表 4-12），它们是数据点适宜性评价的主要依据。表中“权重”反映了评价指标对于适宜性评价的重要程度，为反演结果；“基本分”体现了指标分级所表现的适宜性的好坏。根据宁波实际，两类地基分别选取了 7 项评价因子。

一般工业与民用建筑地基适宜性评价方案 **表 4-11**

评价因子	指标	分级			权重
		Ⅰ	Ⅱ	Ⅲ	
持力层承载力(kPa)	指标	≤100	100～200	>200	0.26
	基本分	10	60	100	
持力层埋深(m)	指标	>3	3～1	≤1	0.21
	基本分	10	60	100	
持力层厚度(m)	指标	>1.6	1.6～6.5	>6.5	0.15
	基本分	10	60	100	

续表

评价因子	指标	分级			权重
		Ⅰ	Ⅱ	Ⅲ	
持力层压缩系数（MPa^{-1}）	指标	＞1	1～0.5	＜0.5	0.10
	基本分	10	60	100	
持力层下卧层压缩系数	指标	＞1.7	1.7～0.7	≤0.7	0.05
	基本分	10	60	100	
软土厚度（m）	指标	＞7	7～2	≤2	0.14
	基本分	10	60	100	
地貌单元	指标	潮间带	山间谷地	滨海平原	0.09
	基本分	10	60	100	

高层、重型地基适宜性评价方案　　表 4-12

评价因子	指标	分级			权重
		Ⅰ	Ⅱ	Ⅲ	
持力层承载力（kPa）	指标	≤1800	1800～3200	＞3200	0.28
	基本分	10	60	100	
持力层埋深（m）	指标	＞30	30～15	≤15	0.24
	基本分	10	60	100	
持力层厚度（m）	指标	≤3	3～12	＞12	0.18
	基本分	10	60	100	
持力层压缩系数（MPa^{-1}）	指标	＞0.7	0.7～0.25	≤0.25	0.12
	基本分	10	60	100	
持力层下卧层压缩系数	指标	＞0.7	0.7～0.2	≤0.2	0.07
	基本分	10	60	100	
软土厚度（m）	指标	≤150	150～230	＞230	0.08
	基本分	10	60	100	
地貌单元	指标	潮间带	山间谷地	滨海平原	0.03
	基本分	10	60	100	

由天然地基、重型地基数据点分值计算结果，故此进行了散点图统计分析，在反复校正的基础上，最后得到了两种地基适宜性分级和总分界限值。

	[天然地基]	[重型地基]
（1）不适宜建筑地基	≤50	≤53
（2）较适宜建筑地基	50～80	53～85
（3）适宜建筑地基	＞80	＞85

在天然地基和重型地基适宜性评价结果的基础上，进行了建筑地基（场地）适宜性评价，评价（划分）原则如表 4-13 所示。

建筑场地划分原则 表 4-13

场地类型	地基组合	
	一般工业与民用建筑地基	高层、重型建筑地基
综合开发适宜场地	适宜、较适宜	适宜、较适宜
一般工民建适宜场地	适宜、较适宜	不适宜
高层、重型建筑适宜场地	不适宜	适宜、较适宜
不适宜建筑场地	不适宜	不适宜

4.2.2.3 预测场地砂土液化的模糊模式

1. 砂土液化势的模糊性和模糊集

砂土液化势的模糊性，不仅在于评定标准（某些主要影响因素）的不确定性，而且也在于各影响因素之间关系的复杂性。因此，单纯用一个确定的因素（如 N 或 V_s 等）来表示，显然不妥。这里考虑以下五个主要因素：地震烈度Ⅰ、非液化黏性土覆盖层厚度 H。标准贯入击数 N63.5（简写为 N）、标贯点深度 d_s、地下水位 d_w，并由此组成的影响因素集（或论域）。

$$U=\{I、H_o、N、d_s、d_w\}=\{u_1、u_2、u_3、u_4、u_5\}$$

这里要注意的是因素可以是模糊的，也可以是非模糊的。但它们对这个集合 U 的关系为 $u_i \in U$ 或 $u_i \bar{\in} U$。

考虑到实际工程需要，将液化情况分为四类：不液化、可能不液化、可能液化、液化。即评定是液化势等级的 Fuzzy 集为：

$$V=\{V_1、V_2、V_3、V_4\}$$

显然 V_i 代表各种可能的总评判结果。模糊综合评判的目的就是在综合考虑所有影响因素 U_i 的基础上，得出一种最佳评判结果。

2. 权重集与隶属函数的建立

一般来说，各个因素对评判结果（即液化）的影响程度是不同的。为了反映各因素的重要程度，对各因素应赋予一相应的权数 a_i（$i=1、2、3、4、5$），由此组成权重集 A：

$$A=\{a_1、a_2、a_3、a_4、a_5\}$$

显然 A 是论域 U 上的 Fuzzy 子集。并可表示为

$$A=\frac{a_1}{u_1}+\frac{a_2}{u_2}+\frac{a_3}{u_3}+\frac{a_4}{u_4}$$

在 I、H_o、N、d_s、d_w 这五个主要因素中，N 值的作用最显著，其次为 H_o、d_w。因此，最终拟定权重为：

$$A=(0.10，0.25，0.30，0.10，0.25)$$

用模糊数学（综合评判法）处理问题时的关键是建立适当的隶属函数，它们的建立往往是取决于所研究问题的性质以及人们对该问题的了解程度，一般多依据经验和统计确定。

根据对一些场地（液化和非液化）的资料的分析，这里采用的隶属函数为：论域 U 中各因素 U_i 对 V_2、V_3 呈梯形分布，而对 V_1、V_4 呈升（或降）半梯形分布。

3. 模糊综合评判

模糊综合评判是通过符合运算实现。用数学式表示为：

$$B = \mathrm{AOR} = (b_1、b_2、b_3、b_4)$$

式中 R 是论域 U 与评价集 V 之间的一个模糊关系（即模糊关系矩阵），它确定了一个模糊映射。A 是因素的权的分配集，是映射的原像。B 是映射的像，即评判结果。矩阵 i 行 R_i（r_{11}、r_{12}、r_{13}、r_{14}）为第 i 个因素 m 的单因素评判，它是 b 上的 Fuzzy 子集。B_j 成为模糊综合评判指标。$B_j = \bigvee_{i=1}^{5} (a_i \wedge r_{ij})$ 输入每一组数据 U_k =（U_{1k}、U_{2k}、U_{3k}、U_{4k}、U_{5k}），都可以通过隶属函数得到其相应的 R_A。从而得到评定结果 B_k。

$$R_A = \{r_{ij}\}\ (i=1,\ 2,\ 3,\ 5,\ j=1,\ 2,\ 3,\ 4)$$

其中 r_{ij} 为该组数据中的第 i 个因素对第 j 个等级的隶属度。即 $R_A = \mu R_k\ (U_i,\ V_j)$

对于 B_k =（B_{1k}、B_{2k}、B_{3k}、B_{4k}）将其评判指标归一化，求的归一化的模糊综合评判集 B_k。

$$B_k o = \left(\frac{b_1}{b},\ \frac{b_2}{b},\ \frac{b_3}{b},\ \frac{b_4}{b}\right) = (b'_1,\ b'_2,\ b'_3,\ b'_4)$$

式中：$b = \sum_{j=1}^{4} b_j$，$\sum b'_j = 1$

对于现场某一砂层，设每个钻孔有若干个标贯试验点（即有若干组数据）。则有若干个评判结果 B_{ij} 这里，作如下假定：

当 $\sum (b'_1 + b'_2) > \sum (b'_3 + b'_4)$，则可认为该钻孔所表征的砂层不液化，反之则液化。

4.2.2.4　斜坡稳定性的综合预测

1. 评价因子的选择

斜坡是地质、地貌、气候、水文、植被、土壤、人为活动等要素相互作用，长期演化所形成的复杂开放系统。对斜坡稳定性进行综合评价时，选择岩体结构、优势结构面与斜坡的关系、坡度、临空高度、6～8 月降雨量占全年的百分比，暴雨强度、地下水渗出状况、植被群落结构、森林覆盖率以及人类活动 10 个评价因子（表 4-14）。

评价因子及其量化　　　　**表 4-14**

序号	评价因子	分数段			
		0～3.4	3.5～5.5	5.6～7.9	8.0～10
1	岩体结构	松散堆积体	破碎的基岩体	有软弱夹层的层状岩体	块状岩体

续表

序号	评价因子	分数段			
		0～3.4	3.5～5.5	5.6～7.9	8.0～10
2	优势结构面与斜坡的关系	倾向与坡向一致倾角小于坡度角	倾向与坡向一致倾角大于坡角	倾向与坡向相反	无结构面
3	坡度(°)	90～60	59～40	39～20	19～0
4	临空高度(m)	h_{max}～200	199～100	99～50	49～0
5	6～8月雨量占全年的百分比(%)	100～90	89～70	69～50	49～25
6	暴雨强度(mm/24h)	p_{max}～300	299～100	99～50	49～25
7	群落结构	迹地草坡	稀疏乔灌草坡	乔、灌、草结构较合理	乔、灌、草结构较合理
8	森林覆盖率(%)	0～10	11～40	41～60	61～100
9	地下水状况	晴天有地下水浸出	小雨有地下水浸出	大雨有地下水浸出	无地下水浸出
10	人类活动	城市建设和人工切破	毁林开荒	不合理耕种	影响微弱

注：h_{max} 为测区内最大临空高度；P_{max} 为测区内最大雨强度。

2.评价因子的量化及其权重

评价因子的量化采取室内资料分析与野外观测相结合的方法进行。先在室内对气象、地质、林业等部门所提供的资料，结合地形图和航片分析，对每一因子按其对斜坡稳定性作用的大小，以10分制评分，并用钢笔填入相应的调查表和计算表内，便于野外校正。评分的原则是，对斜坡稳定性有良好作用的因子给高分，最高为10分；对斜坡起破坏作用或促进岩土体破裂变形的给低分，最低为0分（表4-14）。表中各因子分数段有定性和定量两种指标，定性描述指标，取相应分数段的中值分；定量指标按内插转换评分方法确定分数值，其公式为：

$$P_i=L_1+|M_i-M_1|(L_2-L_1)/|M_2-M_1|$$

式中：P_i——i 因子的得分；

i——因子序号（i=1，2，3，…，10）；

M_i——i 因子的实测值；

L_1——M_1 所在分数段的下限分数（0，3.5，5.6，8.0）；

L_2——M_1 所在分数段的上限分数（3.4，5.5，7.9，10.0）；

M_1——M_i 所在分数段内与 L_1 相对应的值；

M_2——M_i 所在分数段内与 L_1 相对应的值。

此方法可事先作出相关曲线图或查值表，使用起来极为方便。

因子权重是评估各因子重要性程度的一个量化系数。采用判别表计算表 4-15 其做法是将评价两因子比较，按其重要程度分别给 0～4 分。同等重要的两因子各得 2 分；甲比乙重要，甲给 3 分，乙给 1 分；甲比乙重要得多，甲给 4 分，乙给 0 分。值得注意的是表 4-15 中纵列因子同横行因子比较，前者为比较因子，其得分放在横行因子相对应的位置，后者为被比因子，其得分数在纵列因子相对应的位置。各因子的权重用下式计算：

$$W_i = K_i / \sum_{i=1}^{10} K_i$$

式中：W_i——i 因子的权重系数；

K_i——i 因子的重要性得分总和。

各因子权重判别计算表　　**表 4-15**

因子序列	1	2	3	4	5	6	7	8	9	10	K_i	W_i	重要程度
1		1	2	2	3	1	3	3	3	2	20	0.111	Ⅴ
2	3		3	2	4	2	3	3	3	2	25	0.139	Ⅰ
3	2	1		2	4	2	3	3	3	2	22	0.122	Ⅳ
4	2	2	2		4	3	3	3	3	2	24	0.133	Ⅱ
5	1	0	0	0		0	3	2	1	0	7	0.039	Ⅷ
6	3	2	2	1	4		4	3	2	2	23	0.128	Ⅲ
7	1	1	1	1	1	0		3	1	0	9	0.050	Ⅶ
8	1	1	1	1	2	1	1		1	0	9	0.050	Ⅶ
9	1	1	1	1	3	2	3	3		1	16	0.089	Ⅵ
10	2	2	2	2	4	2	4	4	3		25	0.139	Ⅰ
Σ											180	1.000	

3. 斜坡稳定性预测

有了各因子的得分后及其权重系数 W_i，我们就可以用下式得斜坡稳定性综合评价总分 P：

$$P = \sum_{i=1}^{10} P_i W_i$$

并将之填入相应的样本区内制成综合评分图。该图已能反映研究区内斜坡稳定性的基本面貌。为了加强国土管理、减灾防灾和进行详细国土规划的需要，还可以按下面的公式计算综合评价质量指数 P_f。

$$P_f = P/S$$

式中，S 为评价标准，实践证明 S 取因子分数段第二段上限端点的分数值 5.6 比较符合实际。当 $P_f=1$ 时，斜坡处于极限平衡状态；当 $P_f>1$

时。处于稳定或基本稳定状态；当 $P_f<1$ 时，处于不稳定或基本不稳定状态。根据 P_f，按插值法和野外调查结果编制研究区斜坡稳定性综合分级、分区评价图。P_f 的分级和评价见表 4-16。

质量指数综合评价分级 **表 4-16**

指数分级	稳定程度	评　价
<0.62	稳定性极差	不宜施工建设，应封山育林
0.62～1.00	稳定性差	一般不宜开挖施工，应重点设防
1.00～1.45	稳定性好	可进行一般性和部分重点工程施工
>1.45	稳定性极好	可规划为重点工程施工区

4.2.3 地质灾害的灰色预测模型

灰的基本含义是“信息不完全”。信息不完全将导致解的非唯一性。灰色系统着重“其信息不完全”的现实规律。灰色建模是少数据建模，寻求系统的行为模式，分析系统的行为机制，判断和预测系统的发展态势。

4.2.3.1 地基承载力的灰色预测模型

这里拟用灰色理论解决如下两个问题：

其一，用灰色关联度分析法，寻求影响本区承载力的最主要因素。

其二，建立灰色模型进行初步预测。

1. 用灰色理论分析影响本区承载力的主要因素

灰色关联度分析是分析系统中各因素间关联程度的量化方法，用来确定因素与因素间的亲疏关系，排出主次次序，过程如下：

(1)确定母序列与子序列

将地基的实际承载力定位母序列 X_0，其他的指标：ω、ρ、e、S_f、I_f、I_p、a_{1-2}、E_{R1-2}、C、φ、M_1、M_2、M_3、M_4、M_5 定为子序列，并分别命名为：$X_1(k)$、$X_2(k)$、$X_3(k)X_1(k)$、$X_2(k)$、$X_3(k)$、$X_4(k)$、$X_5(k)$、$X_6(k)$、$X_7(k)$、$X_8(k)$、$X_9(k)$、$X_{10}(k)$、$X_{11}(k)$、$X_{12}(k)$、$X_{13}(k)$、$X_{14}(k)$、$X_{15}(k)$，根据勘察报告，在计算过程中统一取上述各指标的平均值，见表 4-17。

关联度分析原始数据表(平均值) **表 4-17**

k	1	2	3
$X_0(k)$	21	30	48
$X_1(k)$	25.4	24.2	23
$X_2(k)$	1.81	1.82	1.8
$X_3(k)$	0.833	0.83	0.8
$X_4(k)$	77.41	70.15	76.76

续表

k	1	2	3
X_5(k)	−0.12	−0.158	−0.327
X_6(k)	20.81	14.41	9.11
X_7(k)	0.0034	0.0034	0.0033
X_8(k)	7202	5378.2	5328.2
X_9(k)	52.63	34.1	24.11
X_{10}(k)	0.48	0.54	0.65
X_{11}(k)	39.13	52.56	70.04
X_{12}(k)	22.72	37.16	52.65
X_{13}(k)	19.65	15.4	17.8
X_{14}(k)	17	29.5	23.02
X_{15}(k)	4	17	6

(2)对原始数据进行无量纲化处理

$$X_i(k)=X_i(k)/X_i(1)\text{（初值化处理方法）}$$

(3)求两点差值

$$\Delta_i(k)=|X_i(k)-X_i(1)|$$

(4)求关联系数和关联度

关联系数 $\varepsilon_{\sigma i}=\dfrac{\sigma'+\varepsilon\cdot\sigma}{\Delta_i(k)+\varepsilon\cdot\sigma}(i=1,2,3,\cdots,15)$

其中：$\varepsilon_{\sigma i}$ 为关联系数；σ' 为两点差最小值；σ 为两点差最大值；$\Delta_i(k)$为两点差值；ε 为分辨系数。

在本书中：$\sigma'=0$，$\sigma=2.115$，$\varepsilon=0.3$

关联度：$r_{\sigma i}=\dfrac{1}{n}\sum_{k=1}^{n}\varepsilon_{\sigma i}(k)$

$r_{\sigma i}$ 为第 i 子序列与母序列的关系。

计算过程如表 4-18。

关联度的计算结果表　　表 4-18

r_{01}	r_{02}	r_{03}	r_{04}	r_{05}	r_{06}	r_{07}	r_{08}	r_{09}	r_{10}	r_{11}	r_{12}	r_{13}	r_{14}	r_{15}
0.628	0.643	0.637	0.627	0.813	0.594	0.643	0.59	0.57	0.70	0.813	0.901	0.605	0.693	0.54

由以上关联度分析结果，可总结以下几点：

1)上述关联度的排列顺序：

$r_{012}>r_{05}=r_{011}>r_{010}>r_{014}>r_{02}=r_{07}>r_{03}>r_{01}>r_{04}>r_{013}>r_{06}>r_{08}>r_{09}>r_{15}$。

2)上述各因子对于地基承载力的影响均较密切，除 r_{06}、r_{08}、r_{09}、r_{015} 外，余者皆大于 0.6，且量值相差不大，这说明地基承载力并非个别因素作用，而是诸多物理指标共同作用的结果。

3)但 r_{012}、r_{05}、r_{011} 三者均大于0.8,由此可以断言 M_3、液性指数 I_1、M_1 对地基承载力影响最大。

以上关联度分析的结果,同本书所谈及的现场实验结果相吻合,该地区的地基承载力主要受级配(颗粒情况)、含水量等的影响。

2.根据灰色模型进行承载力的初步预测

从该区的具体情况和已占有的实际资料来看,可以建立灰色模型 $GM(1,n)$ 对地基的承载力进行初步预测。

由以上的关联度分析结果可知,承载力与 M_1、M_3 液性指数极为密切。为此可以利用这四者的密切关系建立一个 GM 四维模型,对地基承载力进行预测:

建立 $GM(1,4)$ 模型,其数学模型为:

$$\frac{dx_1^{(1)}}{dt}+b_1dx_1^{(1)}=b_2dx_2^{(1)}+b_3dx_3^{(1)}+b_4dx_4^{(1)}$$

其中:x_1 为地基承载力;x_2 为 M_1,粒径大于0.5mm的百分数;x_3 为 I_L,为液性指数;x_4 为 M_3,为粒径0.25～0.05mm的百分数。

以上四变量的数值见表4-19

承载力、M_1、M_3 和液性指数的数值表 **表4-19**

序号	1	2	3
$x_1^{(0)}(k)$	21	30	48
$x_2^{(0)}(k)$	39.13	52.56	70.04
$x_3^{(0)}(k)$	−0.12	−0.158	−0.327
$x_4^{(0)}(k)$	19.65	15.4	17.8

将 $GM(1,4)$ 的数学表达式中的系数列为 $\hat{a}$,则

$$\hat{a}=[b_1,b_2,b_3,b_4]^T$$

则按小二乘法求出 $\hat{a}$,其算式为 $\hat{a}=(B^T B)^{-1}B^T y_n$

$$B=\begin{bmatrix}-\frac{1}{2}(x_1^{(1)}(1)+x_1^{(1)}(2)),x_2^{(1)}(2),x_3^{(1)}(2),x_4^{(1)}(2)\\-\frac{1}{2}(x_1^{(1)}(2)+x_1^{(1)}(3)),x_2^{(1)}(3),x_3^{(1)}(3),x_4^{(1)}(3)\end{bmatrix}$$

$$y_n=[x_1^{(0)}(2),x_1^{(0)}(3)]^T$$

其结果见表4-20。

运算结果 **表4-20**

k \ $x_0^{(1)}(k)$	$x_1^{(1)}(k)$	$x_2^{(1)}(k)$	$x_3^{(1)}(k)$	$x_4^{(1)}(k)$
1	21	39.13	−0.12	19.65
2	51	91.69	−2.78	35.05
3	99	161.93	−0.605	52.85
\	\	\	\	\

所以

$$B=\begin{bmatrix}-36,91.69,-0.278,35.05\\-75,161.73,-0.605,52.85\end{bmatrix}$$

$$y_m=(30,48)^T$$

$$B^TB=\begin{bmatrix}-36,91.69,-0.278,35.05\\-75,161.73,-0.605,52.85\end{bmatrix}^T\begin{bmatrix}-36,91.69,-0.278,35.05\\-75,161.73,-0.605,52.85\end{bmatrix}$$

$$y_m=\begin{bmatrix}30\\48\end{bmatrix}$$

经计算可得 B^TB：

$$B^TB=\begin{bmatrix}6921, & -15430.59, & 55.83, & -5225.55\\-15430.59, & 34628.83, & -123.45, & 11771.735\\-55.83, & -123.45, & 0.443, & -41.72\\-5225.55, & 11771.735, & -41.72, & 4021.625\end{bmatrix}$$

求得

$$(B^TB)^{-1}=\begin{bmatrix}0.0061, & 0.0559, & 6.5954, & -0.0874\\0.0559, & 0.0120, & -4.8768, & -0.0129\\6.5956, & -4.8768, & -1297.1690, & 9.3881\\-0.0874, & -0.0129, & 9.3881, & 0.0218\end{bmatrix}$$

因为 $\hat{a}=[b_1,b_2,b_3,b_4]^T$

按最小二乘法：$\hat{a}=(B^TB)^{-1}B^Ty_n$

所以：$\hat{a}=[b_1,b_2,b_3,b_4]^T=[0.05496,-0.0973,35.3287,0.8293]^T$

将其带入微分方程

$$\frac{dx_1^{(1)}}{dt}+b_1dx_1^{(1)}=b_2dx_2^{(1)}+b_3dx_3^{(1)}+b_4dx_4^{(1)}$$

得 $\dfrac{dx_1^{(1)}}{dt}-0.5496x_1^{(1)}=0.0973x_2^{(1)}+35.3287x_3^{(1)}+0.8293x_4^{(1)}$

时间响应函数为

$$x_1^{(1)}(k+1)=[x_1^{(1)}(0)-b_1\sum_{i=2}^{4}b_1x_i^{(1)}(k+1)]\cdot e^{-b_1k}+\frac{1}{b_1}\sum_{i=2}^{4}b_ix_i^{(1)}(k+1)$$

取 $x_1^{(1)}(0)=x_1^{(0)}(1)=21$

将各系数带入，得：

$$x_1^{(1)}(k+1)=\left\{x_1^{(1)}(0)-\frac{1}{b_1}[b_2x_2^{(1)}(k+1)+b_3x_3^{(1)}(k+1)+b_4^{(1)}(k+1)]\right\}\cdot e^{-b_1k}\frac{1}{b_1}[b_2x_2^{(1)}(k+1)+b_3x_3^{(1)}(k+1)+b_4x_4^{(1)}(k+1)]$$

计算结果见表 4-21。

检验 $X_1^{(1)}$ 模型表($k=1$)模型表($k=0,1,2$)(计算过程略)。

模型计算表 表 4-21

模型计算值	实际值
$x_1^{(1)}(1)=21$	$x_1^{(1)}(1)=21$
$x_1^{(1)}(2)=50.1$	$x_1^{(1)}(2)=51$
$x_1^{(1)}(3)=97.50$	$x_1^{(1)}(3)=99$

检验还原值 $x^{(0)}(k)$：

将 $\hat{x}^{(1)}(k)$做 IAGO(累减生成)，取 $\hat{x}^{(1)}(0)=0$

$$\alpha^{(1)}(\hat{x}^{(1)}(k))=\hat{x}^{(1)}(k)-\hat{x}^{(1)}(k-1)=\hat{x}^{(0)}(k)$$

计算结果见表 4-22(计算过程略)。

检验还原值 $x^{(0)}(k)$计算结果表 表 4-22

还原为原始模型计算值	实际原始值	残差(误差)(%)
21	21	0
29.1	30	3
47.4	48	2.2

至此，建立 $GM(1,4)$模型究竟正确与否，简言之，可靠度如何，还有待于检验。

下面我们利用厦门的有关资料对已经建立的模型进行检验。

其物理力学性质指标见表 4-23。

厦门市福联大厦物理力学性质指标表 表 4-23

指标＼岩性	残积黏性土	残积砂质黏性土	残积砾质黏性土
$P(x_1)$	25	35	62
$M_1(x_2)$	49.6	58.1	67.3
$I_L(x_3)$	0.43	0.32	0.57
$M_3(x_4)$26.76	14.7	13.31	

进行 AGO(累加生成)(计算过程略)，其值见表 4-24。

AGO(累加生成)计算结果 表 4-24

指标＼岩性	残积黏性土	残积砂质黏性土	残积砾质黏性土
$x^{(1)}$	$x^{(1)}(1)$	$x^{(1)}(2)$	$x^{(1)}(3)$
$P(x_1)$	25	60	122
$M_1(x_2)$	49.6	107.7	175.0
$I_L(x_3)$	0.43	0.75	1.32
$M_3(x_4)$	26.76	41.46	54.77

利用上述模型：

$$\hat{x}_1^{(1)}(k+1)=\left\{x_1^{(1)}(k)-\frac{1}{b_1}[b_2x_2^{(1)}(k+1)+b_3x_3^{(1)}(k+1)+b_4^{(1)}(k+1)]\right\}$$

$$\cdot e^{-b1k}+\frac{1}{b_1}[b_2x_2^{(1)}(k+1)+b_3x_3^{(1)}(k+1)+b_4x_4^{(1)}(k+1)]$$

在该式中 $x^{(0)}(0)=25$ $(k=0、1、2)$

$$\hat{x}_1^{(1)}=[x_1^{(1)}(0)-0.117x_2^{(1)}(k+1)+64.281x_3^{(1)}(k+1)+1.059x_4^{(1)}(k+1)]\cdot e^{0.5496k}+0.117x_2^{(1)}(k+1)-64.281x_3^{(1)}(k+1)-1.059x_4^{(1)}(k+1)$$

当 $k=0$ 时，$x_1^{(1)}(1)=25$

$k=1$ 时，$\hat{x}_1^{(1)}(2)=63.4$ 所以 $\hat{x}_1^{(0)}(2)=38.4$

$k=2$ 时，$\hat{x}_1^{(1)}(3)=135$ 所以 $\hat{x}_1^{(0)}(2)=71.6$

模型的计算值与起初值的对照见表 4-25。

模型的计算值与起初值的对照 **表 4-25**

计算值	真实值	误差(残差)(%)
25	25	0
38.4	35	10
71.6	62	15.5

4.2.3.2 岩坡蠕滑位移预测

根据某岩坡 21d 的位移观测值预测其后一个月的位移值。取监测点的水平位移速率作为分析的序列$\{X_0(i)\}$，并设 $i=1$ 时的累计唯一观测值为 $X_0(i)$。建立系统模型并求解。当 $\varepsilon=0.5$ 时，得拟合函数为

$$X^{(1)}(t)=10.34e^{0.0422(t-232)}+310.66$$

岩坡位移拟合值对于实测位移值的最大相对误差仅为 0.15%。

用上式进行该岩坡位移预测。令 $\varepsilon=0$、$\varepsilon=1$ 计算出预测平面的边界函数。其灰色预测平面绘于图 4-3。将预测值与岩坡实际发展位移值进行比

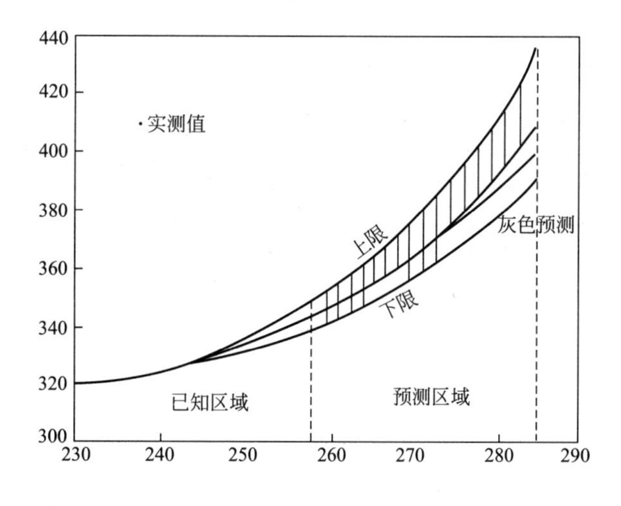

图 4-3 某岩坡蠕滑位移灰色预测

较，结果是相当吻合的（表 4-26）。

岩坡位移预测值与实测值 表 4-26

时间(d)	258	263	268	273	280
预测位移(cm)	342	349	359	370	390
实测位移(cm)	341	347	358	372	392

4.3 地质灾害危险地区的预测

预测危险地区，是按现有的社会防灾体系和人们防灾意识的水平。这里以崩塌、滑坡、泥石流地质灾害为例，从形成崩塌、滑坡、泥石流灾害的主要相关因子动态趋势预测。

滑坡、崩塌、泥石流地质灾害潜在危险地区的预测是一项很复杂的系统工程，许多因素是动态变化的。采用类比推断的方法，运用成灾动力条件分析，建立专家综合评判，模糊数学原理计算，重点抓住形成崩塌、滑坡、泥石流灾害的主要因子，即人为活动强度、降雨强度与年平均降水量、地震活动强度等条件，结合环境质量等进行综合评判，因此，建立一个可能成灾预测评判模式如下：

$$P=\alpha_1 AH_1+\alpha_2 BH_2+\alpha_3 CH_3+\alpha_4 DH_4$$

式中：P——致灾系数；

AH_1——人为活动强度的专家评判值；

BH_2——人为活动强度的专家评判值；

CH_3——降雨强度的专家评判值；

DH_4——地震强度；

权重——$\alpha_1=0.5$，$\alpha_2=0.2$，$\alpha_3=0.15$，$\alpha_4=0.15$。

不同地区地质环境质量、人为活动强度、降雨强度、地震活动强度是有差异的，先对单因子进行评价，然后再对相应因素叠加综合评判。计算出致灾系数，按致灾系数确定可能发生灾害的危害性。

致灾危险性大的地区，$P\geqslant 0.8$；

致灾危险性较大的地区，$P=0.6\sim 0.8$；

致灾危险性小的地区，$P=0.4\sim 0.6$

按上述原则和标准确定致灾危险性，我国主要有 9 个危险性较大地区，详见表 4-27。

滑坡、崩塌、泥石流灾害潜在危险性分区表

表 4-27

地区	范围	地质环境质量	致灾动力因素分析预测			综合评估
			人为活动	降雨	地震	
辽南、燕山泥石流、滑坡危险性较大地区	分布于北京郊区，燕山山地，辽东南、辽西山地	燕山、辽东南和辽西山地丘陵地貌，山坡陡峻。相对高差300～500m。地层以变质岩、岩浆岩为主。风化破碎，滑坡、崩塌发育，是转化泥石流的重要物源；地质构造出在北北东向活动断裂与北西西裂交汇处，往往诱发地震，地震环境较脆弱	在大连、抚顺、本溪、辽阳、铁岭、丹东、营口、盘锦等10个市、30个县发展矿业开采。利用辽河油田发展化工高新产品和深加工工业。人口和城市密集。今后进一步发展能源和交通事业，因而，人类活动强度将进一步扩大和加强	年降雨量500～1100mm，年均降水日20～120d，从东南向西北递减。降雨集中在7～8月，降雨中心雨量可达1300mm左右。日暴雨量＞50mm，平均暴雨日数为0.6～4.4d	该地区地处辽南、辽中，正处在东北地震带上。地震强度较大，历史上曾发生7.3级海城大地震，现已隔16年时间，可能会出现中、强地震，这将是诱发崩塌、滑坡、泥石流灾害的重要因素之一	地质环境较脆弱，气候变暖，降雨有增强的趋势，地震如发生在雨季，将会导致群发灾害的发生。致灾系数(P)为0.71，为发生灾害危险性较大的地区
晋、陕滑坡、泥石流灾害危险性大和较大地区	分布于晋河、汾河流域。晋、陕交界地区和汾渭盆地	地处黄土高原。地形切割支离破碎，沟壑纵横；黄土松软。节理发育，具湿陷性，斜坡临空而大，遇水抗剪强度大降，斜坡稳定性差，下垫层多为黏土或页岩等隔水层，沿该处常形成滑动面，可为滑坡、泥石流的发生提供条件	以煤炭、电力能源为基地，系煤化工加工工业等大型综合开发区。重点建设大同、平朔、西山、汾西、阳泉、晋城、冲木、府谷、东胜等煤矿，以及晋西北大型铝厂、化肥、电石、烧碱工业，且加速建材轻工业产品生产以及修建铁路支线、专用线等建设，人类活动加强，将破坏山体边坡稳定性	年降雨量400～700mm，自东向西减弱，降雨量年际变化大，集中于7、8、9三个月，降雨强度大，多为暴雨，往往一次暴雨量占年降雨量的50%，日雨量＞25mm的大雨天数2～4d，对形成滑坡、泥石流有利	该地区处于华北地震带的晋中、渭河平原及南北地震带的北端部分。在山西中南段地区可能出现中强地震。对该区地质灾害的形成有较大的影响	地质环境脆弱。雨强保持20世纪80年代水平，由于地震活跃，1989年10月、1991年3月曾先后发生6级左右的中强地震。对山体稳定有很大破坏作用。在今后雨季将加剧山地灾害的形成和发展。致灾系数(P)0.77～0.82为发生发生灾害可能性大和较大的地区
兰州、西宁、黄河上游泥石流、滑坡危险性大地区	分布于青海龙羊峡至宁夏青铜峡的黄河干流沿岸地区	该地区位于黄土高原。地形切割剧烈。沟谷发育。山地陡峻。临空面较大。黄土岩性松软，基岩是变质岩、碎屑岩、风化强烈，节理发育。且祁连山、西域构造带活动断裂发育，为地壳不稳定地区，地质环境脆弱	以发展水电、有色金属冶炼为重点的加工配套综合体。将进一步扩大规模，并扩大石油化工等工业。在发展黄河水电工程时人工边坡将会影响山体的稳定性，同时交通也相应发展，人类活动加剧。在脆弱地质环境下，将会使崩塌、滑坡灾害增加，亦为泥石流灾害提供物源	年降雨量300～500mm，降雨分配不均匀，集中在7～8月份，暴雨强度较大即使保持20世纪80年代日降雨强度25～50mm，对诱发泥石流、滑坡也是重要动力源之一	区内位于河西走廊、南北地震带的北端兰州—天山地震带，可能发生中强左右的地震。这将对山体的稳定性造成破坏	黄土高原地区地质环境脆弱。地震活动强烈，人为动力地质作用将加剧，雨量较大，诸因素的叠加综合作用，致灾系数(P)达0.82

续表

地区	范围	地质环境质量	致灾动力因素分析预测			综合评估
			人为活动	降雨	地震	
甘南泥石流危险性大地区	分布于嘉陵江上游山地	以深、中切割中山为主，地形陡峻；以变质岩为主；构造断裂发育，岩石风化强烈，故岩层破碎，为滑坡、泥石流发育地区，地质环境脆弱	工业不发达，人类工程活动不强，但为育林植被破坏严重地区	年降雨量600～1000mm，暴雨强度大，在包养中心日降雨量达100mm以上，有的达300mm，是诱发泥石流、滑坡的重要因素	地处南北地震带上的武都，马边地震带，地震比较活跃，甘南和甘青交界处可能发生中强地震，这对山体稳定性有较大影响	地质环境脆弱，处于南北地震带上，对山体稳定性影响较大，暴雨强度大。致灾系数(P)达0.81，是危险性大的地区
川东、渝东、鄂西滑坡、崩塌危险性大、较大地区	分布于川东巴山地区、长江三峡沿岸地区和鄂西山地	为中、浅切割中、低山区，地形陡峻，岩性以碎屑岩、碳酸盐岩为主，节理裂隙发育、岩石较破碎，风化也较强烈，山体稳定性差。现今斜坡变形点分布较多，且规模较大，为地质环境脆弱至较脆弱地区	在渝东、鄂西山地以水电、矿山为支柱，有中型厂矿布局，为人类活动较强烈地区，并且森林植被覆盖率低，人为活动对山体稳定性破坏较大，如三峡工程	年降雨量1000～3000mm，日暴雨强度较大，一般在100～300mm，由于目前山体不稳定，如在暴雨作用下，将会产生崩塌、滑坡灾害	地震微弱地区，无强烈地震	地质环境较脆弱，部分地区人为活动较强烈。该区暴雨作用占主导地位，致灾系数(P)达0.71～0.83，为发生灾害危险性大、较大地区
川西泥石流、滑坡危险性大地区	分布于川西安宁河流域、大凉山和岷江流域的山地地区	高、中山地貌，地形切割剧烈，地形陡峻，相对高差500～1000m。地层以碎屑岩为主，软弱结构面发育，川滇南北向活动构造发育、断裂密度大，岩石极破碎，风化强烈，泥石流、滑坡发育，山体不稳定，地质环境脆弱	该地区是国家开发大西南重点地区之一，随着工业、农业、交通水电矿山事业的发展，人为破坏山体稳定的强度将增大。加上区内人口稠密，城镇密度较大，人为活动剧烈。今后人为的活动加强，是该区诱发泥石流、滑坡地质灾害的重要因素之一	年降水量800～1000mm，降水集中在7、8月份，日暴雨量达50～300mm，已构成泥石流、滑坡发生重要因素之一	该区地处南北地震带，安宁河谷地震带，地震十分活跃，可能在川西地区发生中、强地震，将对山地、地质灾害暴发气到重要作用	地质环境极脆弱，地震活动强烈，暴雨强度大，人为活动将进一步加强，诸因素综合作用，致灾系数(P)0.85，为发生灾害危险性大的地区
川藏公路泥石流危险性大、较大地区	分布于川藏公路沿线地带	高、中山地貌，地形切割大于1000m，地形陡峻而险要。地层岩性以变质岩为主，构造断裂发育，岩石风化强烈，岩石十分破碎，山体稳定性极差，地质环境极为脆弱	该区因修建川藏公路破坏山体稳定性，加之植被人为破坏严重，山地地质环境已遭破坏	年降雨量500～800mm左右，降雨集中在6～8月份，虽降雨量强度不大，但由于山地积雪较大，冰川发育，在夏季和春、秋均有融雪水、冰川融化水不及，易形成泥石流、滑坡地质灾害。今后仍将因雨水及冰雪融水造成泥石流、滑坡地质灾害	该区处于青藏地震带的西藏察隅地震带部位，地震活动强烈，烈度高，可能发生强烈地震，是诱发滑坡、泥石流地质灾害因素之一	地质环境极脆弱，地震活动强烈，有降雨作用和冰川融水的作用，致灾系数(P)0.76～0.81，发生灾害危险性大和较大地区

续表

地区	范围	地质环境质量	致灾动力因素分析预测			综合评估
			人为活动	降雨	地震	
昭通六盘水滑坡、崩塌危险性大、较大地区	分布于云南五峰山地区和贵州乌蒙山地区	中低山地貌，地形切割剧烈，相对高差500～1000m，地形险峻。地层以碎屑岩和碳酸盐岩为主，风化作用强烈，岩石节理发育。构造断裂密集，滑坡、崩塌、泥石流地质灾害发育，地质环境脆弱	矿产资源丰富，以发展钢铁、煤炭、有色金属为依托，为大力发展交通、水电，部分地段，地方工业也进一步发展扩大，矿山采矿活动加强，人类工程经济活动将显著增加，将改变和破坏山体稳定性，且强度增大，影响范围扩大，这将是今后形成滑坡、崩塌地质灾害不可忽视的因素之一	年降雨量800～1200mm，降雨集中在7、8月份，日暴雨量达100～500mm，雨强较大。降雨也是该区诱发地质灾害总要因素之一	位于川滇地震带上，地震较为活跃，该地区与四川西部、滇北一带可能地震比较活跃，发生中、强地震可能性较大，这将对山体稳定性有很大的破坏，尤其在矿山采空区内山体失稳定是该地区致灾重要因素之一	地质环境脆弱，人为活动强度将大大增强，是今后发生灾害的主导因素，加之地震活跃，强度较大，在暴雨激发下将会使灾害进一步发展和扩大，致灾系数(P)0.76～0.81是发生灾害可能性大和较大的地区
滇西泥石流、滑坡危险性大地区	分布于澜沧江和怒江下游高黎贡山点苍山地区	高、中山地貌，地形切割深度大雨1000m，地形险峻。地层为变质岩、碳酸盐岩、岩浆岩构造断裂密集、新构造活动强烈，地质环境极脆弱	矿产、水能、有色金属等资源丰富，以有色金属、水电为依托，大力发展工业及农林，并修建滇西铁路与公路干线。该区是新兴开发区。环境自量差，人类活动将大大增强，人为诱发山地地质灾害将成为突出的问题	年降雨量800～1400mm，降雨量集中在夏季，暴雨强度大，日暴雨量50～200mm，因而暴雨将是诱发本区泥石流、滑坡地质灾害重要因素之一	位于滇西地震带的怒江、澜沧江地震带，地震活跃，历史上多次发生强震。有可能出现总、强地震。21世纪又一处活跃期。这将会进一步破坏山地不稳定性，这也是地质灾害重要诱发因素之一	地质环境极脆弱。人为活动显著增强，是今后发生滑坡、泥石流地质灾害的主导因素，致灾系数(P)0.82，是发生灾害危险性大的地区

第5章　城市地质灾害评估方法分析

5.1　地质灾害区划

地质灾害给我国社会社会经济造成了十分严重的危害，为了能直观反映地质灾害对我国社会经济的危害程度，下面尝试用灾度概念，对灾害点和灾害区进行评估，进而作出全国或城市的灾害区划。

5.1.1　地质灾害点的评价

灾害点上按灾害使人类社会直接受到经济损失和人员死亡两项（表5-1）直观实际指标进行灾度评价。尽管这两项指标还不能完全地反映实际上受到的全部危害，数值可能偏低，但它可信程度高，在某种程度上，它们可以反映出一定的受灾程度。

地质灾害点灾度指标　　表5-1

受灾程度	死亡人数(人)	直接经济损失(万元)
重灾	＞100	＞1000
中灾	10～100	100～1000
轻灾	＜10	＜100

根据2003年11月24日国务院公布的《地质灾害防治条例》，地质灾害按照人员伤亡、经济损失的大小，分为四个等级，即

（一）特大型：因灾死亡30人以上或者直接经济损失1000万元以上的；

（二）大型：因灾死亡10人以上30人以下或者直接经济损失500万元以上1000万元以下的；

（三）中型：因灾死亡3人以上10人以下或者直接经济损失100万元以上500万元以下的；

（四）小型：因灾死亡3人以下或者直接经济损失100万元以下的。

5.1.2　地质灾害区划原则与指标

灾害区的划分不是按灾害发育程度，而是从灾害角度进行区域受灾程

度的评估。评估的方法是采用灾害点的人员死亡、经济损失和某地区灾害发生频次、受灾程度的覆盖面、年均发生灾害的概率（表 5-2）等综合指标进行评价。这种实际上也是灾害发育程度与人文社会相互综合作用结果的反映。

地质灾害区域划分标准 **表 5-2**

区域灾害程度	年死亡率[人/(年×100km²)]	年经济损失率[万元/(年×100km²)]
重度区	＞1	＞100
中度区	0.1～1	10～100
轻度区	0.01～0.1	0.1～10
基本无灾区	＜0.01	＜0.1

5.1.3 滑坡、崩塌、泥石流地质灾害区划及其特征

滑坡、崩塌、泥石流灾害区划，是宏观地质灾害角度就我国各地不同地质环境条件下，滑坡、崩塌、泥石流灾害对人类社会受灾程度的综合评估（表 5-3，表 5-4）

典型地段滑坡、崩塌、泥石流灾害程度一览表 **表 5-3**

区	亚区	典型地段	面积(km²)	人员死亡		经济损失		灾害程度
				死亡人数(人)	单位时间内、面积死亡人数[人/(年×100km²)]	经济损失(万元)	单位时间、面积经济损失[万元/(年×100km²)]	
Ⅰ	Ⅰ₁	四川华蓥市地段	500	570	2.7	126798	603.8	重度
		湖北十堰市地段	1368			34172	59.5	重度
	Ⅰ₂	成昆铁路峨边—西昌段	1140	375	7.8×10^{-3}	182000	380.1	重度
		宝成铁路宝鸡—阳平关段	900	20	5.3×10^{-2}	234593	620.6	重度
		四川攀枝花市地段	1000			104085	247.8	重度
		云南东川市地段	4000	163	9.7×10^{-2}	183928	109.5	重度
	Ⅰ₃	川藏公路八宿—通麦段	640	105	3.9×10^{-1}	34410	128	重度
Ⅱ	Ⅱ₁	辽宁抚顺地段	5000	2	9.5×10^{-4}	214000		重度
		辽南地段	15080	967	1.5×10^{-1}	286070		中度
	Ⅱ₂	宝天铁路地段	620	15	5.8×10^{-2}	189738	101.9	重度
		甘肃兰州市地段	1000	337	8×10^{-1}	177499	45.17	重度
Ⅲ	Ⅲ₁	京广铁路郴州—英德段	2412			30000	29.6	中度
	Ⅲ₂	台湾台北—桃园地段	100	73	1.7			重度
	Ⅳ₁	新疆奎屯地段	460			10400	53.8	中度

各区域滑坡、崩塌、泥石流灾害程度一览表　　　　表 5-4

区	亚区	受灾面积约为(万 km^2)	人员死亡			经济损失		
			死亡人数(人)	单位时间内、面积死亡人数[人 /(年×100km^2)]	占总死亡人数百分比(%)	经济损失(万元)	单位时间、面积经济损失[万元/(年×100km^2)]	占总经济损失百分比(%)
Ⅰ	I_1	约 56	2527	1.1×10^{-2}	23.01	862907	3.67	16.31
	I_2	约 60	3708	1.5×10^{-2}	33.77	2439932	9.68	46.12
	I_3	约 1	722	1.7×10^{-1}	6.57	59610	14.19	1.13
Ⅱ	II_1	约 35	1518	1.03×10^{-2}	13.82	767132	5.22	14.51
	II_2	约 25	2121	2.0×10^{-2}	19.32	996743	9.49	18.84
	II_3	约 6	73	2.9×10^{-3}	0.66	56250	2.23	1.06
Ⅲ	III_1	约 21	149	1.7×10^{-3}	1.36	65127	0.74	1.23
	III_2	约 17	6	——	0.06	8349	0.17	0.16
	III_3	约 2	约 150	1.8×10～2	1.37	——	——	——
Ⅳ	IV_1	约 4	7	——	0.06	33901		0.64
	IV_2	基本无灾害						

1.第一级（灾害区）区划原则

区划按地貌类型、该区主要受灾程度和成灾的主要灾种组合类型进行分区。

灾害区命名：

地貌类型及切割程度＋组合灾种＋灾害程度

全国按上述原则分为 4 个区：

Ⅰ深、中切割高、中山以泥石流、滑坡为主的重灾区；

Ⅱ浅、中切割高原以滑坡、泥石流为主的中灾区；

Ⅲ浅切割丘陵以滑坡为主的轻灾区；

Ⅳ中、深切割高山、高原以泥石流、崩塌为主的轻灾及基本无灾。

2.第二级（亚区）区划原则

亚区是按主要灾害类型组合、灾度与山地所处地理位置进行区划。

亚区命名：

地理位置＋灾种组合＋灾度

全国共划分为 11 个亚区：

I_1 秦岭东段—四川盆地—滇东南山以中—轻度滑坡灾害为主的亚区；

I_2 秦岭西段—横断山—滇西南山地以重—中轻度泥石流灾害为主的亚区；

I_3 藏南山地以泥石流为主的中度及基本无灾害亚区；

II_1 长白山—太行山以轻—中度泥石流、滑坡灾害为主的亚区；

II_2 黄土高原以中度滑坡灾害为主的亚区；

Ⅱ$_{3}$ 祁连山以泥石流为主的轻度及基本无灾害亚区；

Ⅲ$_{1}$ 江南丘陵以滑坡为主的轻度及基本无灾害亚区；

Ⅲ$_{2}$ 部沿海以滑坡为主的轻度及基本无灾害亚区；

Ⅲ$_{3}$ 台湾山地及南海诸岛以崩塌、泥石流为主的中～轻度及基本无灾害亚区；

Ⅳ$_{1}$ 天山以轻泥石流、崩塌灾害为主的亚区；

Ⅳ$_{2}$ 青藏—内蒙古高原基本无崩塌、滑坡、泥石流灾害亚区。

5.2 地质灾害经济损失评估

突发性的灾害和潜在渐生的灾害，都能极大地影响社会安定和造成巨额损失。从灾害学的观点出发，地质灾害一方面可以造成人员的伤亡，另一方面也造成重大的经济损失。某些地质灾害，特别是大多数累积性的地质灾害通常虽然不会造成大量人员伤亡，但其破坏地质环境所造成的经济损失是巨大的。

5.2.1 突发性地质灾害的损失评估

突发性地质灾害的经济损失评估可以采取直接的分类统计叠加的办法来进行。只要重视对其经济损失的评估，采取科学的、实事求是的态度和方法，突发性地质灾害的经济损失是较易获得的。

通过对地质灾害类型及其作类做详细的划分，考虑不同种类灾害每年平均直接经济损失的相对大小，然后根据已公布部分地质灾害种类的具体损失数字，推测和估计全部损失。

内动力地质灾害每年平均直接经济损失，估计可达 50 亿元以上；

外动力地质灾害每年平均直接经济损失，估计可达 120 亿元以上；

不良介质条件造成的工程病害，每年平均直接经济损失，估计可达数十亿元；

以上各项直接经济损失，每年达 200 亿元左右，其中与人类活动有关的直接经济损失，每年平均达 130 亿元。

突发性灾害的实例——

（1）1949 年～1990 年间，全国共发生重大的滑坡、崩塌、泥石流灾害事件 850 余起，至少造成 9595 人死亡，受伤人数更多。这些灾害涉及全国 27 省（市、自治区）366 个市、县、乡（镇）。每年给国家造成的经济损失达 20 亿元左右。

（2）2008 年 10 月 24 日至 11 月 2 日，云南省楚雄州出现了历史罕见的秋季连续强降雨过程，全州平均过程降雨量 138mm，11 月 1 日 8 时至 2 日 11 时，楚雄州楚雄市境内雨量达 91.7mm。在楚雄州诱发了大量的滑坡、泥石流灾害，共造成 36 人死亡、31 人失踪、20 人受伤，直接经济损失 97188 万元。

（3）2010 年 8 月 7 日 22 时许，甘南藏族自治州舟曲县突降强降雨，县城北面的罗家峪、三眼峪突发泥石流冲毁县城。特大泥石流灾害造成 1463 人遇难，失踪 302 人，受伤人数 72 人。据不完全统计，此次灾害受灾人数达 4496 户、20227 人，水毁农田 1417 亩，水毁房屋 307 户、5508 间，其中农村民房 235 户，城镇职工及居民住房 72 户；进水房屋 4189 户、20945 间，其中农村民房 1503 户，城镇民房 2686 户；机关单位办公楼水毁 21 栋，损坏车辆 18 辆。初步估计直接经济损失达 10 亿人民币以上。

（4）2011 年全国共发生地质灾害 15664 起，以突发性地质灾害为主，其中，滑坡 11490 起，崩塌 2319 起，泥石流 1380 起，地面塌陷 360 起，造成 277 人死亡失踪，直接经济损失 40.1 亿元。

（5）美国 1989 年在加州罗马、普列塔一代发生里氏 7.1 级地震造成的损失，死亡 62 人，伤 3757 人；直接经济损失大于 60 亿美元；海湾大桥中断使用一个月；住宅损坏数 18306 幢；商店损坏数 2575 家；迁移居民 12053 人。

（6）1972 年 6 月 16～18 日，香港暴雨倾盆，位于香港东九龙秀茂坪一近 40m 高的风化花岗石填土边坡迅速下滑淹没了位于坡脚下的安置区，造成 71 人死亡，60 人受伤；位于港岛宝珊道上方一陡峭斜坡破坏，推毁了一栋 4 层楼房和一栋 15 层综合楼，致使 67 人丧生。在这次暴雨中，由于滑坡、泥石流灾害造成的伤亡总数达 250 人，经济损失惨重。

5.2.2　渐生性地质灾害的经济损失评估

累进性地质灾害的经济评估是十分复杂和困难的，特别是因为以往没有注意积累，又有许多因素是不确定的、变化的。为了推动这方面工作的开展，以宁波市的地面沉降灾害为例来进行这种累进性地质灾害的经济损失评估。

地面沉降造成的经济损失是多方面的，有的是可以直接统计到的损失，有的则是比较复杂的时间损失。

5.2.2.1　地面沉降产生的直接经济损失

1. 地面沉降造成的直接经济损失项目大致包括：

（1）地面建筑物的毁损；

（2）地面下沉而导致潮水上岸，淹没产生的损失；

（3）加高防潮堤的耗费；

（4）仓库、码头因地面下沉而失效；

（5）地面下沉，形成洼地、积水，造成生产上的直接经济损失及填平、排水所需的耗资；

（6）大量的城市地下排水管道失效；

(7) 深水井上升使泵房井管破坏，或禁止采水而报废；

(8) 城市道路和建筑物因地面下沉而普遍加高基础所付出的经济代价；

(9) 因限制开采地下水而重建地表取水工程等。

2. 地面沉降造成的直接损失如因地面下沉洪水上岸、仓库码头失效、修理和抬高地面工程等，一般可以直接统计计算出损失的金额大小，通过现场统计、折价、核算、汇总而得出。

(1) 天津市因地面下沉，造成码头地面下沉，运盐河道全线不均匀下沉，仅加高码头及运盐河道深挖，清理就耗资 110 多万元（1981 年数字），天津新港码头由于标高降低，在 1985 年的风暴潮中，码头全部上水，仓库部分上水，损失近亿元，海河与海平面高差降低致使泄洪能力大大降低，并且由于桥梁净空减少，只能在低标准下运行。

(2) 江苏的苏州、无锡、常州三地区因地面沉降，仅地面积水一项，损失就达一千万元；

(3) 宁波因地面下沉而使甬江潮水上岸，淹没码头、仓库，损失 200 万元；

(4) 日本东京因地面下沉，形成大面积的沉降洼地，其上分布着年总产值达 2 万亿日元的工业区，1949 年因海水倒灌，该地区积水淹没竟达半月。无法排除积水，其损失达 777 亿日元，间接损失尚不包括在内。为了在京都工业区完全禁止开采地下水，政府被迫耗资近一百亿日元重建地面取水工程。大孤市因地面下沉，标高降低，随时面临洪水威胁。被迫将总长 124km 的防潮堤全部加高到 5m，耗资近亿日元。

(5) 美国加利福尼亚州长滩市由于地面下沉，其损失达一亿美元以上，主要是由于码头、临时堆栈、仓库、油井、管道及各种建筑物的升高、修复费用。

上述极简略的数字已可知道，地面沉降造成的损失是极大的，而且由于地面沉降的累进性特点决定了这种损失是逐年增加的。

5.2.2.2 地面沉降所造成的间接的经济损失评估方法

在评估某一城市因地面沉降而造成的经济损失时，必须深入调查，深入分析地面沉降带来的危害种类，才能有效地进行合理评估，间接损失主要是因地面沉降而带来更深层次的影响从而产生的经济损失，如桥梁净空减少、影响航运等。

1. 地面沉降产生的间接损失主要项目有：

(1) 流经城市的河流泄洪能力降低，可能造成的危害；

(2) 桥梁净空减少，使航运级别降低，并因此货物停止或改由路上运输造成的损失；

(3) 地面沉降造成城市测量标志失效（水准点），测量基点须由沉降区外围引进，而沉降范围往往是很大的，给水准测量工作造成困难，并由此造成洪峰临界标高不准；

（4）地面洼地积水对城市生活、生产、交通的综合影响；

（5）深井的损坏对用水单位（如纺纱厂）生产造成的损失；

（6）潮水上岸、积水淹没的综合影响；

（7）改用地表水而放弃使用廉价地下水的代价；

（8）地面沉降与地裂缝相互促进，并由此产生的更深层次的损失；

（9）沿海地区因地面沉降造成海水倒灌而减少淡水资源，而需耗资开辟新的水源；

（10）因限量开采地下水给生产造成的影响和损失。

（11）以上各项的损失，由城市的地理位置、地质背景、水利特征及经济特征等方面所决定。

2. 间接损失的计算

间接损失的大小计算比较复杂而不易计算，它并不因地面沉降而直接表现出经济上的损失，而是由于地面下沉在更深层次上造成的损失。对于这种损失需要分析深层次的损失与地面沉降两者之间的本质联系，建立起相应的数字模型方可进行损失计算。

一般地说，间接损失计算的数学模型为：

$$Z_{ij}=f_i\ (X_j)$$

式中：X_j——地面沉降成灾因素；

Z_{ij}——间接损失；

i——间接损失的层次；

j——第 j 个因素。

原则上可以借鉴投入产出法中计算完全消耗系数的公式来计算总的间接损失 Z：

$$Z=\sum_{i=1}^{m}\sum_{j=1}^{n}Z_{ij}=\sum_{i=1}^{m}\sum_{j=1}^{n}f_i(X_j)$$

不同的间接损失项目以及不同层次的间接损失 f 是不同的。间接损失计算的关键在于确定函数 f，其中需要大量参数，需要通过对不同行业深入调查方可取得，这是极其重要的一环。例如桥梁净空减少造成的间接损失主要可分为（1）减少货物运量及客运量、（2）改由陆上运输与由水路运输差价造成的损失、（3）货物停运或改道陆运造成更深层次的影响。如果只考虑（1）（2）两项，则桥梁净空减少造成间接损失数字模型 Z 为：

$$Z=P_1R_1+P_2R_2$$

式中：P_1——减少的货物运量（t・km）；

R_1——吨公里货物运价；

P_2——改为陆上运输货物量；

R_2——水陆运输差价。

地面沉降造成损失是累进性，跨越不同的年度，如上海的地面沉降历史迄今已有近 90 年，从经济学观点看，货物的现值与若干年前或若干年后的价值显然是不相等的。因此，不同时段的损失没有可比性，不能直接相加。因此要求必须采用净现值，净现值的计算方法为：

$$NPV(\text{净现值})\sum_{i=1}^{n}\frac{c_i}{(1+r)^{i-1}}$$

式中：c_i 为第 i 年的损失值，r 为贴现率

总之，地面沉降灾害损失评估是一项细致而艰苦的工作，需要通过大量工作才可以较为准确评估出沉降危害的程度，为防治灾害提供依据。

5.2.2.3 实例——宁波地面沉降灾害的经济损失的评估（1992 年演算案例）

宁波市是浙江重要的沿海工业城市和对外贸易港口，人口 481 万，工农业总产值达 96 亿元（1984 年），由于生产规模迅速扩大，大量抽汲地下水，日高峰用水量超过 30 万 t，自出现地面沉降以来，最大累计沉降量已达 360mm，年沉降速率达 30mm/年（1986 年），地面沉降在市区形成二个沉降洼地，即孔浦渔业区和江东工业区。地面沉降给宁波造成很大危害。宁波地面标高一般 2～3m，已和甬江海水涨潮时的高潮水位接近，由于地面下沉，潮水多次上岸，淹没仓库、码头、建筑基础毁损、井管上升断裂、地面积水等，损失很大。根据前述思路，结合宁波地面沉降实际状况，列出直接损失和间接损失主要项目进行经济损失评估，计算以偏向保守原则，不至于过高评估损失，针对表 5-5 所列各项，选择其中一部分项目作概略计算经济损失。

宁波地面沉降造成的经济损失主要项目　　表 5-5

损失种类	主要项目
直接损失	1.因地面下沉 1982 年前流经市区的甬江、余姚江、奉化江防潮堤被迫加高 1m，全长约 75km，沿江仓库、码头、工厂新修围墙。 2.甬江两岸仓库、码头因地面沉降造成潮水淹没，共损失 200 万元(1983 年前) 3.因地面沉降，宁波市城建部门规定所有新建建筑物的基础均要比原来设计加高 0.5m。 4.1976 年，因地面沉降，深水泵泵房毁坏，管道断裂，一共有 40 口深井报废，平均深达 85m。 5.著名古迹天封塔因地面沉降毁坏，需集资筹建。 6.大型建筑物(如宁波饭店)基础；勒脚错开 2.5cm。
间接损失	1.市内余姚江、奉化江上的新江桥、灵桥因地面沉降桥下净空减少，影响内陆河流运输。 2.因深水井报废，对用水单位(主要是纺织厂)带来的经济损失。 3.江北孔浦渔业冷库主副库(容量分别为 14 万 t 和 7 万 t)滑道因两座建筑物沉降幅度不一而错开，墙面开裂对生产有着潜在的影响。

1.直接经济损失

（1）沿甬江两岸加高防浪堤

以方形截面，长宽各 1m，堤总长 15km 计算，实际上沿江两岸有的地段加高远大于 1m，因此上述平均数应该说是比较保守的。完成这一项

工程约需块石 1.5 万 m^2，10 万个工作日，水泥至少 100t，块石平均按 100 元/m^3 计，一个工日平均 10 元，水泥价 200 元/t，不计泥砂价、运输价、则约需耗资：

$1.5\times10^4\times10+10^5\times10+100\times200=252$ 万元

（2）新建建筑基础平均加高 0.5m

按照宁波市 1979～1983 年的建房速率，1983～1987 年新建房屋面积 220 万 m^2，如果平均按 10 层楼 4000m^2 计算，相当于新房屋 550 幢。基础尺寸平均按 20×20m 的箱型基础考虑，平均加高 0.5m 基础，约需红砖 3.5 万块，土方 150m^3，约 250 个工作日，不计泥砂、水泥及钢筋价，红砖按目前较低价 0.1 元/块计，土方平均为 50 元/m^3（含开挖费），一个工日合 10 元。

则一幢房屋基础加高 0.5m 需耗资：

$3.5\times10^4\times0.1+50\times150+250\times10=1.35$ 万元

新建 350 幢房屋则共需付出：550×1.35 万元＝742 万元

（3）潮水上岸淹没损失达 200 万元，此间 1984 年前的数字，到 1987 年按平均价格上涨 1.5 倍计，相当于损失 300 万元，尚不计间接损失。

（4）20 世纪 70 年代中期，40 口深井报废，平均深 85m，按目前 400 元/m 工本费计算，相当于损失了 400×85×40＝136 万元。

（5）位于宁波市大沙泥街著名的天封塔，始建于唐武后年间，曾为宁波市最高层建筑，居高临下时可一览全城风光，自始建以来，除受一次大火外，一直完好无损。进入 20 世纪 70 年代以来，由于该地区迅速下沉，塔基下持力层分布不均，塔身倾斜严重，塔壁开裂，不得不拆除。需集资修建，姑且不论古建筑本身无与伦比的价值，仅按保守数计算，重建也至少需要 50 万元以上。

2.间接损失

因情况比较复杂，在此仅选择两项进行计算。

（1）桥梁净空减少带来的损失

内陆运输主要通过新江桥、灵桥，1984 年宁波市内陆河流总运输量达 614 万 t，航运里程 1477km，因桥下净空减少每年影响货物运输仅按 5%改由陆上运输，计算由于水陆运输差价造成的损失。

1983～1987 年总的航运间接损失 Z（只考虑改由陆上运输，不考虑停运部分及由此产生的影响）的数学模型为：

$$Z=P\times L\times R\times T$$

式中：P——改由路上运输的货物量；

L——运输总里程；

R——水路运输差价；

T——计算的损失年。

代入数据可得：$Z=614\times104\times5\%\times1477\times0.158\times5=3.58$ 亿元

（2）由于深井的损坏带来的间接损失

宁波大量采用地下水主要用于细纱车间调节空气湿度和温度。由于车间机器功率增大，要求保持细纱车间温度32°，相对湿度55%，送风机器的露点必须调节到22°，方可维持生产，宁波地下水即使在炎热的夏季一般也为19～22°，因此得以大量开采。深井的毁损将影响到生产造成损失，宁波市纺织厂467家，如果至因此停工一天损失达320万元（1984年数字）以保守起见，1983～1987年五年仅因此停工一天，损失天210万元。综合以直接损失和简介损失项，1983～1987年五年宁波市因地面沉降造成总损失达5.3亿元。

从以上偏于保守的评估可见，一个工农业年总产值几十亿元的中型城市宁波因地面沉降灾害带来的损失就达5亿多，可见地面沉降灾害的损失是十分严重的，然而发人深思的是它所造成的灾害损失并未像地震、洪水那样受到重视，宁波市地面沉降仍在继续发展，防治措施也未得到有效实施，损失仍然年复一年在累计、扩大。宁波市地面沉降在全国来看并不是最严重的，城市规模、工农业生产状况远不如上海、天津等大型城市，地面沉降的历史也比其他城市短，从以上计算的一个侧面就可以看出全国的地面沉降损失是相当惊人的。

5.2.3 城市环境水污染造成的经济损失的评估

地质灾害除对人身安全、社会经济带来的威胁与损失外，常常破坏了人类赖以生存的环境和生态平衡。在城市环境决策中，计量这种危害，以及采取措施避免这种危害所需的费用，是非常必要的。本节应用市场价值法、机会成本法、工程费用法、修正的人力资本法和大量的统计及监测资料，对城市环境污染引起的水污染经济损失进行估算。

城市环境损失的估算是一个复杂的问题，它需要大量的统计与监测资料。目前城市环境损失评估方法主要分为四类，见表5-6。

城市环境污染造成经济损失的评估方法　　表5-6

序号	方法	基本原理	计算公式
1	市场价值法	环境是一种生产要素，环境质量的好坏，直接影响生产率和生产成本，从而导致生产的利润和产量的变化，而产品的价值、利润是可以用市场价格来计量的。市场价值法就是利用因环境质量变化引起的产品产量和利润的变化来计量环境质量变化的经济损失	$S_1=V_1\sum_{i=1}^{n}\Delta R_i$ 式中：S_1——环境污染或生态破坏的价值损失； V_1——受污染或破坏物种的市场价格； ΔR_i——某种产品在 i 类污染或破坏程度时的损失产量；i 一般分为三类（$i=1$、2、3）分别表示轻、重、来生污染或破坏； ΔR_i 的计算方法与环境要素的污染和损失过程有关，如计算农田受污染损失时可按下式计算： $\Delta R_i=M_i(R_0-R_i)$ 式中：M_i——某污染程度的面积； R_i——农田在某污染程度时的单产； R_0——未受污染或类比区的单产

续表

序号	方法	基本原理	计算公式
2	机会成本法	机会成本法就是在自然资源使用选择的各备选方案中，能获得经济效益最大的方案，在环境污染或破坏带来的经济损失估算中，考虑到环境资源是有限的，被污染或被破坏后就会失去其使用价值，在资源短缺的情况下，可利用机会成本作为由此而引起的经济损失	$S_2=V_2W$ 式中：S_2——损失的机会成本值； V_2——某资源的单位机会成本； W——某种资源的污染和破坏量，同其估算方法也与环境和污染程度有关
3	工程费用法	事实上，环境的污染和破坏，都可以利用工程设施进行保护、恢复或取代原有的环境功能，所以我们可以把防护、恢复或取代其原有功能防护设施的费用，作为环境被污染或破坏带来的损失	$S_3=V_3Q$ 式中：S_3——污染或破坏的防治工程费用； V_3——为防护、恢复或取代其原有环境功能的单位费用； Q——污染、破坏或者将要污染、破坏的某种环境介质与物种总量，估算方法也与环境要素污染破坏过程有关
4	修正的人力资本法	只有人类活动才会有社会的发展，所有人是社会中发展中最重要的资源，如果人类的生存环境受到污染，使原有的环境功能下降，就会给人们带来健康的损失，这不仅使人们失去劳动能力，而且还会给社会带来负担，修正的人力资本法就是对这种损失的一种估算方法。污染引起的健康损失就等于损失劳动日所创造的净产值和医疗费用的总计，当人力资本的平均增长率和货币贴现率基本相等时，损失值可利用相关公式进行计算	$S_4=\left[P\cdot\sum_{i=1}^{m}T_i(L_i-L_{0i})+\sum_{i=1}^{m}Y_i(L_i-L_{0i})+P\cdot\sum_{i=1}^{m}(L_i-L_{0i})\cdot H_i\right]\cdot M$ 式中：S_4——环境污染对人体健康的损失值(万元) P——人力资本(取人均净产值)(元/年人) M——污染覆盖区域内的人口数(10 万人) T_i——i 种疾病患者人均丧失劳动力时间(年) H_i——i 种疾病患者陪床人员的平均误工(年) Y_i——i 种疾病患者平均医疗护理费用(元/人) L_i、L_{0i}——分别为污染和清洁区 i 种疾病的发病率(人/10 万)

根据表 5-6 的方法对城市水污染的经济损失作如表 5-7 中的评估。水污染造成的损害是多方面的，这里主要评估对人体健康、农作物、畜牧业、渔业及工业的经济损失（表 5-8、表 5-9）

我国灌溉污染及其损失情况　　表 5-7

灌溉区	面积	明显污染区			重污染区			损失量	
	(万亩)	面积(万亩)	粮食损失(kg/亩)	蔬菜损失(%)	面积(万亩)	粮食损失(kg/亩)	蔬菜损失(%)	粮食(万 kg)	蔬菜(万 kg)
北方	1724	129	30	15	51	75	25	2300	1950
南方	374	73	60	15	126	150	25	7000	2550
全国	2098	202	41	15	177	130	25	9300	4500

地下水水质较差的城市硬度超标情况及其工业用水量　　表 5-8

城市	硬度超标面积	硬度超标率(%)	工业用地下水(亿 t)	需软化水(亿 t)	地下水利用总量(t)
北京	220	36.7	3	0.67	6.56
武汉	129.5	30.8	0.449	0.263	0.511
西安	287	38.1	1.635	0.469	2.92
乌鲁木齐	210	31.7	0.408	0.186	0.73
太原	88	70	1.57	0.779	2.957
沈阳	25	15.5	2.687	0.391	3.813
上海	5620	57.1	1.053	0.803	1.053
哈尔滨	14	50.8	1.237	0.2	1.752
合计	6613.5	—	12.089	63.76	20.321

城市水污染的经济损失估算　　表 5-9

序号	损害方面	损失状况	损失的估算
1	水污染对人体健康的影响	水污染对人体健康的影响,主要有生物性污染和化学性污染两种,污染物可以通过饮水使人群感染发生急性和慢性中毒,也可以通过水生食物链或污水灌溉污染粮食和蔬菜等过程危害人群。 (1)污灌区污染对人体的危害 由于污水灌溉管理不善,全国明显或重污染的农田约 340 万亩,给农业环境和人体健康带来了污染和伤害,沈阳环保所对沈抚灌渠的分析和研究表明癌症发病人数比清水灌区更为明显,特别是在石油污水灌区更为明显,几种特别主要疾病的发病率要比清洁区高 320 倍。 (2)沿海、沿河两岸污染对人体的危害。据调查,目前沿海、沿河两岸农村仍有 5 亿人还在饮用天然水源,其中饮用水源受污染的地区有 1.5 亿人口,根据典型调查,引用受污染水体人们的癌症(主要是肝癌和胃癌)发病率要比饮用清洁水的高 61.5%左右。如松花江在吉林三大化工厂的大量有机污染水的污染下,水中有致癌作用的 Bap 浓度达 0.1ppb(超标 10 倍)、DDT 为 1.0ppb(超标 5 倍)、苯 40ppb(超标 4 倍)。这些有毒物质富集鱼体对人体危害较大,使沿江 51 万人口的癌症死亡率(87.62/10 万),明显高于距江较远、吃鱼很少的居民(51.36/10 万),并以水化系统的胃癌和肝癌最为明显。渤海、黄海沿岸五省一市的工业污水污染下,对海生动物造成一定污染,通过食物链进而影响了人体健康。沿海岸渔民恶性肿瘤死亡率为 82.19/10 万显著高于农民 65.41/10 万,也高于全国恶性肿瘤的平均标化死亡率 66.92/10 万	水污染对人体健康伤害的主要病理反应是胃癌、肝癌和肠道疾病的发病率增加。其损失的估算仍用修正的人力资本法进行。但由于水污染过程和对人体的影响过程复杂,根据现有资料,主要通过污灌污染和沿海灌网两种污染区,对全国的水污染给人体带来的损失进行估算。关于计算参数的选取。大气污染主要是对耗能集中、人口密集的城市居民健康造成损伤。而水污染则不只是对城市居民,更重要的是对农村居民造成伤害,所以人力资本应该是水污染区域(包括农村)的人均净产值,根据统计年鉴求的,1985 年农民平均净产值为 700 万元。据卫生部门的有关资料,平均每位患者的医疗费用,癌症为 3000 元,肝肿大为 150 元,肠道疾病 50 元;患者人均陪床日数为:癌症 36.1 日,肝肿大 25 日,肠道病 10 日,工作年损失癌症 12 年。肝肿大为 1 年,肠道病 15 日。 关于污灌区及沿海河网居民健康损失估算。 目前我国由于污灌造成土壤明显污染和重污染面积达 380 万亩,受害人口约为 310 万人。疾病发病率取沈抚污灌区的调查数据,即胃癌发病率、肠道病发病率和肝肿大发病率分别比对照区高 18/10 万、49.2%和 35.8%。根据上述计算公式,可求的污灌区人体健康损失为 2.62 亿元,沿海、河网污染区居民健康损失估算为 80.57 亿元。二者之和,即水污染对人体健康和损失值约为 83.2 亿元
2	水污染造成农作物的损失	水污染造成的农作物损失主要包括减产和粮食污染两个方面。据辽宁环保所的调查研究,沈抚污灌区近几年来随着土壤污染的逐年加重,全灌区的粮食产量亩产在 400kg 左右,和对照区相比,单产量减少 50kg 到 100kg。虽然目前精米中苯并芘含量与清灌区相比尚无显著差异,致使用当地的大米做出的饭有一种特殊气味,色度黑,但糙米的米糠中的苯并芘含量都高于清洁区几倍到几十倍。另据农业环境保护研究所对 37 个污水灌区 570 万亩污灌农田的查普结果分析表明,污灌农田与清灌农田相比,减产粮食 0.8 亿 kg(包括污染物含量达到和超过卫生标准的粮食)。另外污灌区大米的年度明显降低,苹果、葡萄中营养成分有下降趋势	据统计,我国污灌面积近 2100 万亩,受明显或重污染的有 380 万亩,损失粮食达 1.86 亿 kg,蔬菜 4.5 亿 kg。运用市场价值法(粮食的市场价格 0.32 元/kg,蔬菜为 0.2 元/kg),求得水污染引起农作物减产和粮食污染损失为 2.4 亿元

续表

<table>
<tr><th>序号</th><th>损害方面</th><th>损失状况</th><th>损失的估算</th></tr>
<tr><td>3</td><td>水污染对畜牧、家禽和渔业损失</td><td>(1)水污染对畜牧、家禽的损失
辽宁省卫生防疫站还曾对沈抚污灌区上游污水渠旁10m左右的养鸡场进行了污水、污染井水和对照井水三组的毒理实验，实验结果表明，引用灌区污水的鸡肝坏死率占37.1%，引用污染井水的为13.6%，引清水的仅为11.4%。另据调查，沈抚污灌区1977年大牲畜为2万余头，而到1980年大牲畜的头数减少1560头。同时因本区稻草受到污染，不能作为大牲畜的饲料。全区每年外购干草1000万kg。
(2)水污染对渔业的损失
据调查估计，我国淡水鱼天然资源由于污染造成的损失每年约8万t，我国淡水养殖业发展很快，目前淡水养殖面积达5531万亩，但由于养殖水域受到污染，急性死鱼事件不断发生。据对九省市1985年由于污染造成的死鱼和减产情况的初步调查表明，发生急性死鱼事件约400件，损失养殖产量约17000吨，受到重污染的淡水养殖水面约为40万亩，海洋污染对于滩涂贝类，沿岸性鱼类，溯河性鱼虾有较大影响，如大连湾已使7处海参1万kg，扇贝10万kg，辽东湾的辽河双台子河，大凌河，小凌河的河口区损失河蟹、河虾、鲚约为5万kg，据估计1985年受到严重污染的海养水域面积6万亩，养殖产量损失约有10000t</td><td>由于农区、市郊的畜牧、家禽与人口是同分布，所有可利用污染区域的人均牲畜、家禽数求出污染受害的牲畜、家禽数。由国家统计年鉴得到，在污染区域内，人均大畜为0.53头，人均家畜为3.6只。据辽宁环保所对沈抚灌区的调查研究表明，大牲畜的污染死亡率为7%，家禽为10%左右。大畜的市场价格为1000元，家禽为1.5元，污灌区人口为85万。利用市场价值法，计算其损失值为1.17亿元。根据农牧渔业部水产局调查，渔业的损失情况见表
1985年渔业环境污染损失情况
<table><tr><th>污染区域</th><th>损失(t)</th><th>损失价值(万元)</th></tr><tr><td>严重污染河流2400公里</td><td>30000</td><td>16000</td></tr><tr><td>污染供水养殖面积90万亩</td><td>30000</td><td>6000</td></tr><tr><td>污水养殖面积12万亩</td><td>30000</td><td>2000</td></tr><tr><td>海水养殖污染面积6万亩</td><td>10000</td><td>2000</td></tr><tr><td>合计</td><td>150000</td><td>26000</td></tr></table>利用市场价值法计算了损失货币值，每斤损失按1元计算，污水养鱼损失按市场产量的三分之一计算，共计损失2.6亿元。水污染对畜牧业、家禽和渔业损失为3.77亿元</td></tr>
<tr><td>4</td><td>水污染造成的工业经济损失</td><td>水污染造成的工业经济损失主要是由于水资源受到污染使工厂停工停产带来的损失和工业用水所需增加的处理费用。(主要是硬水软化)。根据地下水资源预测报告，我国目前地下水质量最差的城市是北京、西安、乌鲁木齐，水质较差的城市有太原、沈阳、上海、武汉和哈尔滨</td><td>目前我国共缺水近500亿t。据调查其中由于水源污染供水短缺10亿t，工业用水总量505亿t，工业净产值为3270亿元，吨水的净产值系数为6.5元/t。水资源的短缺失去了获取净产值的机会，每吨水的机会成本为6.5元。根据机会成本法，可求得因水源污染给工业带来的经济损失为65亿元。北京市的软化水吨水成本为0.6元。
全国共需软化水量为3.766亿t，其软化水费用可达22596万元。根据恢复工程费用法，地下水污染的经济损失为22596万元。
由以上计算可见，全国水源污染对工业造成的经济损失为67.26亿元</td></tr>
</table>

5.3 城市地质灾害的综合评估

地质灾害评估是全面反映灾情、确定减灾目标、优化防御措施、评价减灾效益、进行减灾决策的重要依据，也是制定国土规划和社会经济发展计划的重要资料。地质灾害评估是一项系统工程，其成果主要由数据库集中反映出来，如图 5-1 所示。从图可知，地质灾害评估系统的建立要以各部门各学科相结合的社会减灾系统为中心，以实地考察与调研为基础，系统科学思想为指导，充分运用各种先进的技术手段，并要紧紧地与我国减灾对策和社会经济发展战略相结合。数据库是地质灾害评估系统各项工作的联系纽带，也是评估成果的集中体现。随着减灾活动的开展，建立地质灾害评估系统已成为一项最为紧迫的工作。

对各类地质灾害分别按地区、时间段、以重大灾害事件，进行调查统计分析，并将结果储存于数据库。这是进行各种类型的灾害评估的基础。就城市减灾而论，宏观的地质灾害预测很必要，但是高精度的预警模式的建立更为迫切。现在城市减灾的要害是城市灾害的预测质量及建立“测、报、防、减、救援”一体化网络。

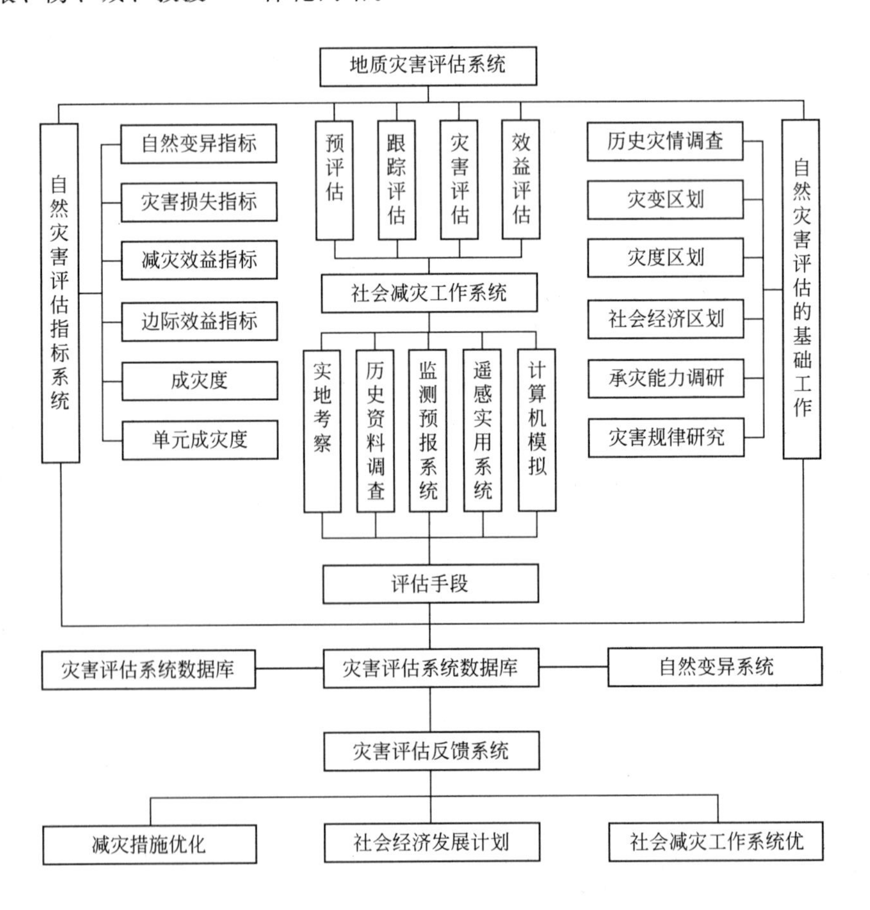

图 5-1 地质灾害综合评估程序框图（据中国灾害防御协会）

5.4　地质灾害评估指标系统

地质灾害评估指标系统是由反映灾害所造成的人口伤亡、经济损失和其他社会影响及减灾投资效益等一系列描述灾害程度的量度指标所组合而成的（表 5-10）。

地质灾害评估指标系统　　　　表 5-10

<table>
<tr><th>序号</th><th>评估指标</th><th colspan="2">内容及要求</th></tr>
<tr><td>1</td><td>自然变异指标</td><td colspan="2">指自然变异强度的量级，如震级、水量指标、热量指标等</td></tr>
<tr><td rowspan="2">2</td><td rowspan="2">地质灾害损失评价指标</td><td>直接经济损失</td><td>指原发性自然灾害直接造成的各项动产与不动产损失累加数。损失指标可分属性指标，如地震的严重破坏、一般破坏。统计方式有：①按损失总量对灾害损失程度进行分级；
②按损失总量与国民经济总产值的比例对灾害损失程度进行分级；或按损失数量与损失前的价值之比（损失率）对灾害损失程度进行分级</td></tr>
<tr><td>间接经济损失</td><td>指由次生灾害与衍生灾害及灾害对经济社会影响所造成的损失。间接经济损失的估算，可以直接经济损失与间接经济损失比例系数的乘积确定；也可由各项间接经济损失数累加获得。间接经济损失比例系数由统计方法确定，一般在 10 年以上。由次生灾害与衍生灾害即灾害对环境、资源、人口、社会、经济发展的影响所造成的间接损失，与直接损失的界定有待研究的一项工作</td></tr>
<tr><td>3</td><td>减灾效益评价指标</td><td colspan="2">减灾效益评价是定量地说明减灾活动的效益、优化减灾对策的主要依据</td></tr>
<tr><td>4</td><td>成灾度的评价指标</td><td colspan="2">成灾度即指在一定灾变强度下的灾度等级。一般成灾度＝灾度/灾变强度</td></tr>
<tr><td>5</td><td>单元成灾度的评价指标</td><td colspan="2">单元成灾度是指单位面积的成灾度等级。一般单元成灾度＝成灾度/灾害发生面积</td></tr>
<tr><td>6</td><td>分析性指标</td><td colspan="2">为一定目的对上述描述性指标作处理后得出的统计分析量</td></tr>
</table>

5.5　地质灾害综合评估与程序

城市地质灾害评估的主要内容见表 5-11，地质灾害综合评估程序见图 5-1。

地质灾害综合评估一览表　　　　表 5-11

<table>
<tr><th colspan="2">分类</th><th>意义</th><th>评估的内容</th></tr>
<tr><td>1</td><td>灾害预评估</td><td>自然灾害预评估是指通过比较合理的科学方法，定性或定量地预测某一地区或某一部分未来灾害发生的强度、分布和可能造成的人员伤亡、经济损失、社会影响及灾害效益预估。灾害发生前的推测性评估是制定国土规划和社会经济发展计划以及减灾对策预案系统的基础</td><td>①灾害预测；在灾害区划、灾害监测和对自然灾害发生发展规划研究的基础上，对未来灾害可能发生的地区、时间、强度进行预测。
②灾害预测宏观预测。a. 成灾度与单元成灾度的确定：以历史上成灾度与单元成灾度为基础，结合预测区现在的人口密度、经济发达程度及抗灾能力等调研数字加以修正。b. 预估灾害损失＝灾变强度×灾害发生面积。
③专项灾害损失预测：如地震造成的工程损害预测；洪水造成的交通损害预测等。
④减灾效益预估：对拟采用的各项减灾措施的投效比，进行比较，确定最优化减灾</td></tr>
</table>

续表

分类		意义	评估的内容
2	灾期跟踪评估	跟踪评估是在灾害发生时，对灾害损失的快速评估。跟踪评估是救灾决策和应急抗灾措施制定的基础	①建立高效能测灾系统，监测与跟踪灾害的发展，尽快给出准确的成灾地点、灾害强度和灾情特征，以及救灾和抗灾措施效能发挥的资料。 ②灾害损失跟踪评估。a. 已造成的灾害损失评估；b. 灾害扩大损失预评估＝单位面积的灾害损失×灾害可能扩大面积×成灾度变化率；c. 减灾效益预评估：即预测拟采取的减灾措施可能减少的损失；d. 专项评估
3	灾后评估	灾后评估是决定救灾方案、制定灾后援建计划和防御次生灾害的重要依据	①灾后现场评估：逐点逐级估测灾害损失； ②次生灾害与衍生灾害影响的评估； ③间接灾害损失估算； ④灾害对社会、心理的影响程度评估
4	减灾效益评估	是评价减灾工作，优化减灾措施的重要指标	①减灾经济效益评估； ②减灾边际效益评估； ③减灾社会与心理影响评价

第二篇　城市地质灾害技术经济分析方法

第6章　城市地质灾害技术经济分析线路设计

6.1　问题的提出

城市地质灾害是由于自然地质作用、城市工程建设活动对环境的干扰，或者两者叠加作用直接或间接的影响造成地质环境的恶化，降低环境质量，危害人民生命安全的地质灾害事件。

我国是世界上地质灾害最严重的国家之一，每年由于地质灾害造成的直接经济损失75～125亿元，其中大多数发生在城市。城市是人口密集、工业发展的集中地，人为的影响、不合理的城市发展建设的影响造成的地质灾害比重不断增加是城市地质灾害的一大特征。我国现有城市661座，不少城市正受到地质灾害的严重威胁和破坏，许多城市由于缺乏对各种潜在的地质灾害的防御规划和对策，灾后心中无数，只能被动地穷于应付。这主要与多年来城市建设与管理中一直在灾害防御方面缺乏系统的研究有关。城市地质灾害的防治是城市发展的一项战略性工作，只有在灾害评价的技术方法有所突破的情况下，才能制定出科学的城市防灾对策和防灾系统规划。而以城市地质灾害的技术经济分析作为灾害预测与评价的关键技术之一，用数学经济模型的手段评价地质灾害的期望损失，则正是本项课题所要研究的范畴。

地质灾害是地质环境的一种变异现象，在城市大规模建设活动中，除城市固有环境低质量影响外，环境与人类活动的相互作用与反馈，能导致地质环境自身的变异，诱发和激发各种地质灾害，成为对城市发展的潜在和消极制约因素。地质灾害的形成是一种动态和具有随机性的过程，多数表现为突发性和难以预见性，在城市范围内各类地质原生灾害与次生灾害造成的破坏是巨大的，这些灾害包括强烈地震、洪水泛滥、滑坡、泥石流、崩塌、水土污染、地面沉陷以及软弱土、湿陷土、膨胀土等特殊地基土在外因作用下转化为次生灾害，不但造成伤亡和巨大经济损失，而且给社会带来各种消极因素和人民生活的不安定。但是，地质灾害的不确定性和模糊性又表现出一定的规律性，例如灾害重发特征即是如此，这就使得我们可以从灾害的不确定性特征入手，建立城市地质灾害的数学经济模型，定量地评价地质灾害对于各种土地利用类型产生的期望损失大小，从而从数量上为城市规划和防灾提供科学依据。

6.2　国内外研究概况

发达国家对于地质灾害的研究普遍比较重视，尤以美国为典型，美国将灾害研究上升为一项政策问题，同时也当成一种社会问题。美国不仅投入研究的经费可观，从技术手段上起点也较高，多借助遥感、地理信息系统 GIS 等先进的计算机软件为辅助研究手段，而且对灾害的研究也是多方面的。但是，尽管如此，仍然苦于没有一套成熟准确和行之有效的城市地质防御系统，使得决策者们在制订公共政策和确定各种解决问题的方案的费用与效益时，往往感到非常棘手，即问题都是混淆的或者说是模糊的。问题的难点主要表现在缺乏统一而固定的定额标准；成灾程度不易确定；灾情统计缺乏科学性；直接损失和间接损失难以划分；主导灾害和诱发灾害在统计上不是遗漏就是重复等问题。在灾害损失的经济评估方面也有难尽人意之处。

发展中国家一般均不具备发达国家拥有的技术基础和物质基础，因此当遭受灾害时，多导致发生灾难性事件，例如伊朗 Fars 地区和我国唐山地区地震损失，即具有很大的典型性。改进结构设计和施工工艺等措施为主，同时还颁布有关的准则和标准（国际）。这些国家存在许多影响建筑物建设的社会、经济因素，如资金缺乏、大量农村人口流向城市、人口增长迅速、市场发育不全、缺乏熟练工人、工艺水平低……不过各个国家均认识到：通过技术进步来抗御自然灾害能力的潜力是巨大的。至于将有限的资源投向何处，则应根据各国的具体情况而定。关于地质灾害技术评价的研究也尚处于起步阶段。

国内灾害经济损失的研究，始于 20 世纪 80 年代。主要集中于行政部门的灾后损失评估，至今这一现状改变不多。政府要求能准确、及时地确定造成的损失，为各级政府指挥抗灾提供可靠的依据，最大限度地减轻灾害所造成的损失，提高救灾工作的整体水平。

目前研究水平处于局部、分别进行研究的阶段。地勘部门多把注意力集中在研究地质灾害的机理，进行灾害的地质评价上。而市政建设部门主要在防治工程方面。易损性评价及潜在危害的损失评价，由于难度大，而迟迟进展不大。因此，整个评价很不连贯，而且不系统。

在经济损失评估方面，现阶段主要有两种方法，但大多数损失评价处于损失项目的直接损失和间接损失的账户计算。主要是从各有关部门将损失数据汇集起来进行分析。还有部门处于枚举事例的阶段。可以说城市地质灾害经济损失的评价尚处于起步阶段。

系统的科学的定量评价正有人开始进行。近年来，以概率理论、数理统计为基础进行宏观与微观两方面相互结合的评价逐渐证实了它的可行性。本次研究正是在这基础上的一次全面系统的创新。

6.3　技术路线设计

研究思路见图 6-1。

图 6-1 展示了从诱发灾害的城市地质环境主题特征分解到建立城市防灾系统规划的一套技术思路以及研究成果的应用方向。全过程分为灾害技术经济分析研究与防灾规划决策两个部分，也即灾害技术经济评价结果将通过城市规划土地利用中对规划方案的优化达到为防灾规划决策提供定量依据的目的，以便在规划中做出相应的环境整治、采取抗灾应急对策，以及实现必要的土地利用控制。

评价中区分易损性评价与损失评价，前者是用于描述地质环境对灾害程度的影响，从而用多指标综合评价模型进行损害经济分区，作为损害评价基础。灾害损失评价包括两个重要组成部分，其一是以城市地区的损害调查与统计分析为基础，辅以实模拟与工程分析，用以确定各个场地、各类土地利用在各种地质灾害条件下的损害率。其二是运用概率方法，构造各种灾害的损失模型，从而给出期望损失费用计算公式。

虽然本次研究的损失评价方法，是以成灾调查为统计分析总结、对象区的价值分布调查为基础，充分利用概率论数理统计与计算机工具进行从点到面，从单一灾害到灾害全过程，从期望损失费用到总费用，以定量分析为主，辅以定性分析的一整套研究方法，但这种技术路线保证了对复杂的损失评价进行系统地逐渐深入的研究与结果的可靠性。

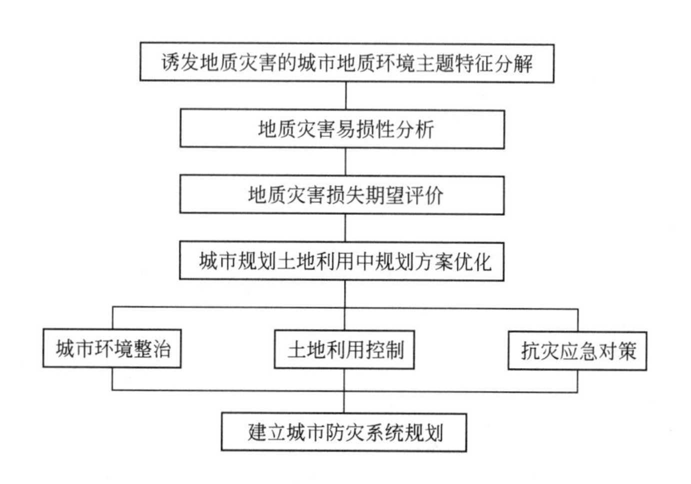

图 6-1　城市地质灾害技术经济分析方法研究的技术路线

在评价的基础上，研究最后还探讨了城市地质灾害期望损失如何用于城市规划土地利用中的规划方案的优化方法。这样就构成了较为完善的城市地质灾害技术经济分析方法系统，该方法已在唐山和南京两个典型实例城市中得到了较好的应用。

第7章　城市地质灾害技术经济分析的基本问题

7.1　地质环境主题及其特征

城市地质灾害是城市环境突出不稳定的现象，这种不稳定包括环境本身的及外域破坏力袭击下的不稳定。由于城市环境是一个系统整体的概念，有时很难简单区分这种不稳定类型，洪泛、泥石流属于外域破坏力影响。场地特殊岩土的不稳定性状引起的地基危害则为环境本身的不稳定。对于滑坡，当研究山体本身时需要考虑环境自身的稳定问题，当研究坡脚用地时，需考虑外域破坏力袭击问题。这些特征说明，应将城市地质灾害作为城市环境问题对待，并在此基础上作出地质灾害作用下的环境质量优劣的结论。

能诱发地质灾害的地质环境主题通常包括四个方面：

（1）与动力地质作用有关的地质环境主题；

（2）与不同形状岩土类型有关的主题；

（3）与水文地质条件有关的主题；

（4）与人类活动对地质环境的反馈作用有关的主题。

为了深入研究上述地质环境问题，应建立具有一定形式化与标准化的主题要素与内容的分级体系（见图3-24），以求在对地质环境要素选取与分级时，能体现由粗到细，由宏观到微观，由定性到定量，以及由一般特征分析到质量、数量分析过程的层次结构。从框图可以看出，四个方面的环境主题（干）能否形成灾害，很大程度上取决于枝、系、脉要素的层次临界特征（要素干枝的每一级反映其对上一级序的要素具有从属关系，每一级序可视为一个关系框架模型），这种不同层次要素的临界特征是科学地进行地质灾害预测与防治的技术基础。

地质环境主题特征具有以下重要内涵：

1.可用性

主题特征是决定城市地质环境质量及土地利用能力的主要依据，从这一点讲主题特征的本身就具有广泛的可用性。因为在正确识别城市地质环境主题特征后，便可对比分析，判断主题要素对城市建设与发展的影响程度，进而划定土地单元的质量等级。由于土地是地质环境及地质灾害的载体，地质环境的质量必须最终反映于土地资源的质量，把握地质环境的主题特征是保证城市在土地工程利用中，既能充分挖掘高质量土地资源的利用，又能有效地控制具潜在地质灾害影响的低质量土地资源的利用。

2.层次性

城市地质环境主题的总貌，只分析主题的物理特征和平面关系是难以得到充分表达的，必须多层次地向定量分析深化，不然将大大影响其可用性。通常反映在以下三个层次上：

（1）地质环境主题的物理特征（类型、成因及基本特征）；（2）主题的数量特征（数量与质量指数）；（3）主题的空间特征（三维空间分布）；

3.动态性

从地质环境主题的制约方面看，所有问题均是动态的，即处在不断变异的过程中，包括问题的物理状态、机制、时序、空间及数量与质量等方面的变化，当变异超过稳定的临界限度，灾害就形成了。在有严重潜在地质灾害的城市，掌握地质环境主题的动态变化的重要性是尤为突出的，因为在实用意义上，地质环境主题的动态特征直接影响城市地质环境及土地单元的质量，并且也是城市发展与建设所需的环境质量要求及灾害预测的基础，对提高城市管理与决策及治理水平是极有价值的。

7.2 诱发灾害的地质环境主题是技术经济分析的前提

由于城市地质灾害属于城市环境问题，因此城市地质灾害的技术经济分析则不能脱离城市地质环境主题，反过来，诱发城市地质灾害的城市地质环境主题可理解成经过系统概化后的影响灾害发生的可能性，换句话说，这些主题因素的不确定性导致了地质灾害的发生发展。乃至成灾后果的不确定性，只有认清了灾害的不确定性特征，才有可能正确评估灾害的期望损失。因此，诱发灾害的城市地质环境主题是灾害技术经济分析的前提和出发点。

虽然地质灾害是不确定的，或者说是有风险的，但是这种不确定性特征又是有规律的即在一定时期内具有重现的特征，因此我们在经济评价中可以借此把握灾害的发生概率，这基本上是许多地质灾害的共性。评价城市地质灾害的期望损失方面也正是从这里入手的。在缺乏灾害研究的城市，灾害发生概率的获取必须依赖诱发灾害的城市地质环境主题的分解，例如：方鸿琪和唐越在《南宁市土地利用控制分析》报告中就给出了灾害发生的风险概率的故障树求算方法。在不少大城市，获取城市主要地质灾害的概率则很容易，因为前人已经做了大量的工作，并给出了结果，或者城市发展决策者已制定出灾害的设防标准，但不管怎样，从诱发灾害的城市地质环境主题特征分解入手求取灾害发生概率的方法却是值得一提的。

需要指出的是，这里灾害的发生概率实际上只是众多发生概率中的一个，也即我们分析的，或者所需要的概率必须建立在某种等级或防灾水平上，就是说，灾害的发生概率在本项研究中必须与城市某类灾害设防标准一致才有意义，而城市防灾标准又一般是在某类灾害的众多不同等级的发生可能性中根据灾害对城市破坏的大小、历史灾情以及防灾市政规则局限等因素综合确定的。

另外，灾害技术经济分析中关于城市各类土地利用类型的损失率也离不开诱发灾害的城市地质环境主题研究，显然这一点是不难理解的。

7.3　城市土地利用类型与定量分析

7.3.1　城市土地利用类型

由于人类工程建设活动有强度差别，对地质灾害的干扰和诱发程度也不同，因而城市地质灾害期望损失也就依不同土地利用类型而改变。因此有必要在进行灾害技术分析前选择有利于评估灾害期望损失（一般大小应体现差别）的城市土地利用类型，无疑在选择用地类型时应体现工程建设活动重要性和强度差别，方鸿琪和唐越等人在《城市土地能力评价及计算机辅助制图》报告中将国家标准城市规划用地的十大类型进行了取舍和组合，根据居住用地分类的不同，将城市分为I类城市和II类城市。这里选择其中I类城市的七类用地为适合城市地质灾害技术经济分析的用地类型。详见表 7-1。

I 类城市用地类型　　表 7-1

城市用地类型	低层居住用地	多层居住用地	高层居住用地	工业用地	行政办公用地	金融贸易用地	商业服务用地
代码	R11	R12	R13	M	C1	C2	C3

表中居住用地分类标准按照国家住宅建筑规范，所有用地类型仍沿用标准代码，与规则相一致。

7.3.2　城市土地利用定量分析

7.3.2.1　土地工程能力定量分析方法概论

土地工程能力定量分析与综合评价是土地利用工程的量重要组成部分。土地工程能力是确定土地作为一定利用时所具有的相对自然优劣条件与经济价值。土地开发利用不仅与政治、科技及经济系统关系密切，而且与地质环境有关。评价“土地工程能力”须考虑到土地的一切自然特征及其作用。土地工程能力的好坏取决于土地自身所具有的地质环境条件，还依赖于土地利用类型。土地工程能力定量分析方法，主要包括以下内容和应用程序：

1. 研究当前国家土地利用方针、政策及城市总体规划方案。确定城市发展的性质、土地类型及其自然特征，估算建筑物及室内资产值。

2.研究基础地学信息。准备底图，确定对土地开发利用有制约影响的地质环境主题。

3.直接从适当的底图与综合图制作各种专题评价图。这种图可用来鉴别与评价有制约影响的地质环境主题。

4.对每一发展类型和地质环境主题作出社会费用评价。将影响土地利用的各种制约因素化作直接的费用。这里的社会费用是指由于某一问题产生的全部费用而不管谁支付，一般有3种基本费用类型：

（1）基本费用。指用于勘察研究、设计、工程缓减的费用。

（2）风险费用。指潜在地质灾害产生的损失费用。该费用值在数量和时间上是一个概率。

（3）机会费用。指年收益或将土地作为某种类型使用的收益（一般用利益和折价比来计算远期费用的当前价值）。

5.总计地质环境主题要素对不同土地利用类型产生的期望损失费用，将其作为评价土地使用能力的指数。

6.规划、决策中对土地工程能力评价的应用。

研究思路主要按以下序次（图7-1），并以唐山市为例进行分析。

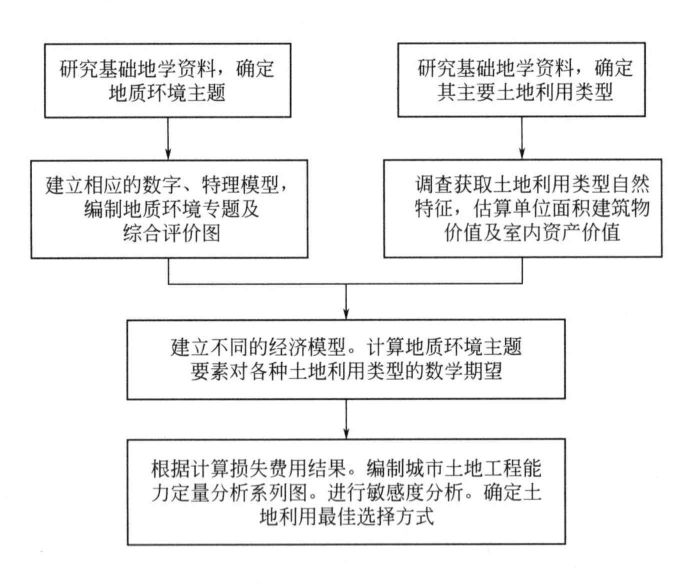

图7-1 土地工程能力定量评价的序次

7.3.2.2 费用损失指标分析法及计算分析原理

长期以来，城市规划与决策者对于地质环境要素的重要性，缺乏足够的认识，其原因是：由于其动态复杂的特性，往往难以定量表达和描述，对于能进行定量分析的地质环境要素，由于过于专业化色彩，城市规划师及决策者对有关成果往往难以理解，降低了地质环境专题图的使用效率，在此应用的费用损失分析法，是估算各种地质环境主题对不同土地利用类型可能产生的期望损失费用。这样，一方面可用统一的费用指标评价地质环境制约的严重程度，提高土地工程能力定量分析精度，另一方面可以使非专业工作者较易接受和理解，促使地学家、城市规划师及决策者间的合作，协调土地开发利用与地质环境，最佳利用土地资源。

费用计算分析原理

假定所有的随机事件都决定费用。服从泊松概率分布，而其中的每一件事都假定与其他事件独立。并且发生概率在任何时间都是一个常数，那么这几件事情都给定 Δt 时间服从泊松分布，其发生概率 P 为

$$P=(\lambda\cdot\Delta t)^n e^{-\lambda\cdot\Delta t}/n!$$

式中 λ 为事件重发概率。

不难看出，如果这些事件在时间间隔 t 中服从泊松分布，那么下个事件从目前起将发生在 t 单位时间的概率则服从幂指数分布：

其概率 $P'=\lambda e^{-\lambda\cdot t}$

事件重发间隔时间 t' 为

$$t'=\int_0^\infty \lambda t\lambda e^{-\lambda\cdot t}dt=-te^{-\lambda\cdot t}\Big|_0^\infty+\int_0^\infty e^{-\lambda\cdot t}dt=1/\lambda$$

因此，事件估算的重发间隔可以用来估算参数 λ。

在计算所有期望费用时。除了折价比外，假定每事件的费用都是常数。如果成立，那么事件第一次发生的期望费用很容易计算。

令 x＝时间 t 时每事件的费用

那么事件发生在时间 t 时的费用目前的折价值为：xe^{-rt}

式中 r 为折价比。

第一次事件的期望费用等于时间 t 时事件的费用乘以事件在该时发生的概率，那么下次事件产生的期望费用为：

$$\int_0^\infty (xe-n)\cdot\lambda e^{-\lambda t}dt=\int\lambda e^{-(\lambda+r)t}dt=\frac{\lambda}{\lambda+r}\cdot x$$

对于如震后重建等某些事件，损失能够重复发生，因此应计算将来所有事件的期望费用。

首先计算在 t_1 时刻发生第一件事件情况下，第二件事件 t_2 时发生的概率 p_{12}：

$$P_{12}=\lambda e^{-\lambda(t_2-t_1)}$$

根据条件概率公式计算在第一件事件于 t_1 时发生后第二次事件在 t_2 时发生的概率 p_2：

$$P_2=P_{12}\cdot P_1=\lambda e^{-\lambda(t_2-t_1)}\cdot\lambda e^{-\lambda t_1}=\lambda^2 e^{-\lambda t_2}$$

由此推出，在 t_1 时第一次事件发生，t_2 时第二件事件发生，…，t_{n-1} 时第（$n-1$）次事件发生至第 t_n 时第 n 次事件发生下的概率：

$$Pn':\ Pn=\lambda^n e^{-\lambda t}$$

因而第一次 n 个事件的期望费用为

$$x\int_0^\infty\int_{t_{n-1}}^\infty\cdots\int_{t1}^\infty \lambda^n e^{-\lambda t_n}dt_1\cdots dt_n$$

$$=x\lambda^{n}\sum_{t=1}^{n}\int_{0}^{\infty}\int_{t_{n-1}}^{\infty}\cdots\int_{t_1}^{\infty}\lambda n e^{-\lambda t_n - r t_1}dt_1\cdots dt_n$$

$$=x\sum_{t=1}^{n}\frac{\lambda^{i}}{(\lambda+r)^{i}}$$

对所有将来时间的期望费用则为：

$$\sum_{i=1}^{n}(n\text{ 个事件的概率})\times(\text{与 }n\text{ 个事件有关的期望费用})$$

因为对于将来所有时间 n 个无限事件将会从概率为 1 发生。因此所有将来事件的期望费用则为

$$\lim_{n\to\infty}x\sum_{i=1}^{n}\frac{\lambda^{i}}{(\lambda+r)^{i}}=\frac{\lambda}{r}\cdot x$$

7.3.2.3 唐山市土地利用概况

1.唐山市土地利用类型及特征

唐山市土地利用类型及特征见表 7-2。

土地利用类型（90 年代数据） **表 7-2**

自然特征	土地利用类型							
	居住用地			工地用地	公共设施用地			仓储用地
	低层住宅	多层公寓住宅	高层住宅	工业	商业	教育科研	办公用地	仓库用地
典型场地面积（10^4 m^2）	2	5	5	20	20	15	5	20
建筑系数	40%	24%	16%	25%	45%	15%	30%	10%
建筑容积率（$m^2/10^4$ m^2）	4000	6500	20000	3000	7000	6000	10000	1200
建筑物结构	砖混	内浇外砌内浇外挂砖混	框架剪力墙	排架框架	砖混框架	框架砖混	砖混框架	排架
建筑物高度(m)	<4	<18	>30	<20	<25	<35	<25	<15
单位面积造价(元/m^2)	300	350	800	600	500	350	400	300

2.唐山市土地利用费用

唐山市建筑物价值及室内资产如下表 7-3：

建筑物价值与资产（20 世纪 90 年代数据） **表 7-3**

土地利用类型	居住用地			工业用地	公共设施用地			仓储用地
	低层	多层公寓住宅	高层住宅	工业用地	商业用地	教育科研医疗卫生	办公用地	仓库用地
建筑物价值（10^4 元/10^4 m^2）	120	228	1600	180	350	210	400	36
室内资产价值（10^4 元/10^4 m^2）	80	130	400	500	300	105	240	—

7.3.2.4　地质环境主题费用损失计算举例

1. 地震

唐山市为震后重建城市，大部分建筑物均按 8 度（50 年超越概率 10%水平）设防标准，因此地震将来造成的破坏将集中在抗震不利地段，如断裂带、砂土液化区、岩溶塌陷区及采煤区等，震害损失主要来自两方面：地面震地和地表破裂。

（1）地面震地

地面震地造成的损失包括两方面：建筑物本身遭受破坏产生的损失和室内资财损失。其计算范围由于砂土液化区、岩溶塌陷区和采煤区不进行建筑，故不计算损失；断裂带损失计算见地表破裂损失计算。

根据唐山市抗震防灾震害预测，在 50 年超越概率为 10%地震作用下，砂土液化区及岩溶塌陷区抗震不利地段，建筑物遭受的损失比率见表 7-4。

建筑物损失比率　　表 7-4

轻微破坏	中等破坏	严重破坏	倒塌
24%	36%	20%	14%

在各种震害程度下，不同土地利用类型的建筑物修建费与重建费之比（D_B）及室内物资财产损失率（L_C）见表 7-5。

建筑物 D_B 与 L_c　　表 7-5

震害程度(S)				轻度破坏	中度破坏	严重破坏	倒塌
土地利用类型	居住用地	地层住宅	D_B	0.07	0.2	0.04	0.95
			L_C	0	0	0.25	0.8
		多层公寓住宅	D_B	0.03	0.12	0.25	0.875
			L_C	0	0	0.25	0.875
		高层住宅	D_B	0	0	0.25	0.8
			L_C	0	0	0.25	0.8
	工业用地	工业用地	D_B	0.04	0.13	0.28	0.82
			L_C	0	0	0.25	0.8
	公共设施用地	商业用地	D_B	0.04	0.12	0.25	0.88
			L_C	0	0	0.25	0.8
		教育科研医疗卫生用地	D_B	0.03	0.12	0.25	0,875
			L_C	0	0	0.25	0.8
		办公用地	D_B	0.04	0.12	0.25	0.88
			L_C	0	0	0.25	0.8
	仓储用地	仓库用地	D_B	0,06	0.15	0.35	0.9
			L_C	0	0	0.25	0.8

根据表7-4表7-5可计算不同土地利用类型建筑物损失比率（R_B）和室内资产损失比率（R'_B），结果见表7-6。

损失比率 R_B 与 R'_B 表7-6

土地利用类型	居住用地			工业用地	公共设施用地			仓储用地
	低层住宅	多层公寓住宅	高层住宅	工业用地	商业用地	教育科研医疗卫生	办公办公用地	仓库用地
建筑物损失率 R_B	0.3018	0,2229	0,2284	0.2272	0.2260	0.2229	0.2260	0,2644
室内资产损失率 R'_B	0.1620	0.1620	0.1620	0.1620	0.1620	0.1620	0.1620	0.1620

1）建筑物遭受破坏损失费用

$$V_D=\frac{V_B\cdot R_B}{D}P_E$$

式中：V_D——建筑物损失费用（10^4 元/10^4 m^2）；

V_B——建筑物价值（10^4 元/10^4 m^2）；

R_B——不同土地利用类型建筑物损失比率；

P_E——地震发震概率；

D——折价比。

2）室内物资财产损失费用

$$V'_D=\frac{V'_B\cdot R'_B}{D}P_E$$

式中：V'_D——建筑物室内资产损失值；

V'_B——建筑物室内资产值；

R'_B——建筑物室内资产损失比率；

P_E——地震发震概率；

D——折价比。

（2）地表破裂效应

假定对地震放大效应反应明显的活断裂专门研究带两侧宽度为100m，计算地表破裂损失费用。

计算 $1\times10^4m^2$ 断裂专门研究带内横跨断裂迹线的建筑物期望值及预计影响比例。

假定建筑物都是矩形的，那么即可计算垂直于断裂迹线的宽度。断裂迹线与建筑物关系见图7-2（L—建筑物长度；W—建筑物宽度；$\angle\varphi$—建筑物长与断裂走向的夹角）。

由此可得建筑物与断裂迹线的垂直宽度为

$$L\sin\varphi+W\cos\varphi$$

设 $\varphi \in \left[0, \frac{\pi}{2}\right]$，那么建筑物垂直于断裂带的期望宽度为：

$$\frac{1}{\frac{\pi}{2}-0}\int_{0}^{\frac{\pi}{2}}(L\sin\varphi + W\cos\varphi)d\varphi = \frac{\pi}{2}(L+W)$$

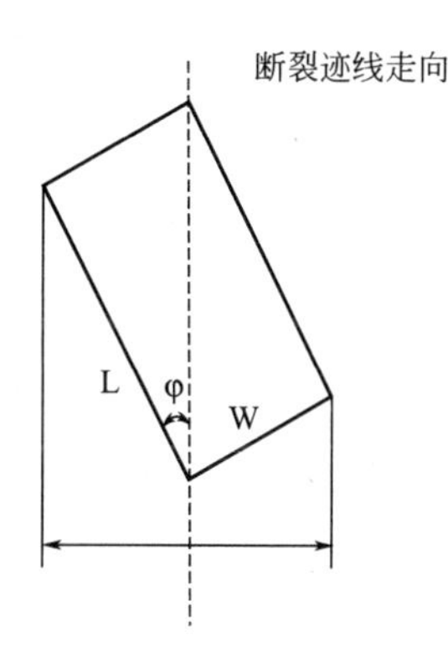

图 7-2　建筑物与断裂迹线关系

再假定建筑物基底面积为 A。则 $W=A/L$

因此，垂直宽度为 $\frac{2}{\pi}$ $(L+W)$ $=\frac{2}{\pi}$ $(L+A/L)$

如果假定建筑物的形状均介于正方形（$L=\sqrt{A}$）和矩形之间。而对矩形建筑物，其长与宽之比为 α，即 $\alpha=\frac{1}{W}\Rightarrow\begin{cases}L=\sqrt{\alpha/\mathrm{A}}\\ W=\sqrt{A/\alpha}\end{cases}$

那么垂直于断裂迹线的建筑物期望宽度（这里考虑了各种形状的建筑物）为：

$$\frac{1}{\sqrt{\alpha/A}-\sqrt{A}}\int_{\sqrt{A}}^{\sqrt{\alpha/A}}\frac{2}{\pi}(L+A/L)dL = \frac{\sqrt{A}}{\pi}\cdot\frac{\alpha-1+\ln\alpha}{\sqrt{\alpha}-1}$$

对于 α，其值一般为 2～4，故上式值均为 $\frac{4}{\pi}\sqrt{A}$。

如果假定设所有沿断裂的房屋为正方形，那么该结果为 $\sqrt{A}$，由于上述结果对于假设走向和形状的相对灵敏度不高。故底面积为 A 的建筑物垂直于断裂迹线的宽度为 $\sqrt{A}$，该结果将用计算横跨断裂的每 $10^4\mathrm{m}^2$ 建筑物期望数值。

假定断裂专门研究带边界与断裂迹线平行，并且断裂迹线可在该带任意地方。共有 n 座建筑物，每座都有一定的面积 A，如果这些建筑物垂直于断裂迹线的宽度心点位于图 7-3 的阴影区内，那么建筑物将横跨断裂，分两种情况计算横跨断裂的建筑物期望值。

1）假定建筑物是一致分布，根据泊松分布，在该区分布的建筑物数量为：

$$\mu = L\cdot A\cdot N/L^2 = nA/L$$

μ——泊松分布期望值

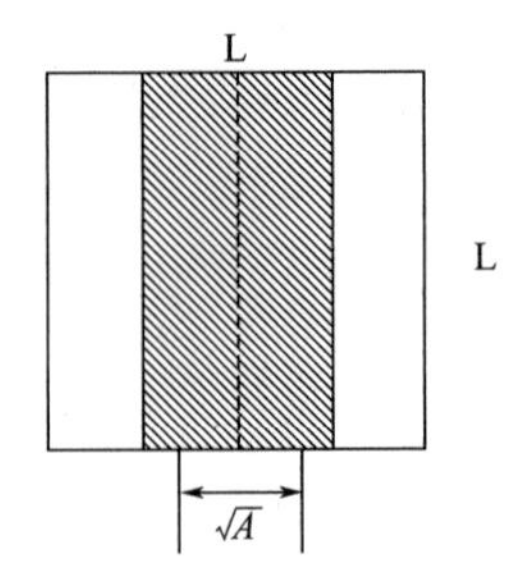

图 7-3 建筑物与断裂迹线平行

因此在 0.01km² 面积上面，横跨断裂的建筑物期望数量为：

$$\mu = L\sqrt{A} \cdot n/L^2 = n\sqrt{A}/L$$

设 F 为专门研究带内建筑物基底覆盖面积百分数，刚有：

$$F = A \cdot n/L^2$$

$$\mu = \sqrt{F \cdot n}$$

因此，在专门研究带内横跨每 10^4m^2 内建筑物期望值为$\sqrt{F \cdot n}$，受影响的建筑物的预期比例为$\sqrt{F/n}$

2）假定建筑物或多或少是按一定的次序排列。可将该方块带沿垂直于断裂迹线划分成 n 条，然后在每条带上。假定有$\sqrt{n}$座建筑物再进行计算。

在上述两种情况下，断裂带的损失费用计算：

在断裂带研究区，受影响的建筑物中有 40%遭到全部被破坏，60%受影响的建筑物有 50%遭到严重破坏，因而建筑物损失费用采用下式计算：

$$V_0 = V_B\sqrt{F/n}\ (40\% + 60\% \times 50\%) \times P_E/D$$

式中：V_O——建筑物损失费用；

V_B——建筑物价值（10^4 元/10^4 m^2）；

F——建筑物基底覆盖面积的百分数；

n——每 10^4m^2 建筑物的数量；

P_E——发震概率；

D——折价比。

室内资产损失采用下式计算

$$V_0' = V_R\sqrt{F/n}\ (40\% \times 80\% + 60\% \times 50\% \times 25\%)\ P_E/D$$

式中：V'_0——室内资产损失费用；

V_R——建筑物室内资产价值（10^4 元/10^4 m^2）；

其他符号同上式。

2.岩土承载体费用计算

岩土承载体费用计算包括三部分：潜在岩溶塌陷区，软土区和一般区

(1) 潜在岩溶塌陷区损失费用

该区损失费用来自潜在岩溶塌陷区的勘测和地基处理两方面，勘测费用为 7×10^4 元/km^2，建筑物的地基处理费用对低层建筑物为总造价的 10.5%，对中层建筑物为总造价的 15%，对高层建筑物为总造价的 35%，对单层厂房为总造价的 20%。

潜在岩溶塌陷区损失费用按下式计算

$$V_K = 0.07 + P_K \times V_B$$

式中：V_K——潜在岩溶塌陷区损失费用（10^4 元/10^4 m^2）；

V_B——建筑物价值（10^4 元/10^4 m^2）；

P_K——建筑物地基处理占总造价百分比（低层住宅用地 10.5%，多层 18%，教育卫生用地 18%，办公用地 18%，仓库用地 15%）

(2) 软土区费用

该区费用主要为软基处理费用，其计算公式为：

$$V_S = P_S \times V_B$$

式中：V_S——软基处理费用（10^4 元/10^4 m^2）；

V_B——建筑物价值（10^4 元/10^4 m^2）；

P_S——软基处理占建筑物总造价百分比。低层住宅用地的 10%，多层住宅用地的 20%，高层住宅用地 25%，工业用地 20%，商业用地 20%，教育卫生用地 20%，办公用地 20%，仓库用地 20%。

(3) 一般区费用

该区费用主要为基础费用。计算公式如下

$$V_C = P_c \times V_B$$

式中：V_C——一般区费用（10^4 元/10^4 m^2）；

V_B——建筑物价值（10^4 元/10^4 m^2）；

P_c——一般区基础费用占建筑物总造价百分比，低层住宅用地 7%，多层住宅用地 10%，高层住宅用地 20%，工业用地 14%，商业用地 12%，教育卫生用地 12%，办公用地 12%，仓库用地 14%。

7.3.2.5　费用综合计算分析及土地工程能力系列图编制

费用综合计算分析见程序运行流程框图（图 7-4）

7.3.2.6　土地工程能力评价

土地工程能力评价以土地单元内地质环境主题产生的费用占建筑及室内资产值的费用比 R 用为评价指数，根据计算结果分析：

对低层住宅、多层公寓住宅、工业用地、商业用地、教育卫生用地、办公用地：

$0.01\% < R < 10\%$　　　　土地工程能力高

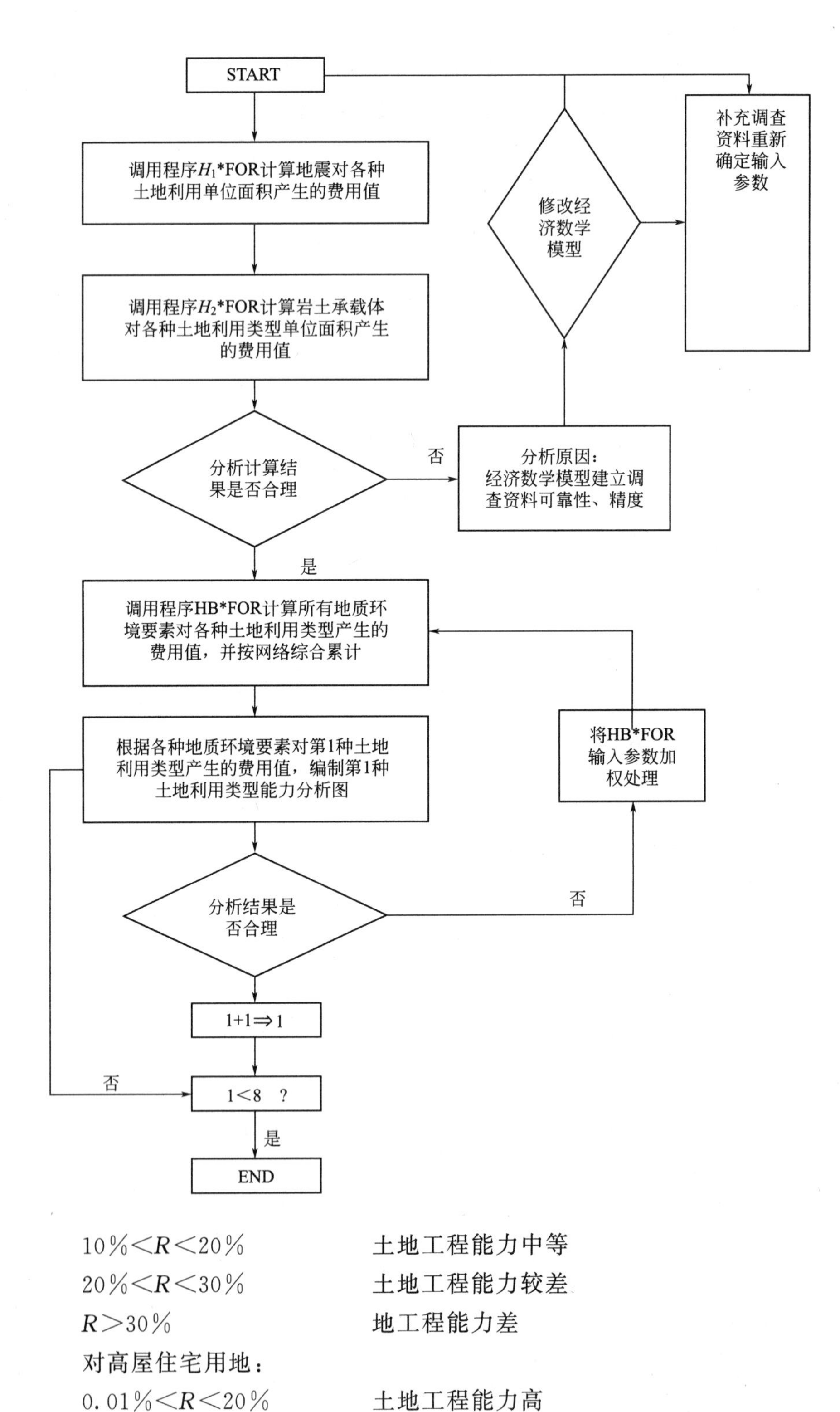

图 7-4 费用综合计算流程

$10\%<R<20\%$	土地工程能力中等
$20\%<R<30\%$	土地工程能力较差
$R>30\%$	地工程能力差

对高屋住宅用地：

$0.01\%<R<20\%$	土地工程能力高
$20\%<R<30\%$	土地工程能力中等
$30\%<R<40\%$	土地工程能力较差

$R>40\%$ 土地工程能力差

对仓库用地

$0.01<R<15\%$ 土地工程能力高

$15\%<R<30\%$ 土地工程能力中等

$30\%<R<45\%$ 土地工程能力较差

$R>45\%$ 土地工程能力差

7.3.2.7 计算说明

1. 网格化按 0.25km^2，边缘按多边形处理。共分 397 个计算单元；

2. 采煤波及区根据唐山市建委意见作为控制用地，不进行定量评价。

3. 语言 FORTRAN-77。

4. R 的计算公式为：

$$R=(V_D+V'_D+V_O+V'_O+V_K+V_S+V_C)/V$$

式中：R——损失费用比；

V_D——建筑物地面震地损失费用；

V'_D——建筑物室内资产地面震动损失费用；

V_O——断裂带上建筑物地震损失费用；

V'_O——断裂带上建筑物室内资产损失费用；

V_K——岩溶塌陷区损失费用；

V_S——软基处理费用；

V_C——一般区费用；

V——建筑物与室内资产费用总和。

7.4 地质灾害技术经济分析与城市规划

从技术路线（图 6-1）可以看出灾害易损性分析与期望损失评价的结果将用于城市土地利用规划中对规划方案实行优化，可见灾害技术经济分析的目的是为城市规划服务，即为城市防灾规划提供定量依据。因此在进行灾害技术经济评价过程中就必须考虑到成果的使用者是规划师或城市发展政策制定者。也就是说，技术经济评价成果的表达对于上述使用者来讲必须首先有用并且易于理解，其次还要具有定量的概念。考虑到这一点，将灾害对于各类用地的期望损失采用易于理解的费用形式，同时这种费用又是比率的形式，原因是为了避免直接费用货币的价值波动，以便保持长时期成果的相对稳定性和可用性。

第 8 章　城市地质灾害易损性评价

地质灾害的易损性评价在 20 世纪 70 年代最初应用于地震灾害的易损性分析。当时是为了满足震后的城市重建而发展起来的。地震灾害的易损性分析在联合国灾害减轻委员会（UNDRO）的推动下，发展为一种比较肯定的预测评价方法。1977 年 UNDRO 的顾问克伦德和迪登应菲律宾政府的邀请，对首都马尼拉市进行了地震易损性评价。它为遭受两次地震破坏的马尼拉市的重建规划提供了科学的依据。之后 G. G. Moder 用地质问题指数化（G. R. I）的方法，对美国加利福尼亚州圣巴巴拉地区作了地震易损性分析。我国从 80 年代开始，由国家地震局及一些科研院校对唐山市、南京市等诸多城市做了地震易损性分析和地震小区划，推动了我国在地质灾害易损性评价方面的研究和实践。80 年代末开始以张杰坤教授、孟荣等人运用地质因素指标概化分析方法将地震易损性分析推广到其他地质灾害的易损性评价上，并进一步研究了指标间的复杂关系与概化的方法，将易损性评价与损失评价看作地质灾害经济评价的两个相互联系的内容，使评价更加科学化与系统化。

8.1　易损性评价

城市地质灾害的易损性评价是灾害发生、发展过程中对造成危害、形成破坏的研究。易损性评价研究自然条件、城市水文地质、工程地质条件以及人为超采地下水、人为改变水文水质、工程地质条件对形成灾害的影响，因此它是成灾影响的评价。

易损性评价与灾害危险性评价的不同点在于危险性评价研究的是灾害发生、发展的条件与规律，而易损性评价则是研究灾害发生、发展过程中成灾破坏的各种地质因素的影响。问题的复杂性往往是某些地质因素既是成灾的条件，又有着决定破坏的影响因素，然而从研究的目标出发仍然是不难区分的。

易损性评价的方法基础是在实验与成灾现象技术经济分析的基础上，研究总结一般的破坏规律，从而总结出易损性评价的实际理论，在一般规律研究的基础上，进行实际灾害的易损性评价。因此，实验与已有成灾破坏现象的总结是易损性评价的基础工作。在目前实践中，搜集前人研究成果，搜集成灾区的破坏信息，进行定性与定量相结合的分析是常用的方法。

基本方法就是广泛收集前人研究成果、实验数据，结合实验区的理论实际分析，进行定性与定量相结合的研究，给出易损性分析数据及其量化数据，对研究区进行易损性小区划。

易损性评价的意义在于能够确定成灾影响因素及其成灾的地域分划，为城市规划、灾害防治提供依据。同时，易损性小区划也是城市或区域损失评价的基础。

8.2 地震地质灾害易损性分析

强烈地震后的震害往往表现在地面破坏、地面振动和由此而引起的地面结构物的破坏，表示震害的强度用震害指数、震害率等，它们除了和地震所释放的能量大小、地震放射性、震动历史和结构物的抗震性能有关外，还和地基土、第四系土层厚度、地下水埋深、砂土液化、不稳定边坡、断层和地形（包括地表形式和埋藏地形）等地质因素有关。

1. 地基土的地震易损性指数

地基土包括土层和岩层，是影响地震震害诸因素中的主导因素。溧阳、海城、唐山、通海等地震震害实践表明，地基土（土层）对震害的影响与其成因年代、所处地貌部位及岩性结构、物理状态有关。据这些地震不同烈度条件下震害指数的统计，不同类型土层的震害指数差异十分明显（图 8-1）。

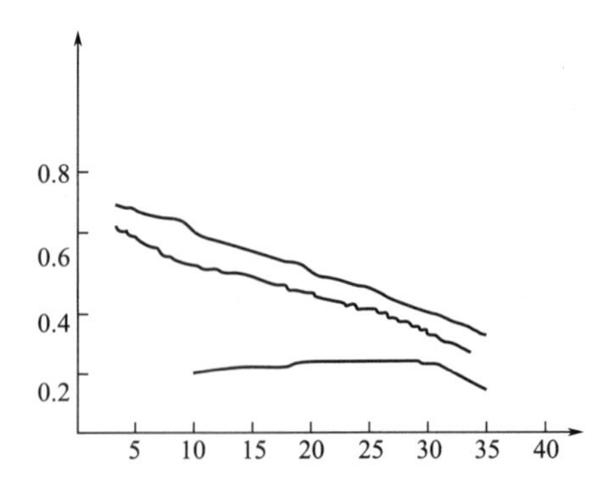

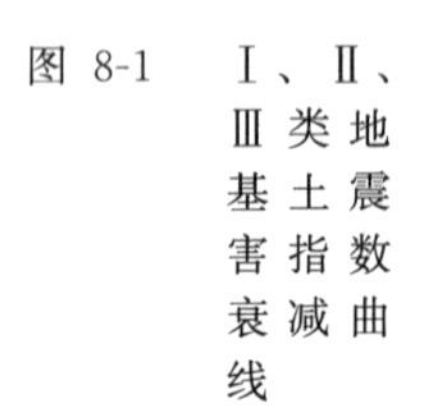
图 8-1 Ⅰ、Ⅱ、Ⅲ类地基土震害指数衰减曲线

不同岩性（或岩组）的基岩，其震害指数亦不同，不同烈度条件下基岩震害指数统计结果：灰岩 0.17～0.31（0.24），砂岩 0.22～0.41，页岩 0.48～0.61，第三系 0.41～0.6，随着第四系厚度的增加，土层震害指数逐渐增加，岩层的震害指数逐渐减小，一般情况下第四系厚度大于 10～20m 时影响即很微小。土层、岩层震害指数高低反映其加重震害或减轻震害，亦即反映地震易损性的强弱，这种强弱差别又表现在易损性指数的高

低上。因此地震易损性指数与震害指数之间有着对应之比例关系。土层、岩层按其平均震害指数自低而高的排列，其依次的比例关系相应于土层、岩层易损性指数自低而高的比例关系。

含钙质结核硬塑红黏土（b）：黄或浅红硬塑黏性土砂砾层（c）：软塑黏性土、粉细砂层（d）：软——流塑淤泥质土层、粉砂层（e）：填土（f）：灰岩（a_1）：砂层（a_2）：页岩（a_3）：第三系（a_4）为 0.35：0.5：0.6：0.7：0.65：0.24：0.32：0.55：0.47，以灰岩指数 0.24 为基准简化该比例为 1.5：2.1：2.5：2.9：2.7：1.0：1.3：2.3：2.0。该比例相当于土层、岩层相同顺序的易损性指数的比例关系，参照此比例及易损性随第四系厚度变化而变化的规律，确定地基土易损性指数如下表 8-1。

地基土地震易损性指数 **表 8-1**

地基土类型代号 / 土层厚度	b	c	d	e	f	a_1	a_2	a_3	a_4
0～5	2.5	3	3.5	4.5	4	1.5(3)	2.0(4)	3.5(7)	3.0(6)
5～10	3.5	4.5	6	7	8	1	1.5	3	2
10～20	6	6	8	10	10	0.5	1.0	1.5	1
＞20	7	7	9	12	10	0	0.5	1.0	0.5

2. 地下水易损性指数

地下水以潜水位埋深影响震害，起着地基土（土层）影响震害的加剧或缓冲作用，震害经验表明：水位埋深 0～2m 影响最大，2～5m 影响较小，5～10 影响很小，＞10m 可以不考虑。按地下水位可提高震害指数 0.1～0.2，规定水位埋深 0～2m，2～5m，5～10m 及＞10m 的易损性指数分别为 $h=3$，2，1，0。

3. 砂土液化易损性指数

砂土液化是平原区一种普遍的震害现象，特别是烈度 6°～8°、地表无厚层黏性土条件下，有明显加重震害现象，一般可提高震害指数 0.1～0.2，判断一个地区未来地震液化可能性的地质标志为①全新世地层；②一般阶地、河道及古河道；③砂层埋深在烈度 7°～8°条件下，不超过 8m；④厚度不小于 1～2m，中密以下的粉细砂层；⑤地下水位埋深不大于 5m。满足上述①②两个条件的地区可能液化地区，进而依据③④⑤条件综合分析确定液化地段的液化程度：

地下水埋深（m）	A_1（0～2）	A_2（2～4）	A_3（4～5）
砂层埋深（m）	B_1（0～3）	B_2（3～6）	B_3（6～8）
砂层厚度（m）	C_1（＞5）	C_2（5～2）	C_3（2～1）
砂层密度	D_1（松散）	D_2（中密）	D_3（密实）

一级因素 A_1、B_1、C_1、D_1 不少于三个的地段为严重液化区地段，三

级因素 A_3、B_3、C_3、D_3 2～3 个的地段为轻微液化区地段，其余属中等液化地段。按液化程度严重、中等、轻微及不液化分别规定易损性指数 $S=$3、2、1、0。

4. 不稳定边坡易损性指数

由此砂土液化、软土变形从而使岸坡侧面滑移或顺岸裂缝是河道或其他水体边缘震害现象之一。加重震害，可提高震害指数 0.1～0.2，随着远离岸边，危害由重到轻。根据实践经验，规定离岸边距离 0～50m，5～100m，>100m 其易损性指数分别为 L=3、2、1～0。对于其他如基岩边坡、人工堆积边坡，根据其稳定性分析给出相应的易损性指数。

5. 断层易损性指数

众所周知，断层影响震害的强弱主要表现在其活动性和断层两侧物质的差异性。前者以其位移、应力波对地表作用，而后者则由于对地震波的反射或折射而局部集中或放大的作用。规定发震断层的易损性指数 $F=3$～5，与之有联系的断层为 2，其余断层为 0。

6. 局部地形的易损性指数

毫无疑问，地形地貌能控制等震线的形状。地震能量在山区衰减迅速而在平原衰减缓慢，等震线疏散。溧阳县地震就有“岗地不重，洼地重”的现象。地形既能加重震害又能减轻震害，一般情况下孤立山梁、孤突山包、高差较大的台地和陡坎以及洼地（包括地下埋藏的）等一般都加重震害。因此规定：现代土质地形、岩质地形及埋深地形的易损性指数分别为 $M=5$、4、3。

8.3 采空区塌陷易损性分析

采空区塌陷（也称地表移动）是由于地下矿石（或煤）的开采，上覆岩土层平衡被破坏，在重力作用下产生移动变形而形成的地表塌陷。根据我国几大矿区的地表塌陷的实际工作可知，影响地表塌陷的因素有岩石的物理力学性质、岩组类型、矿体倾角、岩体结构类型、采深与采厚、采空区大小、地形地貌、地质构造、水位地质条件以及工作面推进速度等因素。

1. 岩石物理力学性质易损性指数

采空区塌陷与采空区上覆岩石力学性质有关。对于物理力学性质较差的板岩、泥岩等，由于上覆岩土层和地下水作用使其软化、破碎，加大冒落带和裂缝带，从而使地表移动加剧。因而规定：对于砂岩、灰岩其易损性指数为 1，泥岩、页岩为 2，板岩、第三系为 1.5。

2. 岩组类型易损性指数

是指上覆岩体中岩石的组成成分及其相互间的上下顺序。具体表现在各岩层的厚度、成分、硬层和软层的上下关系等，硬层上软层下，地表移动加剧；硬层下软层上，地表移动平缓。因而规定其易损性指数前者为 1，后者为 0.5。

3. 岩土结构易损性指数

岩体结构包括松散、碎裂、致密等结构。对于采空区地表塌陷，采空区上覆岩体为松散、碎裂结构时地表塌陷加剧；而为坚硬致密结构时地表移动平缓。因而规定：松散、碎裂结构为 1，致密结构为 0。

4. 有无采空塌陷区

对于某一易损单元来说，如果该易损性分析单元内有塌陷区，则该单元肯定为不稳定区，地表塌陷强烈。规定：根据其塌陷区面积占所给单元面积的比来确定相应的易损性指数。

5. 采深与采厚

具体表现在采厚越大，其冒落带和裂隙带高度越大，移动越强烈：在开采中随深度增加，下沉速度减小，变形平衡。对于采深，唐山市主要表现在第四系厚度上，埋深越大，则地表变形越平衡；反之则加剧。根据对唐山市各矿区的研究规定：0～80m，80～150m，＞150m 的易损性指数分别为 2，1，0。

6. 有无采空区

对于矿区塌陷来说，地表以下如有采空区，则该采空区上面的地表肯定有地表移动。因而规定其易损性指数为：如有采空区则为 1，如没有则为 0。

7. 地质构造

地质构造包括断层、褶皱、节理等，在断层、褶皱的轴部，岩石破碎强烈，对于地表塌陷来说，有利于上覆岩体的变形和移动，从而有利于地表塌陷。规定：有断层、褶皱、节理等地质构造，则易损性指数为 1，无则为 0。

8.4　岩溶塌陷易损性分析

岩溶塌陷是指覆盖型岩溶区由于自然因素和人为因素所引起的部分地表陷落（或塌陷）的一种地质现象。自然因素主要是由于地表水、地下水出现异常情况，在久旱或暴雨过后，地下水变幅增大，水动力条件急剧变化，使上覆土层的天然平衡遭受破坏而导致塌陷。人类活动主要是指人工抽取地下水、矿区排水疏干、突水、水库蓄水、渠道输水等引起水动力条件急剧变化从而导致其塌陷。经总结前人的实践经验可知，影响岩溶塌陷的因素有很多，主要有是否为灰岩区、有无地下溶洞及其规模、溶洞上覆土层的性质、地下水位、地质构造、地形地貌等，根据它们对岩溶塌陷不同程度的影响的分析给出它们的易损性指数。

1. 是否为灰岩区

岩溶塌陷发生在基岩为灰岩或碳酸盐岩区，下伏基岩必须是灰岩，这是发生岩溶塌陷的必要条件，没有灰岩（或碳酸盐）岩石就谈不上岩溶塌陷。因此，规定下伏岩石为灰岩或碳酸盐，岩石的易损性指数为 1，否则为 0。

2. 岩溶的存在与否

岩溶的存在是发生岩溶塌陷必不可少的条件，只有存在岩溶或溶蚀结构才能谈得上上伏土层有塌陷的可能，因而规定，如下伏岩层中有溶洞则易损性指数为 1，反之为 0。

3. 上覆土层或第四系土层埋深

对于大量的岩溶塌陷资料的查阅实地调查，可得，岩溶塌陷主要发生在第四系厚度小于 50m 的范围内。当厚度大于 50m 后，不易发生岩溶塌陷，而影响深度为 0～30m，30～50m，50～100m，＞100m，其易损性指数分别为 3、2、1、0（0～30m 最易塌陷，30～50m 比较容易塌陷，50～100m 不容易塌陷，而＞100m 则不再发生塌陷）。

4. 溶洞上覆土层的性质

溶洞塌陷形成机理主要是由于该区域地下水动力条件的变动加剧，从而掏蚀溶洞上覆土层底部的土层而形成土洞，在其他因素作用下进一步形成岩溶塌陷，对于上覆土层的岩性，砂层最易被掏蚀带走；而黏性土则不易被掏蚀，因而其影响程度前者较强，后者较弱。规定，其易损性指数，砂层为 1，黏性土为 0.5。

5. 地质构造

地质构造主要表现在岩溶塌陷受断层、褶皱（背斜）轴部以及构造破碎带的控制，其发育一般情况是沿这些构造呈线状或条状分布，其原因是这些构造带处岩土层性质松散破碎，有利于地下水的变动和搬迁作用，且这些构造带处于有利于基岩中溶蚀现象的形成，因此，判断破碎带地质构造也是控制岩溶塌陷发育的重要条件之一。因而规定其易损性指数如下：在分析单元中有这些构造则易损性指数为 1，否则为 0。

6. 地下水位

地下水位对岩溶的影响主要表现在地下水位的变动方面。地下水位的变动使其溶洞周围土体发生破坏，自然水位的开采也满足塌陷的条件但时间较长，人为矿坑抽排地下水使地下水位大幅降低，超出其自然变化，加速了塌陷的形成。因而在地下水位将深漏斗区，岩溶塌陷发育，而在其外则岩溶发育较少。对于其易损性指数来说，规定：在降水漏斗之内为 2，之外靠近则为 1，远离漏斗区则为 0。

7. 有无地下水溶洞及其规模

地表以下如有溶洞，则其上的地表就有发生岩溶塌陷的可能性，有地下溶洞是发生岩溶塌陷的必要条件。很显然，地下溶洞的大小规模也是影响岩溶塌陷强度的因素之一，溶洞越大，则塌陷规模越大，破坏程度也越大，反之塌陷规模小，破坏程度也小。因而根据溶洞大小可以给出其易损性指数，这要根据资料的收集或实地调查，将研究区的地下溶洞大小对塌陷程度的影响不同进行分类给出其易损性指数。

8. 地形地貌

在岩溶地貌地区，岩溶塌陷多发生在岩溶谷地的低凹区以及地标河流的沿岸区。原因是岩溶区，谷底地形低洼，地下岩溶发育，而且往往有地下河流管道，降雨、地表水通过漏斗、落水洞而汇于地下河，地表河流沿地下水活跃，地下岩溶发育，上覆盖层厚度小，地表水向河流排放，河流随季节变化大，地表地下水反复进行冲刷，潜蚀或搬运，故易发生塌陷，因而在地势低洼和沿岸两侧就要比地势高和远离河岸两侧的地方岸溶塌陷强烈，故易损性指数也较大。规定：在地势低洼处或河岸两侧 100m 范围内其易损性指数为 0.5。

8.5　洪涝灾害易损性分析

洪涝灾害是一种自然地质灾害，它一方面由自然因素控制，另一方面也受到地质和人为因素的影响。洪涝包括洪水和内涝两种，经总结前人有关洪涝灾害的研究成果可知，其影响因素主要有地形标高、设防标高、受灾面积、淹水面积和堤距等等。现就主要因素堤距、标高、洪灾系数等因素给出易损性指数。

1. 地形标高

洪灾损失与受灾面积有关，而受灾面积与研究区的地形标高及设防标高有关。如果地形标高大，高于防洪标高这样的地区越多，则受灾面积越小，反之越多。对于防洪标高以下的地区，由于所处的地形标高不同其洪灾程度不同，标高越低，则受灾越厉害，因此给出地形标高对洪灾的易损性指数，应根据研究区的地形标高的分布于该地区的设防标高来确定。对于南京市其地形标高分布有 0～9m、9～11m、＞11m 区，而其设防标高为 11m（百年一遇。因而规定易损性指数 0～9m 为 2，9～11m 为 1，＞11m 则为 0）。

2. 堤距

洪灾中的洪水主要是由于江河涨水引起的，一旦发生洪水灾害，越靠近江河堤坝处，则洪水流速大，因而损失也大；反之，则损失越小。因此某一地区（单元）距离堤坝的距离也是影响其洪灾程度的因素之一。根据对南京市洪水资料的收集整理，可知堤距影响主要有 0～1km、1～3km、＞3km 影响程度逐渐减小，规定其易损性指数分别为 2，1，0.5。

3. 洪灾系数

某一地区（单元）其洪灾程度还与历史上本区（单元）受灾或淹水区面积大小有关，受灾面积越大，则洪灾程度越大，而受灾面积对洪灾程度的影响体现在洪灾系数上，洪灾系数就是某区（单元）内受灾或淹水区面积与该区（单元）的总面积之比。因此规定其易损性指数等于洪灾系数。

8.6 地震灾害易损性分析图及其分区

地质灾害易损性分析图是由网络状分布图的易损性分析单元组成，易损性分析单元应能反映局部地段地质因素的地质灾害易损性，为突出分析区某些地质因素对地质灾害影响的主导作用，易损性单元的面积力求适应这些地质因素的空间规模。根据规划要求和获得资料的详细程度，易损性分析单元面积可大可小，一般为 $1\times1km^2$ 为宜。为求出各地质因素易损性指数，必须做出与地质灾害易损性分析图同比例尺的一系列指标图件，如地基土类型分布图、第四系等厚线图、地下水位埋深图、地质构造图等等，根据这些图件及有关地质因素对各地质灾害的易损性指标的规定，求得每个易损性分析单元中各地质因素的易损性指数，进而求得各分析单元总的易损性指数（为各地质因素的易损性指数之和），标在图上。根据各单元易损性指数的分布规律，将易损性指数分段，从而进行易损性分区，标在图上，并由此构造各分区的界线，从而形成地质灾害易损性分区图件。

第9章 城市地质灾害的损失评价

9.1 损失评价的一般概念

城市地质灾害的损失评价是研究地质灾害对人类所创造的城市社会经济的破坏损失，通常包括人员伤亡、人类所创造的各种地面价值在灾害发生过程中的损失。损失评价的研究对象是地质灾害过程中的人和人类所创造的价值，研究这些人与价值在灾害中的损害以及损失的价值，估计每年的期望损失和灾害全过程的总损失。一般来说，人的伤亡是单独作为一项计算的（这里忽略），而人类创造的价值的损失要以货币价值来反映，以便可以进行比较与分析。

损失评价通常包括两个内容，其一是在不同地质灾害易损性分区的，各种地面价值在灾害发生过程中的破坏程度分析，也就是进行损坏率分析。其二是将损坏率折算成价值。

9.2 城市地质灾害的损害率分析

1. 城市灾害损害物分类

城市灾害损害物分类也即前述城市土地利用类型选择，考虑到工程建设活动对地质灾害的干扰强度与差别，城市灾害损害物共分为七类，也就是前述Ⅰ类城市其中用地类型，详见表9-1。

2. 城市土地利用的分布特征

城市土地利用分布特征中最重要的指标是用地类型面积、建筑密度、建筑面积毛密度、建筑物结构、平均高度、单位平均面积造价等。

唐山市土地利用分布特征（20世纪90年代数据）　　表9-1

自然特征	城市土地利用类型分布特征					
	R_{11}	R_{12}	M	C_1	C_2	C_3
建筑密度(%)	30～50	20～30	30～45	20～25	10～20	20～28
建筑毛密度(m^3/hm^2)	2000～3000	6000～7000	4000～5000	5000～7500	6000～8000	6500～7500
建筑物结构	砖木砖混	砖混	框架砖柱	砖混框架剪	框剪	砖混
建筑物高度(m)	<12	12～24	<12	6～24	12～24	10～24
单位面积造价(元/ m^2)	300	400	500	520	550	450

南京市土地利用分布特征（20 世纪 90 年代数据） 表 9-2

自然特征	城市土地利用类型分布特征						
	R_{11}	R_{21}	R_{22}	M	C_1	C_2	C_3
各类利用土地面积（公顷）	1/20	1/5	2/5	2	1～2	2/5	1
建筑密度（%）	20～50	20～28	25—50	30～40	20～25	25—50	25～40
建筑毛密度（m^3/hm^2）	3000～4000	7500～9000	14000～20000	4500～5000	7500～9000	9000～13000	7500～10000
建筑物结构	砖木砖混	砖混	框架剪力墙	砖混框架砖柱	砖混框架框剪	框剪	砖混框架
建筑物高度（m）	<12	12～24	>24	<20	6～30	>20	10～24
单位面积造价（元/ m^2）	150	250	500	310	322	330	244

3. 土地利用现状费用

根据建筑设计预算手册，并结合调查结果可以得出各城市土地利用各类建筑物的价值，以及相应的室内财产平均价值。更进一步的工作还可以给出相应用地类型的地下建筑管线价值，用颜色顺序选择还可以十分形象地给出地面价值分布图，作为评价的基础。

动态的研究中，土地利用现状费用是随着城市的发展而不断增加的，它受国民生产总值、社会总产值、固定资产投资以及消费水平的影响，具有某种同步增长的关系，研究这种关系对于动态评价有着实际意义。

南京市土地利用现状费用表（20 世纪 90 年代数据） 表 9-3

费用	城市土地利用类型分布特征						
	R_{11}	R_{21}	R_{22}	M	C_1	C_2	C_3
建筑物价值（万元/hm^2）	60	225	900	155	257.6	263	291.5
建筑物室内价值（万元/hm^2）	70	157.5	315	600	240	339.1	450
备注	按 4000 m^2/hm^2 计算	按 9000 m^2/hm^2 计算	按 18000 m^2/hm^2 计算	按 5000 m^2/hm^2 计算	按 8000 m^2/hm^2 计算	按 11000 m^2/hm^2 计算	按 9000 m^2/hm^2 计算

唐山市土地利用现状费用表（20 世纪 90 年代数据） 表 9-4

费用	用地类型					
	R_{11}	R_{12}	M	C_1	C_2	C_3
建筑物价值（万元/hm^2）	90	280	250	364	440	337.5
建筑物室内价值（万元/hm^2）	105	140	750	315	400	562.5
备注	按 3000 m^2/hm^2 计算	按 7000 m^2/hm^2 计算	按 5000 m^2/hm^2 计算	按 7000 m^2/hm^2 计算	按 8000 m^2/hm^2 计算	按 7500 m^2/hm^2 计算

4. 城市地质灾害各灾度的损害率测算

损害率的估计是依灾度分区进行的，通常的方法是通过试验和已造成的区域进行统计分析获得。唐山市、南京市已有地震损害的详细报告，南京市也有以往多次洪涝损害的调查报告，它们是进行统计分析的基础。唐山市岩溶塌陷的损害调查也作了不少工作，因此本课题实例中是以统计分析为主进行的。由于受经费限制，未作进一步的损害模拟实验。目前在发展起来的计算机建筑损害模拟由于条件限制也未进行，这无疑应成为今后课题的又一个重点。

在统计分析中，先分区后根据用地类型进行统计，实际上是一种分层抽样与分群抽样的统计估算。在调查时，力求在面上要求更广泛和平均性，以保证统计分析的准确性。南京市和唐山市的地震损害的调查结果较为完整，为统计分析提供了方便。而唐山市岩溶塌陷其数据显得十分缺少，将会影响统计分析的结果。因此，建立损害测报、规范损害登记表是今后应加强的工作。

9.3　城市地质灾害损失评价模型

9.3.1　期望损失费用与折价比

地质灾害损失值模型是根据城市潜在的地质灾害的不确定性，用概率方法建立的数学模型，用于估计地质灾害对不同用地类型可能产生的期望费用。灾害模型目前主要是对城市建设影响较大的地震、洪水、滑坡、塌陷进行构造。

地质灾害期望损失费用是对整个城市而言的，由多种地质灾害产生的，且假定各种地质灾害是平权的，因此，其损失可以线性求和。这样的假定，对于关联灾害的估计会产生一定偏差，但从长的历史时期和整个城市而言，这种假定对于简化估计依然是有益的，更深入一步的研究可以据此进行。

地质灾害的损失期望费用包括三项内容，即损失费用、研究与缓减费用、机会费用。如果不考虑资源、水、环境的机会损失，不考虑灾害发生的集中机会时间与机会费用，实际上期望损失费用共包括前面两项。研究与缓减费用，通常属于当前费用，而损失费用，是指灾害发生、发展整个过程必须支付的费用或接受的损失，由于地质灾害发生与否及其发生时间是不确定的，因此，损失费用实际上是在灾害发生条件下不同时间费用的协调价值。

为了比较在未来不同时间的灾害损失费用，并换算成当前费用，就需要引入一个参数——折价比 D，其值一般接近银行利率，D 的取值可以直接引用经济统计的不变价值比率。

9.3.2 建模原理

根据 7.3.2.2 节损失费用分析原理，

当事件产生费用为常数 X 时，其期望费用为$\frac{\lambda}{D}X$

当事件产生费用线性增长时，其期望值费用为 $\alpha\frac{\lambda}{D}X$

其中：λ 为灾害事件重发的概率，D 为折价比，α 为线性增长系数。依据上述原理，分别给出几种灾害的费用公式

9.3.3 期望费用

1. 地震期望费用

由于受地震波及的城市均有地震设防烈度，根据国家建筑抗震规范的规定，抗震减缓费用即由建筑抗震设防所耗费用已在建筑物上部结构中予以考虑，这部分费用是城市普遍增加的费用，记为 JH。地震对城市的破坏主要有地面振动和地表破裂变形两种破坏形式，其造成的损失期望值费用分别为 $F_{\text{Ⅵ}}$ 与 F_{SI}。

(1) 地面震动期望费用 $F_{\text{Ⅵ}}$ 的计算模型

1) 设地震设防烈度的重现周期 T_r：

根据《中加场地地震手册》可得城市地震设防烈度的 50 年超越概率 P_{50} ($Y>y$) 公式：

$$P_T(Y>y)=1-[1-P_1y(Y>y)]^T$$

$$P_1y(Y>y)=1-\exp[-\sum_{j=1}^{m}V_jP(Y>y\mid E_j)]$$

$$T_r=\{\sum_{j=1}^{m}V_jP[Y>y\mid E_j]\}^{-1}$$

式中 P_T ($Y>y$) 为设防烈度的 T 年超越概率，P_1y ($Y>y$) 为年超越概率，T_r 为重复周期（年）。

2) 不同用地类型的地震损失率

由于震害预测结果可以得到震害等级的百分率 NBD (k，j)，修复费与重建费比率 DB (j，k)，物资损失系数 DP (j)。其中 k 为预测的建筑物的结构类型，j 表示震害程度，设结构类型为 m，震害程度为 n（即易损性分区指标），于是有建筑物体与破坏损失率 LB_K 与建筑物内部物资损失率 LC_K 及建筑物地下物损失率 LD_k 的计算公式。

$$LB_k=\sum_{k=1}^{m}\sum_{j=1}^{n}NBD(k,j)\times DB(j,k)$$

$$LC_k=\sum_{k=1}^{m}\sum_{j=1}^{n}NBD(k,j)\times DP(j)$$

$$LD_k=\sum_{k=1}^{m}\sum_{j=1}^{n}NBD(k,j)\times DB(j,k)$$

式中：$k=1, 2, \cdots, m$

$J=1, 2, \cdots, n$

引入不同用地类型的结构类型系数 K_{jk} 可以得到不同类型用地震损失率公式，K_{jk} 是由损失现状调查的结果，容易由统计分析得到。

a. 建筑物损失率：

$$BL_i = \sum_{h=1}^{m} K_{ik} \times LB_{jk} BL_{ij} = \sum_{h=1}^{m} K_{ik} \times LB_{jk}$$

式中：i 为用地类型；j 为易损性分区类型；k 为结构类型

b. 室内财产损失率：

$$CL_i = \sum_{h=1}^{m} K_{ik} \times LC_{jk} \quad CL_{ij} = \sum_{h=1}^{m} K_{ik} \times LC_{jk}$$

c. 地下管线损失率：

$$LD_i = \sum_{h=1}^{m} K_{ik} \times Ld_k \quad LD_{ij} = \sum_{h=1}^{m} K_{ik} \times Ld_{jk}$$

3）根据前面结果，可得地面振动期望费用公式：

$$Fv_i = (Vb_i \cdot Bl_i + Vc_i \cdot CL_i + Vd_i \cdot LD_i) / (D \cdot T_r \cdot Vb_i)$$

式中：V_{bi}——第 i 类用地建筑物本身价值（万元/hm^2）；

Bl_i——第 i 类用地建筑物损失率；

Vd_i——第 i 类用地地下建筑物本身价值；

LD_i——第 i 类用地地下建筑物损失率；

Vc_i——第 i 类用地室内财产价值；

CL_i——第 i 类用地室内财产损失率；

T_r——地震设防烈的重现周期（年）；

D——折价比；

Fv_i——第 i 类用地面振动期望费用（%）。

显然不同用地类型处于不同易损性分区时，其损失率也不相同，因此公式可一般化为

$$Fv_i = (Vb_i \cdot Bl_{ij} + Vc_i \cdot Cl_{ij} + Vd_j \cdot LD_{ij}) / (D \cdot T_r \cdot Vb_j)$$

式中：i——用地类型，$i=1, 2, \cdots, m$；

j——易损性分区，$j=1, 2, \cdots, n$。

（2）地表破裂期望费用

地表破裂变形费用是针对设防烈度下的活动断裂，设断裂两旁垂直距离 50m 范围内为地震放大效应反应明显的地表破坏影响带，因此只考虑该带内的地表破裂。由 7.3.2 节公式导得：

$$Fs_i = (Vb_i + Vc_i) \cdot \sqrt{S_i} / N_i \cdot K / (D \cdot Vb_i \cdot T_r)$$

式中：S_i——第 i 类用地建筑物密度；

N_i——第 i 类用地每公顷建筑物数量；

Fs_i——第 i 类用地地表破裂期望费用（%）。

实际计算时，也可以用表面破裂面积比进行折算，即

$$Fs_{ij}=Fs_i \cdot r_j$$

式中：Fs_{ij} 为第 i 类用地类型，第 j 号场地的 F 值，r_j 为地表破裂面积比。

2.洪水灾害期望费用

洪水灾害期望费用包括洪水期望费用与内涝期望费用两项内容。

（1）洪水期望费用

1）设防洪水发生概率 Pt，是专门论证或采取风险评估方法获得的，一般可搜集到，其方法可参见唐越《南宁市土地利用控制分析》（1991年）一文。

2）洪工程缓减费用

一般来说防洪工程缓减费用只与保护面积 S_1 和工程投资 A_1 有关，即防洪缓减费用 Ff_1。

$$Ff_1=A_1/S_1$$

3）洪水损失费用

$$Ff_{2i}=（Vb_i \cdot qb_i+Vc_i \cdot qc_i+Ls_i） \cdot Pf/D$$

式中：i 为用地类型；

qb_i——第 i 类用地洪水对建筑物的损失率；

qc_i——第 i 类用地洪水对建筑物室内财产的损失率；

Pf——设防洪水的发生概率；

Ls_i——第 i 类用地因洪水引起的工业或商业停产损失；

Ff_{2i}——第 i 类用地洪水损失费用（万元/hm^2）。

4）水期望费用

设地数为 N，第 j 号场地的洪水淹没面积比为 h_{ij}，于是第 i 类用地，第 j 号场地的洪水期望费用为 Ff_{ij}，

$$Ff_{ij}=（Ff_1+Ff_{2i}） \cdot h_{ij}/Vb_i \quad j=1，2，3，\cdots，N$$

（2）内涝期望费用

1）内涝减缓费用

内涝的减缓工程费用对于各种用地类型也是相同的，设想治内涝的缓减工程耗费为 A_2，保护面积为 S_2，则内涝缓减费用 Fl_1

$$Fl_1=A_2/S_2$$

2）内涝期望费用

设历史上最大内涝损失费用为 Fl_2（万元/hm^2），且 Fl_2 与用地类型无关，设第 j 号场地内淹没面积比为 h_{2j}，则第 i 类用地第 j 号场地的内涝期望费用 Fl_{ij} 为：

$$Fl_{ij}=（Fl_1+Fl_2 \cdot Pf/D）h_{2j}/Vb_i$$

$j=1，2，\cdots，N$ 场地号

3.岩溶塌陷期望费用

涉及地质体的灾害期望费用的估计可以采用三种方法进行。

（1）预测评价方法

凡是可以通过勘查详细查明地质灾害，并且可以完全控制的地质灾害，如个别必须整治的岩溶塌陷都可以用此方法评价，因设防工程的安全度为 100%，因此期望费用只计算勘查费用与防治工程费用两项，因此此方法也可称为完全费用计算。

设第 i 类用地的初勘费用为 Fl_{1i}；

第 i 类用地的详勘费用为 Fl_{2i}.

需做详勘的比例系数为 C_1，缓减工程费用占第 i 类用地建筑价值比例为 C_2，则期望费用为：

$$Fl_i = (Fl_{1i} + Fl_{2i} \cdot C_1 + Vb_i \cdot C_2) / Vb_i$$

则 i 场地的期望费用，只需乘以面积比 Ks_j

$$Fl_{ij} = Fl_i \cdot Ks_j, \ j=1, 2, \cdots, N \text{ 场地号}$$

（2）统计估算法

一般来说，完全用防治工程控制的地质灾害毕竟是少数，有些地质灾害也不可能达到完全防治的效果，从经济的角度，过高的防治费用是不合理的，因此，统计计算的方法就是常用的方法。

仿照地震期望损失的计算方法，可得岩溶塌陷的期望损失费用公式。

1）易损性分区及评价场地划分

i——用地类型；

j——易损分区；

k——建筑结构类型。

这里给出用地类型后，又给出结构类型的目的是为了比较合理地将各种损失类型、损失项目加以概括，例如在对外交通用地上，又划分出铁路、公路、水陆，在地下建筑物中又可以分出给排水、电信绳线、煤气管线等，这样可以概括复杂的城市。

在易损性分区中，还要给出两个概念，其一是发生概率与发生概率强度，在地震上表现为超越概率，而在岩溶塌陷中表现为易损分区中的重发概率；其二是损害率的估计，它是评估的基础，必须从灾害强度、作用形式及建筑特征、抗震能力两个方面去分析。

2）损失率的估计

岩溶塌陷损失率的估计是从两个方面进行的，从已经发生的破坏损失中进行统计分析来估计各种用地类型的损失率是一种基本的方法。在损失率估计的同时，研究构成损失的原因及影响因素是格外重要的手段。在本次研究中损失率的估计就主要基于唐山多年损失事件分析中得来的结果。

3）损失期望费用 Fy_i

$$Fy_i = (Vb_i \cdot Bl_i + Vc_i \cdot Cl_i + Vd_i \cdot LD_i) / (D \cdot Tr \cdot Vb_i)$$

一般来说，勘查费用总是有的，在估计时应加入。

（3）总量估计法

如果已知城市地质灾害的总勘查费用 $F1$，减缓工程整治费 Fg，主要灾害区个数 N，灾害区总面积 S，已经整治比例 C_N，已知整治的面积比 C_S，勘察比 C_k，则估计单位面积的期望费用就可以用：

$$FS_i = (F_i + F_g + F_\sigma) / S$$

其中，F_σ 为平均损失费用

4. α 的估计

损失模型中，当时间产生费用线性增长时，就有增长率 α。α 来自城市创造价值的增长与损失率的变化。

$$\alpha = f(V, L)$$

L 包括 LB、LC、Ld 损失率，一般来说，Ld 不变，则 LB 的变化由于建筑设防标准提高而有所下降，LC 一般有所增长。

V 包括 Vb、Vc、Vd，通常随着国民生产总值、固定资产增长，Vb 具有同步增长的特点，而 Vc 是由消费水平决定的，Vd 一般和人均产值与消费相对应。从调查可知，许多城市社会消费调查、城建调查、规划等资料中不难运用数理统计方法估计 α 的数值。

南京市、唐山市 α 值以 2%～3%的速度增长，因此，期望费用估计中应加入增长的部分。

5. 城市地质灾害损失的估计

可以在求出各种地质灾害的期望费用以后，再依场地将灾害费用进行叠加，就可以得出第 i 类用地，第 j 号场地的灾害期望费用 F_{Dij}。

$$F_{Dij} = Fv_{ij} + Fs_{ij} + Ff_{ij} + Fl_{ij} + \cdots$$

总费用可以叠加获得。

需要指出的是，损失评价是评价的灾害直接损失，其间接损失估计尚不规范，随意性较大，因此暂不作研究。不过只要直接损失明确，间接损失就有了估计的前提了。

第10章　城市地质灾害期望损失费用分区及图件编制

10.1　城市地质灾害期望损失费用分区方法

城市地质灾害期望损失费用分区是在灾害损失评价的结果——灾害期望损失费用的基础上，用模糊模式识别法将城市规划区场地划分为低灾害费用区、中等灾害费用区和高灾害费用区。无疑，在不计其他条件的情况下，低灾害费用区对于城市土地利用是较为理想的，高灾害费用区是城市土地利用的控制区，中等灾害费用区则是规划可考虑适度控制的区域。由于划分灾害期望损失费用高低的标准是模糊的，故采用模糊模式识别方法。

10.1.1　模糊模式识别法

1.最大隶属原则

设有n个模型，表示论域U上的n个模糊子级A_1，A_2，A_3，…，A_n，又设U_0为一个机体被识别的对象，且$U_0 \in U$，若有$i \in$（1，2，3，…，n），便认为

$$U_i(U_0)=\max\{U_1(U_0), U_2(U_0), \cdots, U(U_0)\}$$

则认为U相对隶属于A，$U(U_0)$表示对于模糊集合A的隶属度。

2.择近原则

设论域U上有n个模糊子集A_1，A_2，A_3，…，A_n，若有$i \in$（1，2，3，…，n），使（B，A_i）$=\max$（B，A_i），$1 \leqslant i \leqslant n$，则$B$与$A_i$最贴近，应归于模型$A$。其中（$B$，$A_i$）表示$B$与$A_i$的贴近度。

10.1.2　灾害期望损失费用分区

在分区前，需要用柯卡莫哥洛夫检验方法，检验灾害期望损失费用是否符合正态分布，如果符合，则用最大隶属原则，否则就要用择近原则。

1.采用最大隶属原则

（1）论域的确定

设论域为U，即影响因素集，由一个因子R（$R>0$）组成，评语集采用两极制，即$V=\{V_1, V_2\}$，相应的评语代码为A，B。其实际意义见表10-1。

灾害期望损失费用分区评语 **表 10-1**

评语	A	B
意义	高灾害期望损失费用	低灾害期望损失费用

（2）因子隶属函数 U（R）

由于因子 R 符合正态分布，故因子的隶属函数可定义为

$$e^{-\frac{(R-\overline{R_i})2}{2\sigma_1^2}}$$

式中：R 为未知样本的指标值；$\overline{R_i}$ 为此已知样本指标期望值；σ_i^2 为已知样本的指标值的方差；i 为评语集代号，$i=1$，2。

（3）模型的建立

表 10-2 和表 10-3 是全部场地灾害期望损失费用 R 中选出的较典型的高灾害期望损失费用及低灾害期望损失费用数据，利用这些数据来建立模型。

高灾害期望损失费用模型 **表 10-2**

场地代号	场地个数	灾害期望损失费用 R
.	1	.
.	2	.
.	3	.
.	.	.
.	.	.
.	.	.
.	m	.
均值	$\overline{R_1}$	
方差	σ_1^2	

低灾害期望损失费用模型 **表 10-3**

场地代号	场地个数	灾害期望损失费用 R
.	1	.
.	2	.
.	3	.
.	.	.
.	.	.
.	.	.
.	m	.
均值	$\overline{R_2}$	
方差	σ_2^2	

（4）模型计算

设 V_1、V_2 是论域 U 上的两个模糊集合，U_1（R），U_2（R）为两个相应的模糊隶属函数，R 为 U 的因子，由表 10-2、表 10-3 可知：$\overline{R_1}$、σ_1^2 及 $\overline{R_2}$、σ_2^2，于是对于任意因子 R 有：

$$U_1(R)=e^{-\frac{(R-\overline{R_1})2}{2\sigma_1^2}}$$

$$U_2\ (R)\ =e^{-\frac{(R-\overline{R_2})^2}{2\sigma_2^2}}$$

如果 U_i (R) $=\max$ $\{U_1$ (R)，U_2 (R) $\}$，则以为 R 相对隶属于 V_i $(i=1$、$2)$。在此基础上将隶属于 V_2 的场地灾害期望损失费用进一步细分，将小于等于 R_2 的场地划分为低灾害费用区，将大于 R_2 的场地划分为中等灾害费用区，隶属于 V_i 的场地则为高灾害费用区。

2. 采用择近原则

(1) 论域的确定

此步骤与采用最大隶属原则的论域确定相同，故略。

(2) 模型的建立

此步骤与最大隶属原则的模型建立相似，也是从全部灾害期望损失费用 R 中选择较为典型的数据来建立高低灾害期望损失费用两个模型，所不同的是只需用两模型中的均值 $\overline{R_1}$、$\overline{R_2}$ 代表两类费用。

(3) 模型的运算

设 V_1、V_2 是论域 U 上的两个模糊集合，R 为 U 的因子，如有：

$$(R,\ V_i)\ =\max\ (R,\ V_i)$$

则 R 应归于模型 V_i，其中 $(R,\ V_i)$ 表示 R 与模型 A_i 的贴近度，取

$$(R,V_i)=\begin{cases}1/(|R-\overline{R_i}|) & \text{当}|R-\overline{R_i}|\neq 0\text{时},i=1,2\\ \infty & \text{当}|R-\overline{R_i}|=0\text{时},(R,V_i)\text{越大},\text{则表示}R\text{与}V_i\text{越贴近。}\end{cases}$$

同理，再以 $\overline{R_2}$ 为阀值，划分场地高、中、低灾害期望损失费用区。据此费用分区信息，绘制各类用地城市灾害期望损失费用图。

实际计算机操作得到的是三个数组，X、Y、NZ $(I,\ J)$，X、Y 表示第 J 号场地中心点的坐标，NZ $(I,\ J)$ 表示第 I 类用地第 J 号场地的分区属性，其值取 -1，表示低灾害费用区；取 0 代表中等灾害费用区；取 1 代表高灾害费用区。这些数组将用于灾害期望损失费用图的编制。

10.2　城市地质灾害期望损失费用图编制

由于灾害期望损失评价以及费用分区所得到的信息是经过计算机处理后的，信息量十分庞大，难以再用人工处理，另外，手工制图本身周期长、精度低，而且不便于重制和修改，因此灾害期望损失费用图作为一种综合图件应当用于计算机编制。

一个城市的地理环境是多种多样的，在城市范围内，很可能会有不可利用的区域，如江、河、湖、山等，这些区域一般不被利用，这样在整个城市范围内分成两种区域，即土地可利用区与不可利用区，以下简称评价区域、非评价区域。这两种区域的边界线是自然形成的，又很不规则，在灾害期望损失评价与费用分区计算中，数据处理又是以正方形单元为场地单位进行的，有些单元取在这两种区域的边界线上，在费用计算中两种区

域的边界并没有区别开来。而计算机要解决的正是要自动识别并处理这些单元，以便准确地把这两种区域描绘在图上。绘图系统结构见图 10-1。

1. 底图的获取

灾害期望损失费用图既要反映灾害的综合信息，又离不开相应的地理基础。城市灾害期望损失费用图被看成是反映灾害损失费用的专业要素与底图的叠加。因此，地形底图的获取是制图的主要组成部分。

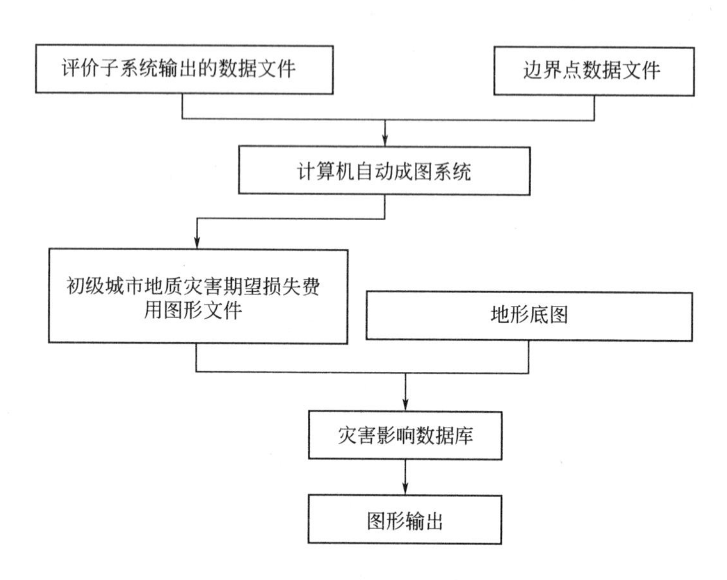

图 10-1 制图的主要组成部分

地形底图内容的获取没必要十分详尽，只需表示与灾害损失费用信息联系紧密的地理基础内容，所以合理地选取重要的地理要素既要有助于专业要素覆盖的定位与识别，又要求保持图的合理负载而使图面清晰易读，不致干扰灾害损失评价内容。这里在底图内容的获取上、选择了道路、水系，城市主要街区及三角点等要素，以达到既准确反映灾害损失评价要素在地形底图上的空间分布特征又不影响图的易读性，而且工作量也减少。地形底图的获取，采用两种方法。

（1）利用航片获取底图

利用航片进行内业测图是地形图获取和绘制的一种主要办法。尤其解析测图仪的出现，与模拟仪器相比具有更好的优越性。在实际工作中，利用德国援助的解析测图仪由航片进行地形底图采集工作。解析测图仪定向快，测图精度高，而且对地理要素的选择更方便，并能对不同的地理要素按编码进行分层，因为解析测图仪是以数据格式来记录，它的成图比例尺也不是唯一的。由于城市灾害损失评价与计算已经在计算机上进行，利用解析测图仪采集的地形底图数据，需与计算机进行通信，以使解析测图仪采用的数据能在地形底图上恢复出来，进而在计算机上获取与灾害损失评价专业要素图相匹配的地形底图。

另外，航片获取的费用较高，还需要有控制资料、单独为制作城市灾害期望损失费用图件成本较高，而且解析测图仪作为一种昂贵的仪器，一般单位也不具备，所以，用航片在解析测图获取底图不利于城市灾害损失评价及制图成果的推广，但作为底图的一种获取方法却是十分重要的。

（2）利用现成地形图获取底图

采用数字化方法从现成地形图获取底图既经济又方便。该方法是用 AutoCAD 计算机绘图软件包通过图形输入板将所需地形要素与地物进行图形数字化。由于这种方法可以在计算机上进行，因此这里采用数字化的方法获取地形底图。

2. 数据准备

子系统运行开始要求输入系统初始化所需的原始数据，这些数据包括城市评价区域的大地坐标及评价单元的步长，这些值域的取值与评价子系统的计算单元有关。评价子系统处理的单元总数、用地类型数、评价结果数据文件名、边界点数据文件名、图形输出时的图形文件名，当这些参数输入后，系统把这些参数存入一指定文件名的文件中。其中图形输出时的图形文件名是参考名，并非实际图形文件名，实际文件名由参考名及用地类型号来确定。这样，就可以由不同的用地类型产生不同文件名的图形文件，以避免文件名相同而相互把文件冲掉。

下面是按所需输入的数据集顺序按右图所示

被评价区域左下角坐标 Xmin、Ymin

被评价区域右上角坐标 Xmax、Ymax

被评价单元的长度步长 dx、dy

评价子系统计算单元总数 b_{N}um

整个区域用地类型总数 Lay

评价结果数据文件名 file1

界点数据文件名 file2

图形输出文件名 file3

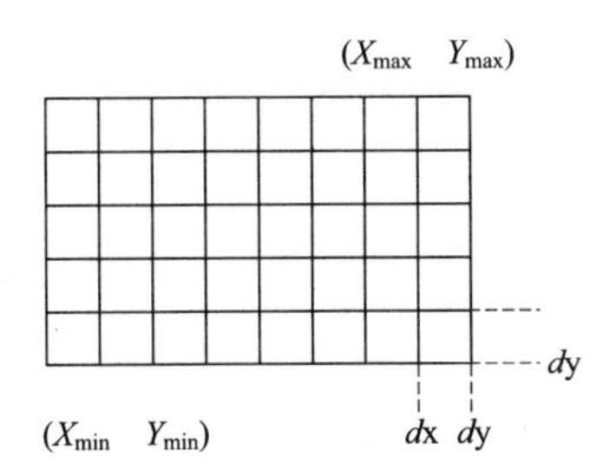

3. 文件格式说明

（1）由灾害损失评价结果输出的文件也就是绘图系统的输入文件，其格式是约定好的指定格式。格式如下

X_i　Y_i　Nz　NW

每个记录包含 4 个变量

其中 X_i、Y_i 表示被评价单元的中心点二维坐标，N_Z 为被评价单元灾害期望损失费用分区属性评价值，分别为－1、0、1 三个值，意义与费用结果一致。绘图系统就是根据这个值的不同，用不同的颜色和阴影变化，描绘在图上。NW 是边界计算单元角点坐标参数。

（2）边界点数据的获取和文件格式

边界点数据的获取有很多方法，但考虑到计算机的存储容量和处理效率，这些边界点数据取点密度有一定的限制。如果太密，就增加了计算机的处理难度，太稀，则不能正确反映边界线的。开关最终要输入系统中的数据文件格式也是约定好的，数据文件最后是令 X 等于－1，Y 等于－1，两个坐标值来结尾的。如果边界线不是一条，那么各边界线的数据之间是要令 X 等于 0、Y 等于 0 两个坐标值隔开。不论用什么方法得到的边界点数据文件，最后都要编辑成这种格式才能进行处理，如果边界数据是由 AutoCAD 数字化并以 PDF 文件格式输出的，则系统可直接把 PXF 格式的图形文件处理成所需的格式。

数据格式为：

X_i	Y_i
0	0
X_i	Y_i
0	0
X_k	Y_k
－1	－1

4. 边界计算单元参数的编辑与修改

边界计算单元参数实际上就是上面提到的 NW 值。边界线的处理是比较复杂的，特别是在绘图的过程中，由于要尽可能地反映出实际边界线，所处理的数据量一般比较大，同时还需要给出边界线穿过边界单元时的各种情况，这样如何更简便，更准确地给出边界单元的这种信息，对处理好边界线是至关重要的。通过边界线的研究，认为采用角点编码法是简而易行的，处理效果也非常好，这种编码方法是把边界线穿过边界单元的情况分成下面两种基本情况。

一种情况是边界单元被一条边界线穿过如图 10-2 所示，边界单元被边界线分成评价区域和非评价区域。

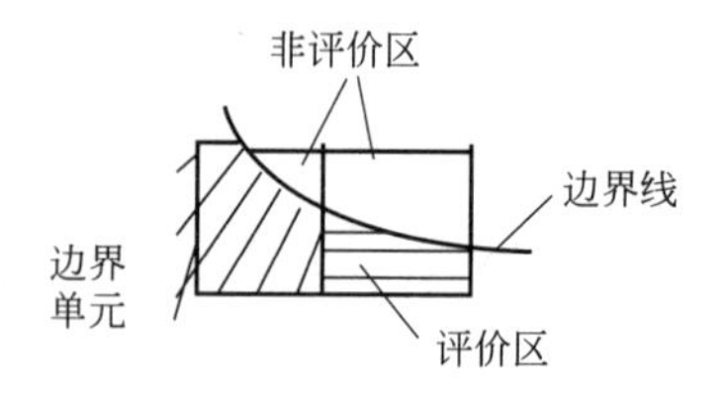

图 10-2 单位被一条边界线穿过

第二种情况是边界单元被两条边界线穿过，边界单元被分成三部分，如图 10-3。

其他比较复杂的情况都可以根据情况采用适当缩小计算单元或边界线的适当取舍而最后归结到上面两种情况。

角点编码法绘出的信息就是确定边界单元的哪一部分为评价区，哪一部分为非评价区。首先我们把每个边界单元的四个角点进行编号，编号规则为左下角为 1 号点沿逆时针编号如图 10-4。

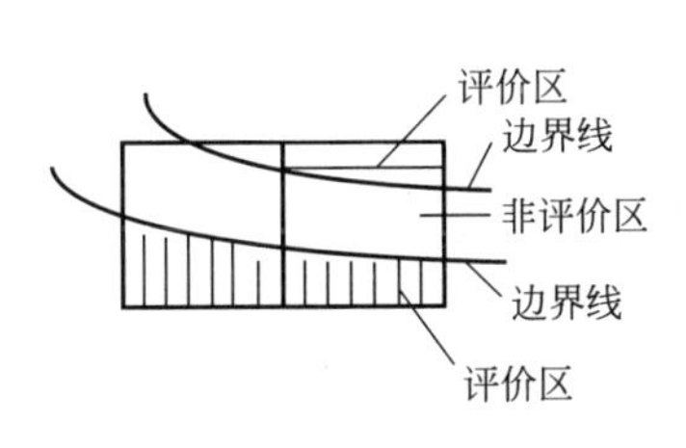

图 10-3　单位被两条边界线穿过

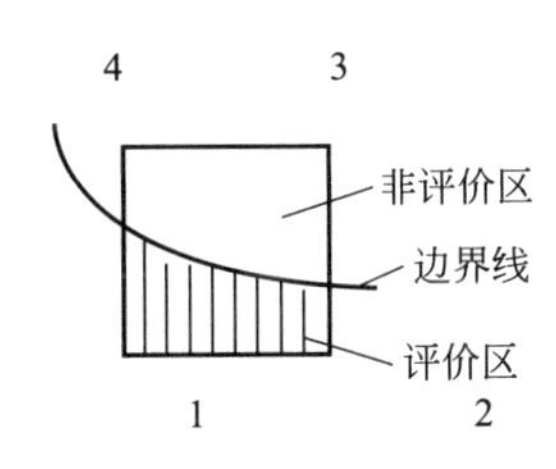

图 10-4　编码示意图

根据这种编号及从边界单元的实际情况给出编码信息，即 NW 值。具体做法为：

第一种，情况如图 10-5 编码后确定 NW 值为 1、2、4 三点的任何一个点号就可以，但只能给一个，也就是只要给定在评价区内任何一个角点、编码就可以了。

第二种，情况如图 10-6 这样有一个约定，必须清楚边界线输入的先后，假设先输入一条边界线为第一条，后输入的一条边界线为第二条。这样给定的 NW 值为与第一条边界线相关的点在十位上，与第二条边界线相关的点在个位上，即 NW 值取 13 或 23 均可。

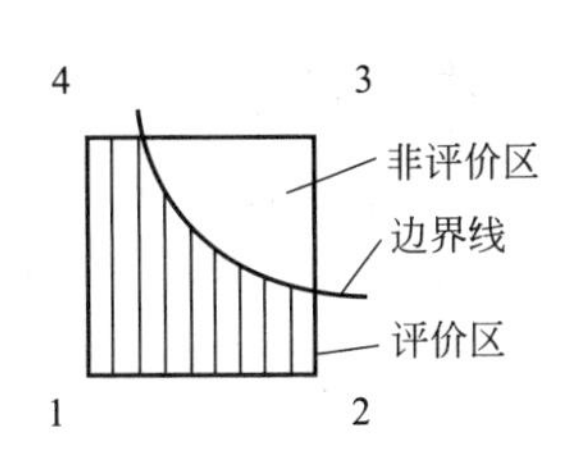

图 10-5　第一种编码示意图

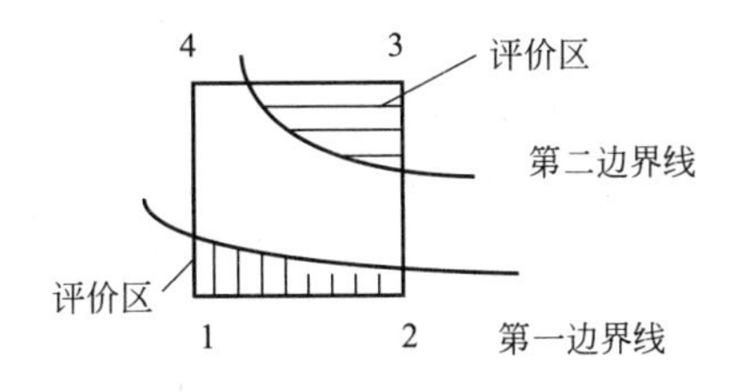

图 10-6　第一种编码示意图

NW 值用绘图系统的边界点信息编辑与修改的功能给出和修改。

5. 绘图数据的前期处理

数据的前期处理就是为绘图子系统准备所需的数据，因为前面所准备的各种数据，包括由键盘输入的初始化数据、评价结果数据、边界点数据，各种信息相对独立，数据文件又较多，这就需要把它们压缩，去掉重复的内容，以便绘图子程序调用时数据运算更容易。数据的前期处理功能模块通过对各种信息的提取、压缩，把所有与绘图有关的信息存储在两个临时文件中。这两个文件为文件 1 和文件 2，其中文件 1 为主数据文件，文件 2 为辅数据文件。为了更快地读取数据，两个文件均采用二进制直接存储形式建立。当绘图文件生成后，这两个文件自动被系统删除，以便减少占用的存储空间。

首先，数据处理程序根据初始化数据对整个评价区域初始化。所谓初始化，就是对整个评价区域重新格网分区，并对重分的单元格按固定规律和顺序编号，即从评价区域的左下角单元开始向右编起，并且要求重新格网分区的某一单元，必定与评价计算时的某个单元格重合。这样，格网分区后单元与被评价单元存在着一种对应关系，只要把评价单元费用分区值及所需绘图的各种信息传递到与它相对应的格网后单元中去，就可以根据编号顺序对格网后的单元进行计算绘图，不但节省存储空间，数据处理又比较简单，因为不需要把所有数据输入计算机，只需处理一个单元，读入一个单元的数据即可。

数据处理模块先建立两个空的文件 1 和文件 2。文件 1 的记录与格网后单元总数相同。每条记录含 4 个变量，即 4 种信息，jj、w、k_1、k_2，它对应一个格网后的单元。文件 2 的格式为 $W_{(1)}$，$W_{(2)}$，…，$W_{(100)}$ 每条记录中两个数据表示边界点的一个数据，一条记录最多包含 50 个边界点数据。这对于一个边界单元格来说，边界点数据是足够的了，记录数由最后计算结果而定。当两个空文件建立完毕后，开始向两个文件内装入数据，信息传递办法采用投掷法。从评价结果数据读取一组记录信息，根据 X、Y 坐标判断这个计算单元对应于哪个编号的绘图单元，如果不是边界单元，把 NZ 值转换成绘图信息 jj 存入文件 1 中的记录号等于该编号的记录中去，W、K_1、K_2 为零。如果是边界单元，还需把边界点信息 NW 转换成处理信息 W 存入记录，K_1、K_2 仍为零。等处理边界点数据时再赋值，这样就把评价单元的评价值及边界单元的角点信息一次传递到文件 1 中对应单元的记录中去了。接下来开始处理边界数据文件，处理方法为：首先，从边界点文件中读入一条边界线的所有点的数据，根据坐标确定其中一个边界单元内的边界数据，然后把这些数据转换成文件 2 的记录方式，存入文件 2 中，并把记录好的值赋给文件 1 中该单元记录的 K_1 或 K_2，如果是穿过该边界单元的第一条边界线，即记录号等 K_1 的值，如第二条则为 K_2 的值。文件 1 与文件 2 是相互关联的。当把边界数据文件处理完毕后，文件 1、文件 2 赋值完毕，接下来可进入绘图功能调用了。

下面是数据处理和各模块程序框图 10-7。

6. 灾害期望损失费用图的生成

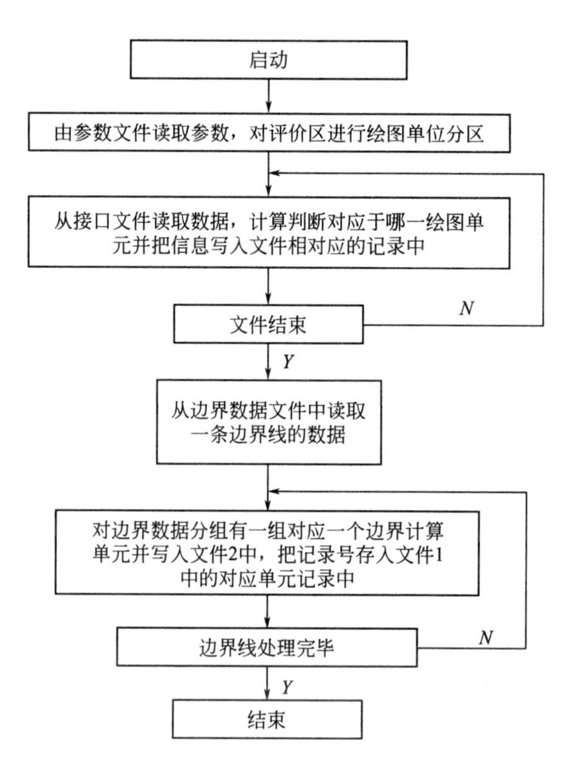

图 10-7　数据处理程序框图

利用模块的处理方法也是一个单元一个单元进行的。由于前面的处理，在这里就比较容易了。首先，从文件 1 中顺序读入一个记录，如果 $jj=0$，表示这个单元为不被评价的单元，那么就什么也不做，接着读取下一个记录的数据，当 $jj\neq 0$ 时，表示为被评价单元，如果 $W=0$，表示该单元为非边界单元，这样就可根据 jj 的值进行绘图。当 $jj=-1$ 时，用横向阴影表示。$jj=0$ 时，用竖向阴影表示。$jj=1$ 时，用方格网表示。当 $W\neq 0$ 时表示该单元格为边界单元，如果 W 为 2 位数的值，而 K_1、K_2 都不为零，表示该单元为第二种情况。系统根据 K_1 或 K_2 的值在文件 2 中找到相对应的边界点数据，算出该单元评价区域的封闭多边形，然后根据 jj 值填充封闭多边形。当边界线的取点合理时，这条边界线就实际地反映出原来的形状。处理时是一个单元一个单元地进行，全部单元处理完后，就生成了一个初级的灾害期望损失费用图。绘图功能模块框图见 10-8。

7. 图形的修改合成与输出

由于制图程序得到的费用图，还很粗糙，图例也不完整，还需要进入 AutoCAD 系统中去，进行必要的整饰、修改，根据绘图要求加上适当的注记，最后与地形底图相叠加，合成一幅完美的灾害期望损失费用图，这样全部的绘图工作才算完成。

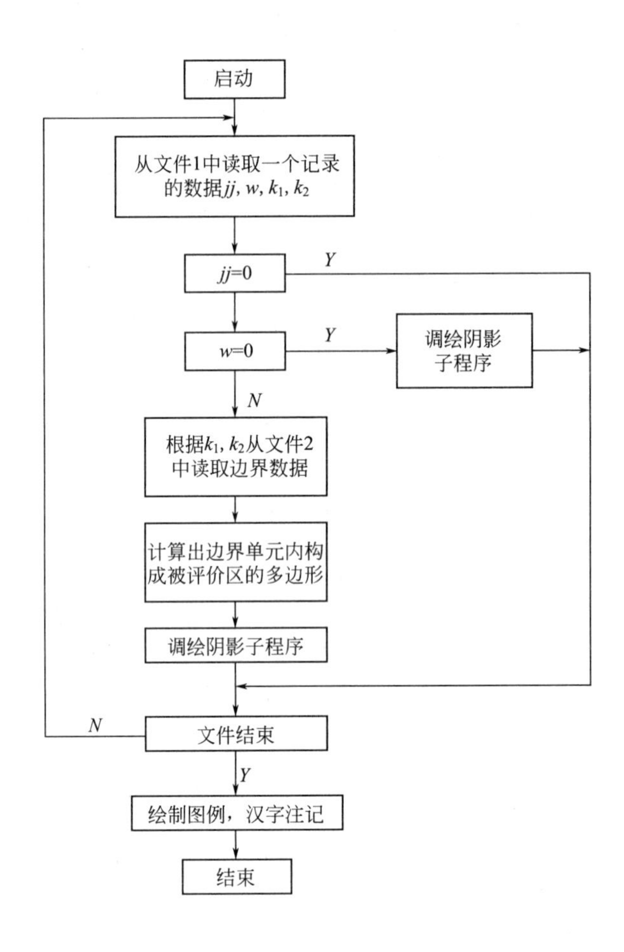

图 10-8　绘图功能模块框图

第11章　唐山市地质灾害技术经济分析实例

11.1　唐山市地质灾害易损性分析

1. 地震地质灾害

唐山市地震易损性分析图是由大小为 $1\times1\text{km}^2$ 的单位组成，共130个单元，总面积为 123.5km^2。大地坐标：横坐标97～106.5km，纵坐标85～98km，如图11-1所示。各个单元中各地质因素的易损性指数以及结合唐山市区各地质因素指标图可求出，而后通过公式：

$$I=i+h+s+f+m+\cdots$$

求出各单元的易损性指数，从而得到唐山市地震易损性指数数据库。根据各单元易损性指数分布规律，可分为如下四个区：

$15\leqslant I\leqslant18$，A 区，即地面反映极强区；

$10\leqslant I\leqslant14$，B 区，即地面反映较强区；

$6\leqslant I\leqslant9$，C 区，即地面反映较弱区；

$2\leqslant I\leqslant5$，D 区，即地面反映极弱区（稳定区）。

地震易损性分区图如图11-2所示。

2. 岩溶塌陷地质灾害

唐山市岩溶区主要位于唐山市市中心区，其大地坐标是横坐标99～108km、纵坐标88～95km的区域内，面积 37.5km^2，如图11-3所示。结合本区特征，易损性分析单元要进行加密，大小为500m×500m，全区共分150个单元，单元排序号如图11-3所示。由第8章易损性分析原理可知，其影响地质因素众多，结合本区特征及资料收集的详细程度，这里取四个因素，即地下水位、地质构造、地下溶洞及规模以及第四系覆盖层厚度。根据这些因素的指标图，可求得每个单元的总的易损性指数，得到唐山市岩溶塌陷易损性分析数据库。从而作为唐山市岩溶塌陷易损性分析图，根据易损单元指数分布规律可将它们分为三个区：

A 区，$4<I\leqslant6$，极不稳定区（严重区）；

B 区，$2<I\leqslant4$，较不稳定区（较严重区）；

C 区，$I\leqslant2$，稳定区。

岩溶塌陷易损性分区图如图11-4所示。

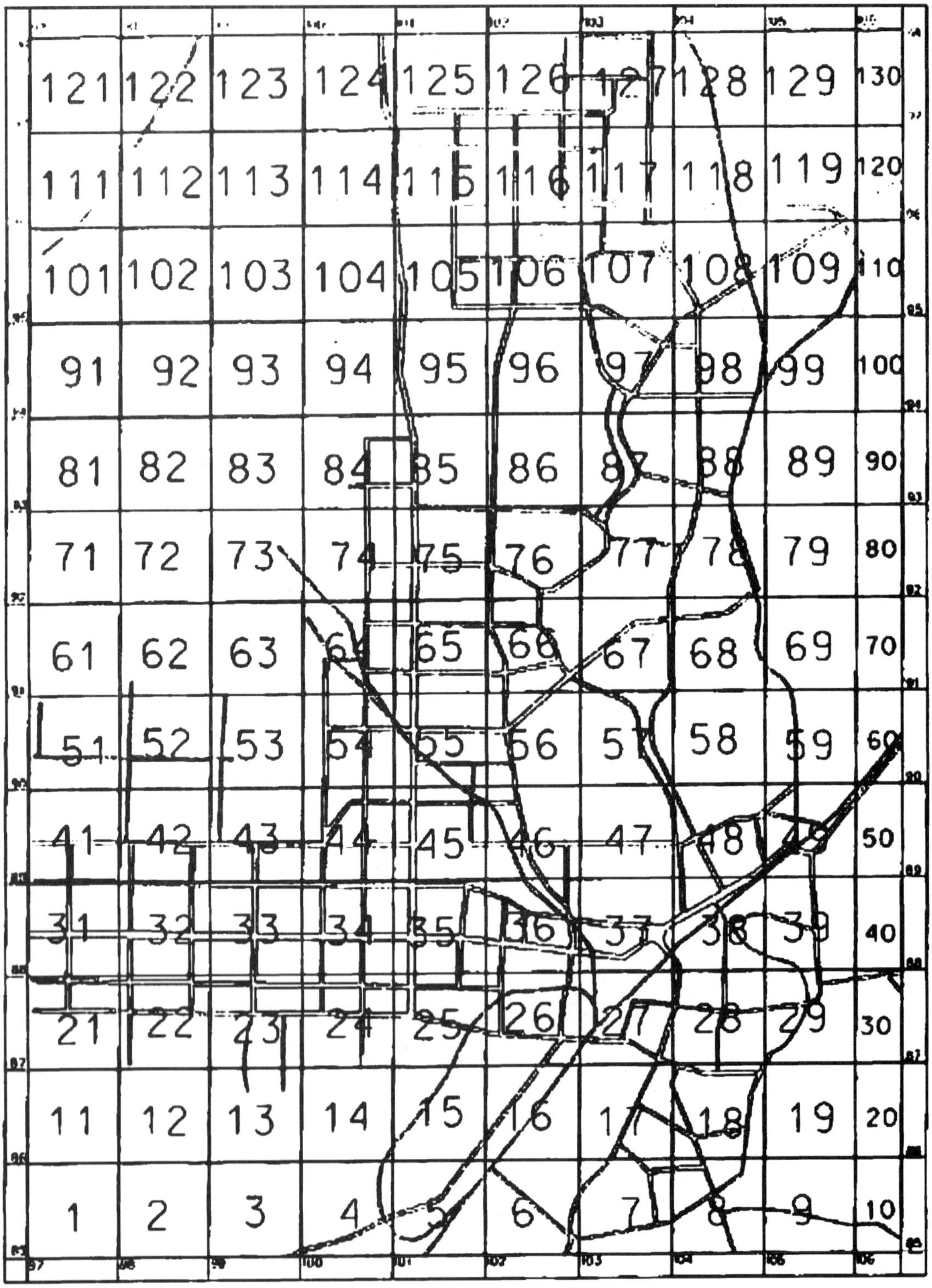

121 122 123 124 125 126 127 128 129 130
111 112 113 114 115 116 117 118 119 120
101 102 103 104 105 106 107 108 109 110
91 92 93 94 95 96 97 98 99 100
81 82 83 84 85 86 87 88 89 90
71 72 73 74 75 76 77 78 79 80
61 62 63 64 65 66 67 68 69 70
51 52 53 54 55 56 57 58 59 60
41 42 43 44 45 46 47 48 49 50
31 32 33 34 35 36 37 38 39 40
21 22 23 24 25 26 27 28 29 30
11 12 13 14 15 16 17 18 19 20
1 2 3 4 5 6 7 8 9 10

图 11-1 唐山市地质灾害评价区及单元编号图

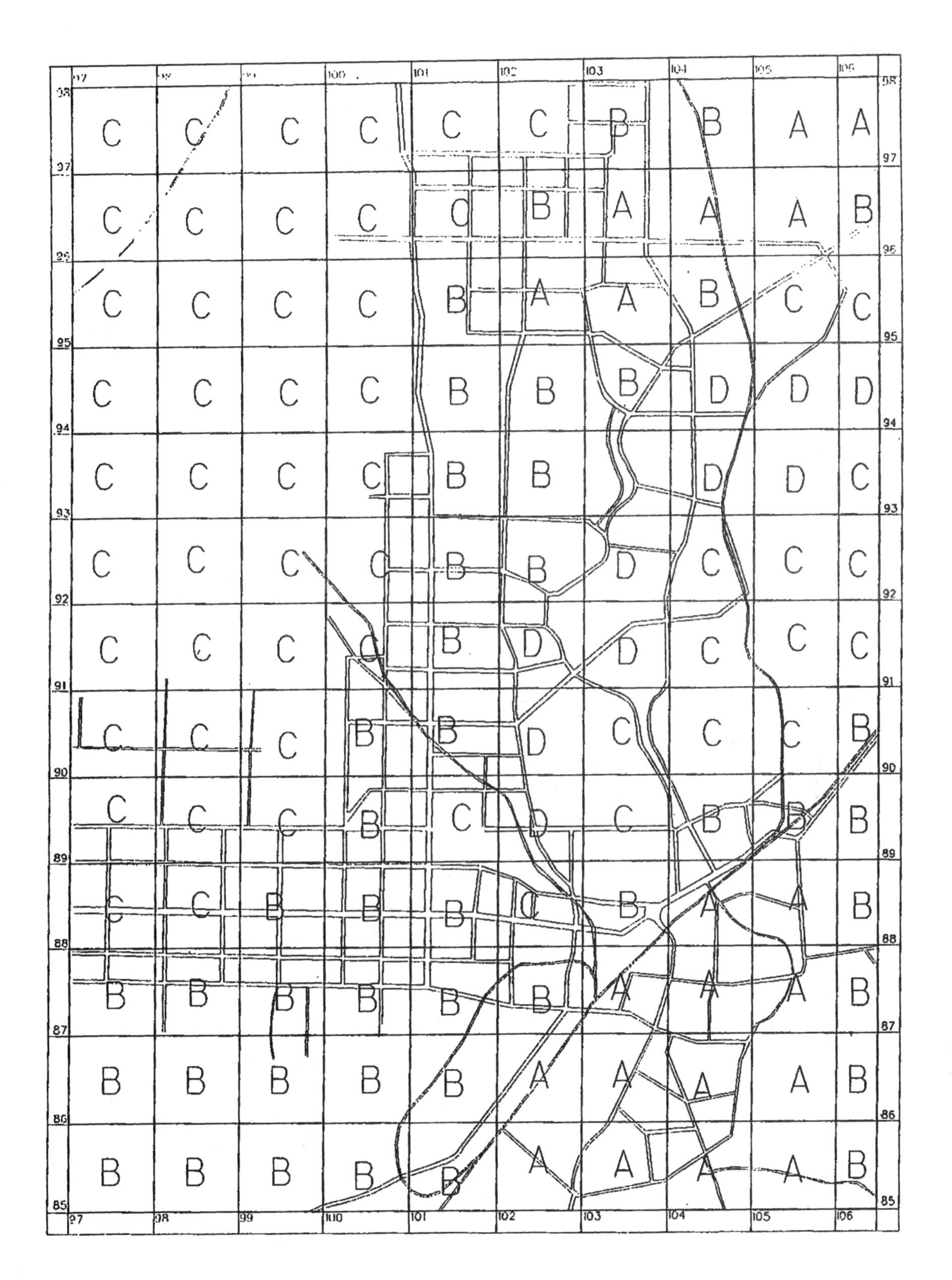

图 11-2　唐山市地震地质灾害易损性分区图

	99		100		101		102		103	104	
	141	142	143	144	145	146	147	148	149	150	
95											95
	131	132	133	134	135	136	137	138	139	140	
	121	122	123	124	125	126	127	128	129	130	
94											94
	111	112	113	114	115	116	117	118	119	120	
	101	102	103	104	105	106	107	108	109	110	
93											93
	91	92	93	94	95	96	97	98	99	100	
	81	82	83	84	85	86	87	88	89	90	
92											92
	71	72	73	74	75	76	77	78	79	80	
	61	62	63	64	65	66	67	68	69	70	
91											91
	51	52	53	54	55	56	57	58	59	60	
	41	42	43	44	45	46	47	48	49	50	
90											90
	31	32	33	34	35	36	37	38	39	40	
	21	22	23	24	25	26	27	28	29	30	
89											89
	11	12	13	14	15	16	17	18	19	20	
	1	2	3	4	5	6	7	8	9	10	
88											88
	99		100		101		102		103	104	

图 11-3 唐山市岩溶塌陷评价区及单元编号图

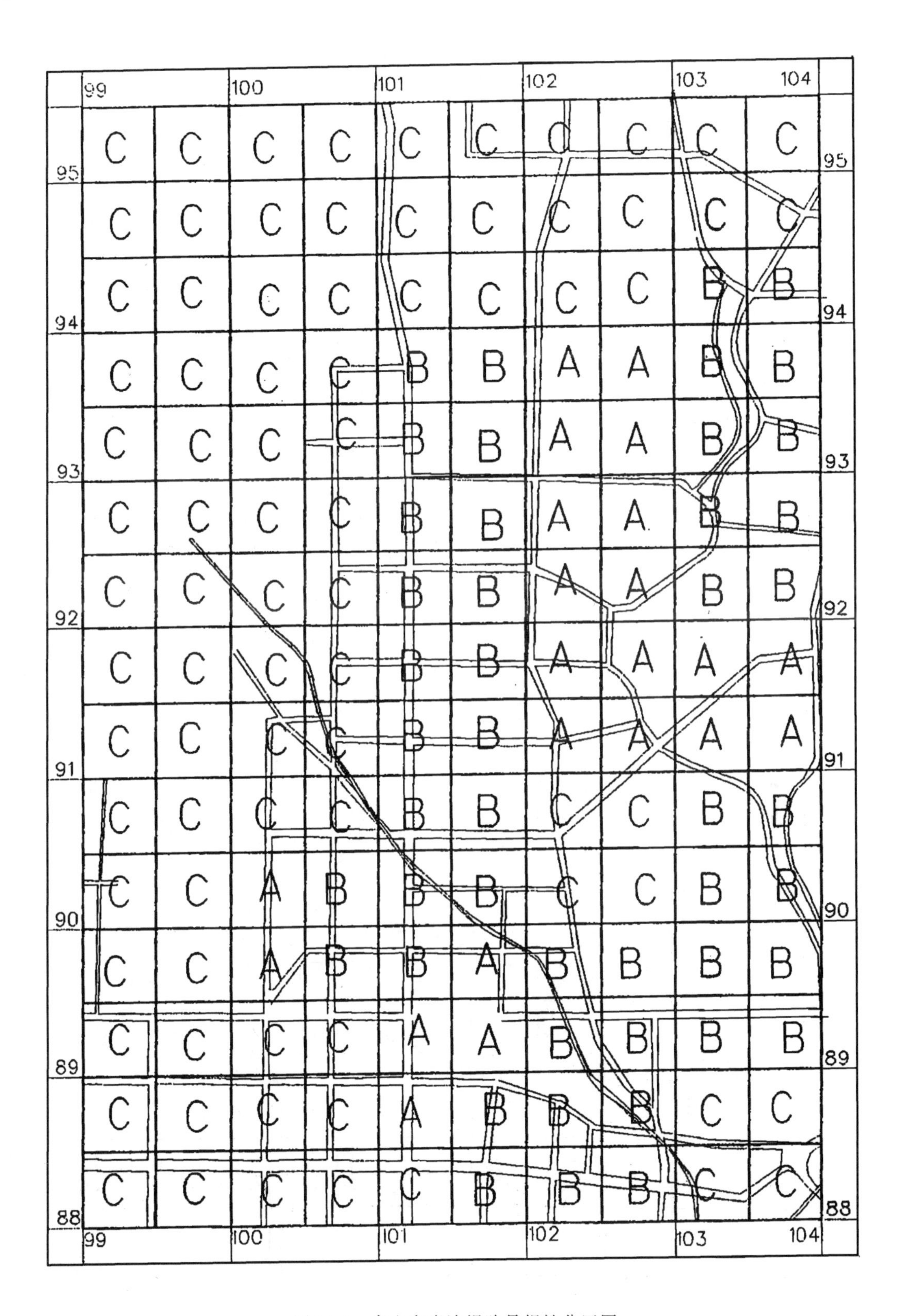

图 11-4　唐山市岩溶塌陷易损性分区图

3.采空区塌陷地质灾害

唐山市区采空区塌陷影响区主要分布在市区的南部和西北部，南部区域大地坐标为横坐标 97～107.5km，纵坐标 84～89km，西部区域大地坐标为横坐标 103～107.5km，纵坐标 91～98km，总面积 $84km^2$。由于资料收集不够详细，本区易损性单元大小取 $1\times1km^2$，共 90 个单元，如图 11-5 所示。本区易损性分析取 4 个因素即地质构造、塌陷区规模、第四系厚度以

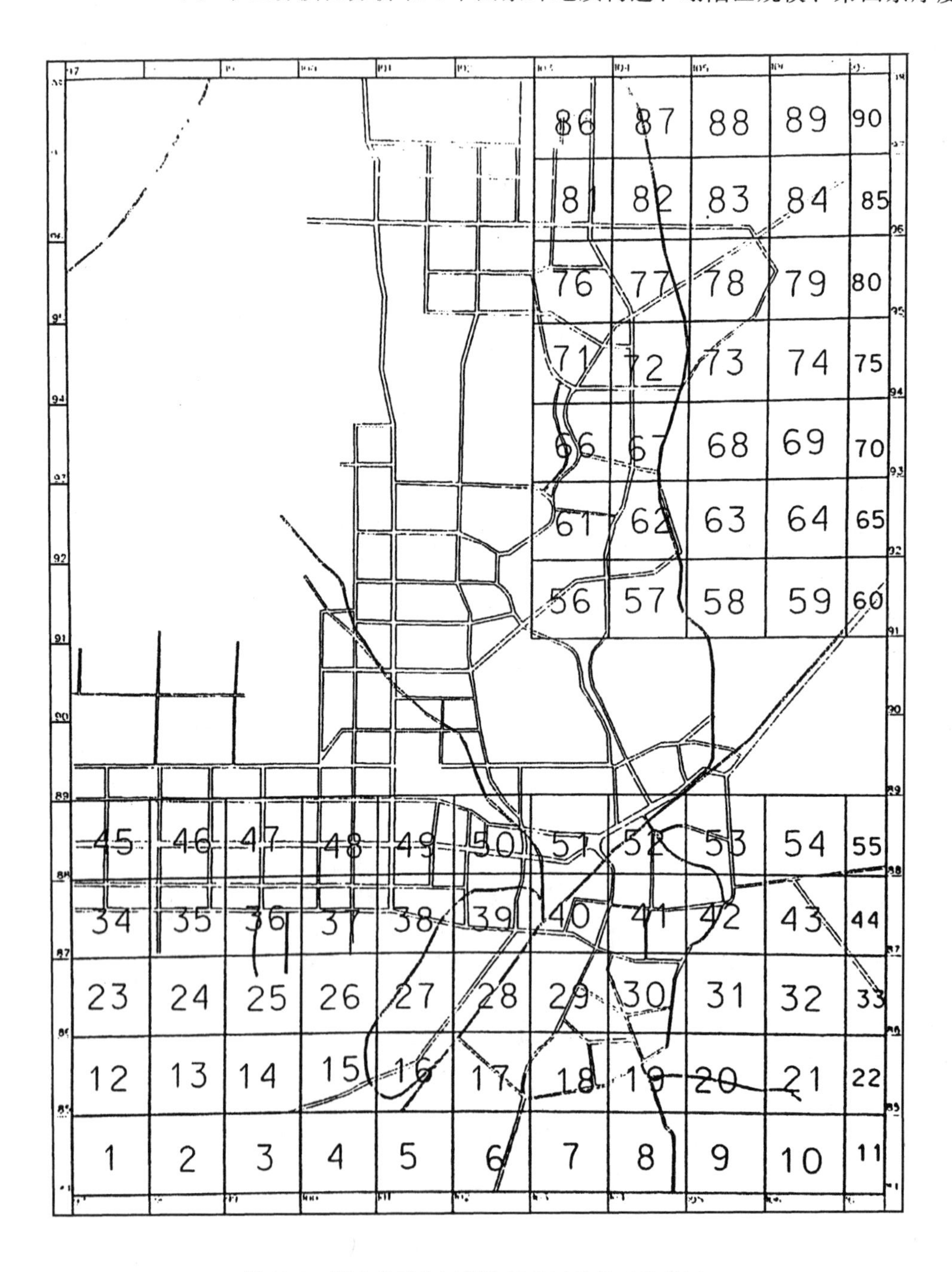

图 11-5 **唐山市采空区塌陷评价区及单元编号图**

及地下有无采空区。根据这些因素的易损性指标图，求得各单元的易损性指数，从而得到唐山市采空区塌陷易损性指数数据库及易损性分析图，根据各单元易损性分析指数分布规律，可将总计分为 3 个区：

A 区，$I \geqslant 3$，不稳定区；

B 区，$2 \leqslant I < 3$，较不稳定区；

C 区，$I < 2$，稳定区。

采空区塌陷易损性分区图如图 11-6 所示。

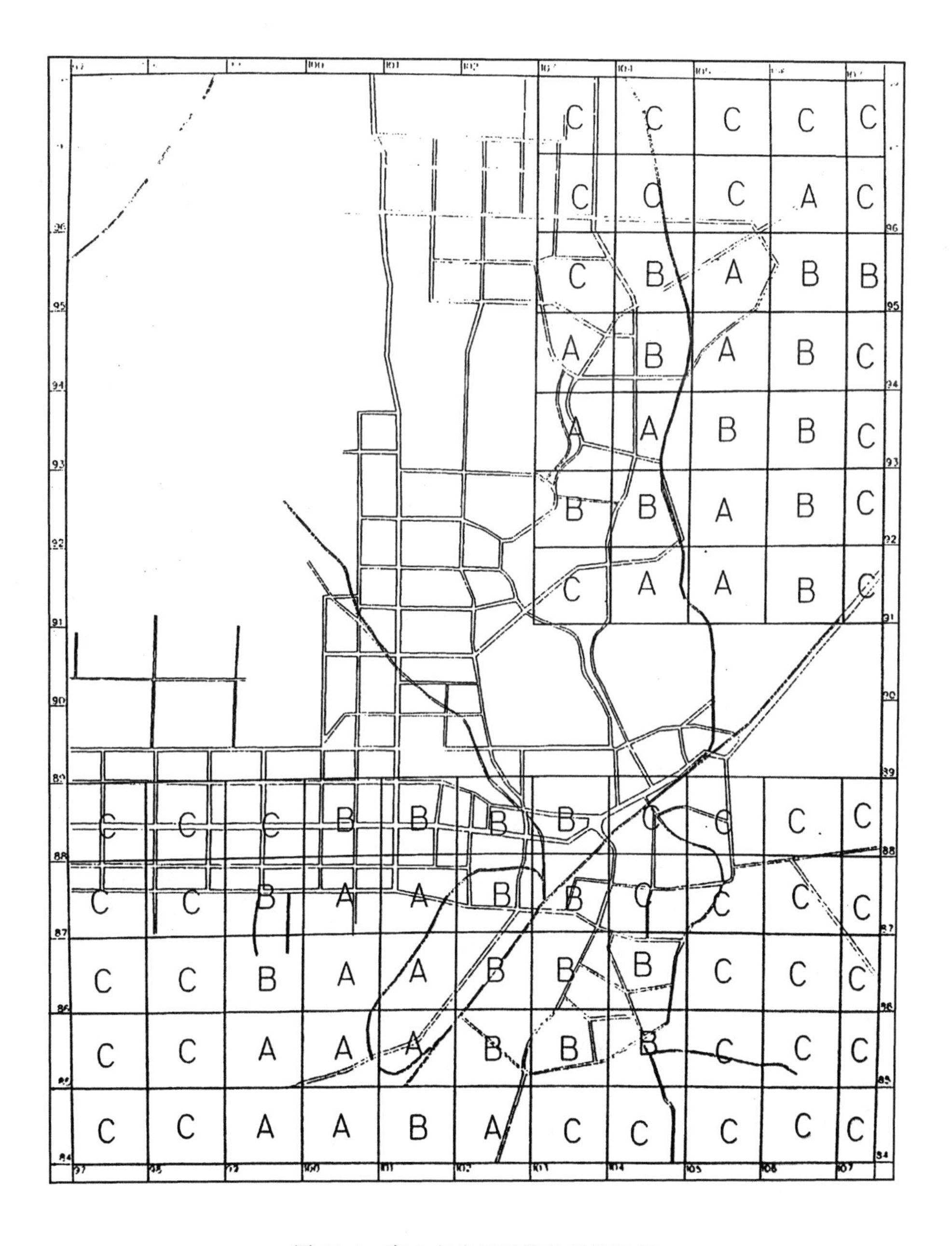

图 11-6　唐山市矿区塌陷易损分区图

11.2 唐山市地质灾害损失评价

1. 地震灾害

唐山市地震设防烈度为 8 度，根据地震危险性分析，其活动断裂主要是位于市区西南部的唐山断裂。地震对城市的破坏作用主要有两个，即地面振动和地表破裂变形，因而地震费用也分为两部分计算。

（1）地面振动期望费用

1）宏观系数 α 的期望值

根据唐山市社会经济资料调查，以及由设防规范的提高进行定性分析可得：

$\alpha \approx 1.02$

2）设防烈度的重现周期

由唐山市地震危险性分析可知，唐山市地震设防烈度为 8 度，其 50 年超越概率为 5%，则重现周期为：

$$Tr=\frac{1}{\ln\left[1-\left(1-0.95^{1/50}\right)\right]}=975\text{（年）}$$

即重现周期为 975 年。

3）震害损失率

唐山市震害预测结果可得震害等级的百分率 NBD，修复费与重建费之 DB，物质损失率 DP 以及 7 种用地类型的结构类型系数 K_{ij}，利用这些数据以及前节相关的计算公式可以求出 7 种用地类型的建筑物损失率 BL 及室内财产损失率 CL。根据专家评估和类同资料整理得出表 11-1 的数据。

唐山市 7 种用地类型建筑物及室内财产损失率 BL 与 CL　　表 11-1

指标(%)	场区号	土地利用类型						
		R_{11}	R_{21}	M	C_1	C_2	C_3	O
建筑物损失率 BL	A	19.25	3.0	8.5	6.4	11.2	13	7.42
	B	15.1	4.2	7.0	5.1	9.0	10.2	5.8
	C	10.0	5.35	3.2	2.2	5.5	6.1	2.9
室内财产损失率 CL	A	13.8	0.8	4.9	3.0	5.4	7.3	3.6
	B	10.0	1.15	2.8	1.5	3.0	6.2	2.0
	C	6.0	1.7	1.1	0.45	1.8	2.2	0.5

运用公式：$F_{v_i}=\alpha\left(V_{b_i}\cdot B_{L_i}+V_{c_i}\cdot C_{L_i}\right)/\left(D\cdot T_r\cdot V_{b_i}\right)$　$(D=0.1)$

计算出 7 种用地类型的期望损失费用，如下表 11-2 所示。

唐山市地面振动期望费用　　　　**表 11-2**

费用指标	分区号	土地利用类型						
		R_{11}	R_{21}	M	C_1	C_2	C_3	O
地面振动期望费用 Fv_i(%)	A	0.367	0.031	0.245	0.092	0.168	0.263	0.09
	B	0.275	0.051	0.163	0.071	0.142	0.215	0.07
	C	0.173	0.061	0.073	0.038	0.075	0.102	0.03

(2) 地表破裂损失期望费用

设受影响的建筑物中 30%遭受破坏，即 $k=30\%$。

$$Fs_i=\alpha\ (V_{b_i}+Vc_i)\ \sqrt{S_i/N_i}\cdot K/\ (D\cdot T_r\cdot V_{b_i})$$

得出 7 种用地类型的地表破坏期望费用，见表 11-3。

唐山市地表破坏期望费用　　　　**表 11-3**

费用指标	土地利用类型						
	R_{11}	R_{21}	M	C_1	C_2	C_3	O
地表破坏期望费用 Fs_i(%)	0.785	0.942	1.710	1.122	0.816	1.632	0.61

上式中 D 取 0.1，S_i、N_i 为建筑物的密度以及每公顷建筑物的数量，其值见表 11-4。

唐山市建筑密度 S_i 与单位公顷建筑物数量 N_i　　　　**表 11-4**

费用指标	土地利用类型						
	R_{11}	R_{21}	M	C_1	C_2	C_3	O
S_i(%)	40	24	38	20	15	22	6.02
N_i(%)	30	6	20.5	5.8	8.1	6.0	3

有了 Fs_i，则易于求得 Fs_{ij}，即第 i 类用地第 j 号场地地表破裂期望费用。

$$Fs_{ij}=Fs_i\cdot r_j \quad i=1,\ 2,\ 3,\ \cdots,\ 7$$
$$j=1,\ 2,\ 3,\ \cdots$$

r_j 见表 11-5。

系数 r_j 值　　　　**表 11-5**

r_7	r_{17}	r_{18}	r_{28}	r_{38}	r_{39}	r_{49}
0.1175	0.05	0.0675	0.1075	0.0875	0.03	0.0775

$r_{ij}=0$，$j=7$，17，18，28，38，39，49；$j=1$，2，3，…，130

Fs_{ij} 见表 11-6。

唐山市地表破裂期望费用（%） 表 11-6

j \ Fs_{ij} \ i	用地类型						
	R_{11}	R_{21}	M	C_1	C_2	C_3	O
7	0.0928	0.1112	0.2008	0.1319	0.0959	0.1918	0.0731
17	0.0393	0.0471	0.0855	0.0561	0.0408	0.0816	0.0311
18	0.053	0.0635	0.0115	0.0758	0.0551	0.1102	0.042
28	0.0845	0.01012	0.1838	0.1207	0.0877	0.1754	0.0669
38	0.0687	0.0824	0.1496	0.0982	0.0714	0.1428	0.0544
39	0.0236	0.0283	0.0513	0.0337	0.0245	0.049	0.0187
49	0.0609	0.0729	0.1325	0.087	0.0632	0.1265	0.0482

2. 岩溶塌陷灾害

根据专家评估和对所收集的资料进行的整理，可得岩溶塌陷的重发周期以及不同分区场地条件下，各种用地类型的建筑物及室内财产的损失率，重发周期 $T\mathrm{r}\approx10$ 年。建筑物及室内财产损失率见表 11-7。

唐山市岩溶塌陷造成的建筑物及室内财产损失率 qb 与 qc 表 11-7

费用指标（%）	场区号	土地利用类型						
		R_{11}	R_{21}	M	C_1	C_2	C_3	O
建筑物损失率 qb_i	A	17	13	8.0	9.5	9.0	11	7.1
	B	11	6.5	5.0	4.0	5.1	6.0	3.95
室内财产损失率 qc_i	A	10	7.0	4.0	3.0	4.5	6.5	2.51
	B	4.0	1.8	0.45	0.5	1.2	1.5	0.3

由公式 $F_{ri}=\alpha\ (Vb_i\cdot qb_i+Vc_i\cdot qc_i)\ /\ (D\cdot T_{\mathrm{r}}\cdot Vb_i)$

不难计算出岩溶塌陷的期望费用，见表 10-8。

岩溶塌陷损失期望费用 表 11-8

费用指标（%）	场区号	土地利用类型						
		R_{11}	R_{21}	M	C_1	C_2	C_3	O
期望损失费用 Fm_i（%）	A	30.45	9.81	10.99	7.55	6.24	7.63	22.9
	B	13.09	4.20	4.71	3.23	2.67	3.27	9.82

全部计算结果，唐山市六类用地灾害期望损失费用存入数据文件中，供用户查阅。

11.3 唐山市地质灾害期望损失费用分区与制图

同理，由计算机得到的分区阀值，见表 11-9。

唐山市灾害期望损失费用分区阀值（%）　　表 11-9

用地类型模型	高灾害费用模型	低灾害费用模型
R_{11}	$\overline{R_1}=45.72$	$\overline{R_2}=0.24$
R_{21}	$\overline{R_1}=17.42$	$\overline{R_2}=0.06$
M	$\overline{R_1}=20.48$	$\overline{R_2}=0.13$
C_1	$\overline{R_1}=12.38$	$\overline{R_2}=0.06$
C_2	$\overline{R_1}=13.47$	$\overline{R_2}=0.11$
C_3	$\overline{R_1}=22.38$	$\overline{R_2}=0.47$

采用择近原则，由计算机完成 130 个场地费用分区，分区信息直接被绘图程序调用，输出下列 6 幅图件：

1. 唐山市低层居住用地（R_{11}）灾害期望损失费用图（1∶25000），见附图 1。

2. 唐山市多层居住用地（R_{21}）灾害期望损失费用图（1∶25000），见附图 2。

3. 唐山市工业用地（M）灾害期望损失费用图（1∶25000），见附图 3。

4. 唐山市行政办公用地（C_1）灾害期望损失费用图（1∶25000），见附图 4。

5. 唐山市金融贸易用地（C_2）灾害期望损失费用图（1∶25000），见附图 5。

6. 唐山市商业服务用地（C_3）灾害期望损失费用图（1∶25000），见附图 6。

第三篇　城市地质灾害防治规划与土地工程利用控制

第12章　城市地质灾害防治与减灾规划

我国是世界上自然灾害种类最多，发灾率最高、受灾面最广的少数国家之一。对灾害的记载和与其斗争的历史悠久。新中国成立以来，党和政府对灾害工作十分关注，确立了以“预防为主，防救结合，综合治理”的总方针，同时根据经济建设的灾情的发展，已分别建立了各大类自然灾害和减灾工作系统，并发挥了巨大的减灾作用。在多年的工作实践中大家共同认识到，减灾不仅是一项专业性很强的工作，而且更是一项社会性的、十分复杂的系统工程。

12.1　城市地质灾害防治与减灾规划原则

灾害趋势预测和灾害评估是制定减灾对策的根据，也就是说灾害预测，监测的目的是防治灾害。城市减灾防灾的对策最终应落实到城市防灾系统规划。基本原则如下.

12.1.1　生命损失重于财产损失的原则

此一原则是指在防灾规划中，人的生命损失的考虑应优先于其他一切考虑，涉及大量人员的公共设施在防灾规划中应优先、从重加以考虑。

人的生命的损失对整个社会的影响极为广泛，远不止于与其相关的直接经济损失。个人是社会的基本单元，人是组成社会的基础。人的生命的损失，将对社会的所有方面造成负面影响，社会成员心灵上的震撼，政治方面的不利影响，知识、经验、技术的损失，经济活动、社会活动由于失去有关人员将陷入停顿，等等。人的生命的损失常难准确地用经济指标来衡量。尽管如此，在评价人的损失造成的影响时，还是有可能把部分损失折算为经济的损失。如生命损失造成知识、经验、技术的损失可以用再次获得这些知识、经验、技术所需要付出的教育经费和时间来折算。社会活动的停止和减退在一段时间内造成的经济损失可以用财富（金钱）损失来折算。而有些影响，如政治影响、社会成员心灵创伤等则难以进行经济折算。

为实行这一原则，在制定规划、法令时，要重点保护人员密集的公共场所，抢救生命的场所、设施等，如学校、剧院、办公楼、住宅、医院、急救设备、车辆等。在灾后的应急反应中，各项措施应把生命急救放在首位，保证生命急救体系、设施、道路的完好和畅通。在防灾规划中应努力避免灾害发生，对生命、健康有重大影响的派生灾害的发生，如有毒气、液体泄漏等。

12.1.2 防治费用小于潜在损失的原则

这一原则要求在制定防灾的措施及规划时，防治的费用应小于灾害发生时可能的损失，即防灾规划应有良好的效益——费用比。

对于一个特定的地区来说，在一定的开发强度下，灾害的强度和其发生时造成的损失大致在一定的范围内。不同的防灾规划需要不同的费用，它们减少的损失也可能各不相同。地质灾害防治的目的是减少地质灾害造成的损失，而不是不惜代价地防止地质灾害的发生或确保一切财产免受损失。为此要在合理的效益——费用比的基础上制定减灾规划，因而，要尽可能准确地评价在不同防灾规划水平上、灾害造成的可能损失，以便确定合理、适当的防灾规划。

损失的大小并不是一成不变的，随着社会、经济的发展，潜在的损失可能相应增加。同时，原来不存在的灾害种类，可能随着土地开发强度的增加而出现，从而需要扩大防灾的范围和内容。在制定防灾规划时，应同时考虑城市的发展。

12.1.3 预防为主的原则

这一原则要求在制定防灾规划时，应优先考虑预防灾害的发生，预防财产的损失。防灾规划中，应倾向于制止诱发灾害发生的各种因素，而不是侧重于对灾害的抵抗。应避免将重大的财产置于灾害的威胁之下，而不是努力去采取工程措施来保护处于威胁下的财产。

严格地说，没有人类、也就没有地质灾害。由于某些自然的地质过程作用于人类，以及人类的活动加剧或引发了一些地质过程，这些地质过程反过来作用于人类自身，因而造成了地质灾害。如同样量级的地震发生于西藏的高山区，可能只造成极小的损失或没有损失，而发生于人口稠密的内陆城市，则会造成无法估量的巨大损失，再如在未开发的地区，暴雨的降水大部分被土壤吸收或被滞留于地表植被中，只有少部分雨水形成地表径流，流入河流。而在过度耕作，森林砍伐和都市化后，则在暴雨来临时，地表土被冲刷，形成水土流失，雨水绝大部分成为地表径流，从而形成市内的洪泛，造成巨大的损失。如深圳 1993 年 6 月 16 日的一场暴雨形成洪灾，淹没了部分低地，同时造成一些地段公路被毁、交通堵塞等，直接经济损失 6 亿元人民币（深圳电视台）。江西防总统计显示 2011 年 6 月 14 日～19 日的强降雨导致江西 50 个县市 573 个乡镇受灾，共造成 364.5 万亩农作物受灾，受灾人口 312 万人，死亡 3 人，转移人口 25.7 万人，倒塌房屋 4390 间，直接经济总损失 58 亿元（侨报网）。

在制定防灾规划时，在可能的情况下，应致力于引发灾害的原始因素，以使灾害不发生或减弱其强度，如在某些地区，造成水灾的主要因素是大面积的森林砍伐和植被破坏，这时，应致力于植被的恢复。对于目前人类无法施以影响和控制的灾害，如火山、地震，则应尽量避开这些灾害的影响区，或将灾害划为绿地等开阔地区，以减少财产及人员损失。

12.1.4　人类自身活动的控制优先的原则

这一原则的含义是指我们必须放弃过去那种只注重改造自然、控制自然的工程活动的做法，如为防灾而建造大坝、水渠等，而应更多地注重合理的土地利用和控制人类自身活动，以便和整个自然环境协调。

任何工程保护措施都是有限的、暂时的。在地质灾害的间歇期，人们容易产生一种被保护的安全感，从而社会的发展超过了原来的保护范围。同时，保护性工程措施的防范能力都在一定的限度内，地质灾害的发生又有强度愈来愈大的趋势，当一个更大的灾害发生时，造成的损失也就在持续地增长。

以洪泛灾害来说，在美国和新西兰，1975～1995 年是各种抗洪工程费用持续增长的时期，但洪水造成的损失也在持续地增长。主要是因为①从气象学角度看，洪泛的频率和范围都在扩大；②人类的发展以不断增长的速率进入无防洪保护的地区；③实际发生的洪灾超过防洪设计的水平。美国这时期的“洪水控制”政策是失败的。

那些企图控制自然灾害的工程造价昂贵，有时工程本身又造成严重的环境问题。对于自然灾害来说，这些工程又存在无法从根本上解决问题的局限性。所以，不应再将努力集中于各种费用日益增加的用于控制自然的工程系统上，而应开始把努力集中于控制自身的活动，并合理地利用土地。

12.2　城市地质灾害防治对策

12.2.1　建立地质灾害预警体系

我国国土辽阔，人口集中，且自然环境系统复杂，易于成灾，灾害种类多，分布广，灾害发生频繁，成灾严重，是多灾国。现有县级城市 2862 座，由于所处地理环境不同，不仅灾害类型繁多，灾害的形成与诱发机制也十分复杂，其主要特征是突发性、群体性、关联性和周期性的灾害非常严重，许多城市由于缺乏对各种潜在灾害的预防与防治规划和对策，造成的损失也十分巨大。我国洪涝灾害时常造成大面积的危害和灾难，已有数千年与洪水泛滥作斗争的历史。1975 年 8 月河南大水，其损失可以同1979年孟加拉大水灾相比，风暴灾害经常发生，每年沿海地区要受多次台风侵袭。地震和滑坡、泥石流等地质灾害与世界上各地相比不论在强度或规模上都列于前茅。地震造成的伤亡，在全世界中国首屈一指。历史上死亡人数超过5万人的17次地震，有7次发生在中国，而死亡人数在20万以上的地震，也多发生在中国。美国是世界上多灾的大国，据统计每年灾害损失约为40～50亿美元，只相当于我国小灾年份的灾害损失。

长期以来，广大环境地质工作者在探索其形成规律，监测与捕捉致灾的系列因素等方面，都取得了长足的进展；在防治和抵抗此类灾害中，积累了较为丰富的对策经验，特别应该指出的是，在地震、泥石流灾害的监测、预警和地面沉降灾害的监测、防治等方面，已经探索出某些新的途径，并有了许多成功的经验。

地质灾害的预报，既是地质灾害防治决策的重要基础，又是地质灾害防治的组成部分，预报工作既要说明地质灾害前景，又要说明地质灾害结局，它是地质灾害研究的一个重点，是前沿性课题。

地质灾害的主要特点之一是其群发性和关联性，致灾的同时，又会带来一系列急需解决的社会经济问题，而对这些复杂的任务，单一的物理系统是难于胜任的。

为了解决群发地质灾害及防治和善后等重大问题，达到科学综合预报目的，必须研制一套能把物理系统与经济系统、规律研究与实际应用、预警系统与决策系统融为一体的综合系统。其基本结构，就是以地质灾害物理信息系统与地质灾害经济信息系统为基础的地质灾害预警决策系统。

地质灾害的预警、决策系统，是集地质灾害研究与地质灾害经济研究于一体的预测、决策支持系统，其主要任务及作用是：研究本区及本区相关的历史中主要地质灾害演变规律；监测发展中的各类主要地质灾害及其数据的管理；分析地质灾害的各类影响因素，并进行模拟；对各类主要地质灾害进行预测、预警和预报；对各类地质灾害损失进行经济评估与社会影响评估；提出对灾害防治的可能性对策建议，进行模拟对比分析，借以支持决策；作出防治结果的基础评估。

为了完成上述的任务，该预警、决策系统将研制成为一套以计算机网络为中心的监测、分析、预测、预警及决策等支持系统的联合系统，我们称之为地质灾害防治一体化系统。从系统论的角度来看，它具有明显的三重性：科学性、综合性和实用性。它可以把地质灾害的基础科学研究与应用科学研究、物理信息系统与经济系统、预警系统与对策系统有机地结合起来，必将在国民经济发展中起着重要的作用。可以将“以防治为主，防救结合，综合治理”的方针落到实处，克服防治地质灾害和致灾后措施实施的盲目性和被动性。预警、决策系统是在纵向上把地质灾害的观测、研究、预报与防治等联为一体，在横向上把灾害发生过程中一系列的社会经济关系，损失评估、防治经济社会分析等联为一体，形成一个最优决策体系，可以极大限度地提高防治能力。地质灾害预警、决策系统具有很强的综合分析、比较和选择的功能，可以胜任对地质灾害规律性的研究，促使其研究方向更加明确，鉴别灾害性质更加科学，进而强化预警、决策系统的精度。该预警、决策系统不仅具有地质灾害的预警和相应对策方案的比较与选择作用，而且还具有对政府组织抗灾、防灾有效性的判断作用。

该系统的具体内涵及其相互关系，是较为复杂的，必须借助于计算机来实现，也即是说，它是集数据库、模型库、图形库、知识库为一体，具有数据处理与分析、预测与模拟、评价与鉴别、对策建议与决策支持的一体化系统（图 12-1）。此一体化系统的实现，不仅仅有赖于现有的地质灾害物理信息系统和地质灾害经济信息系统的精度，更有赖于其进一步的充实与完善。也即是说，为了满足一体化系统的需要，不仅要赋予它们新的任务，而且还要提出新的要求。

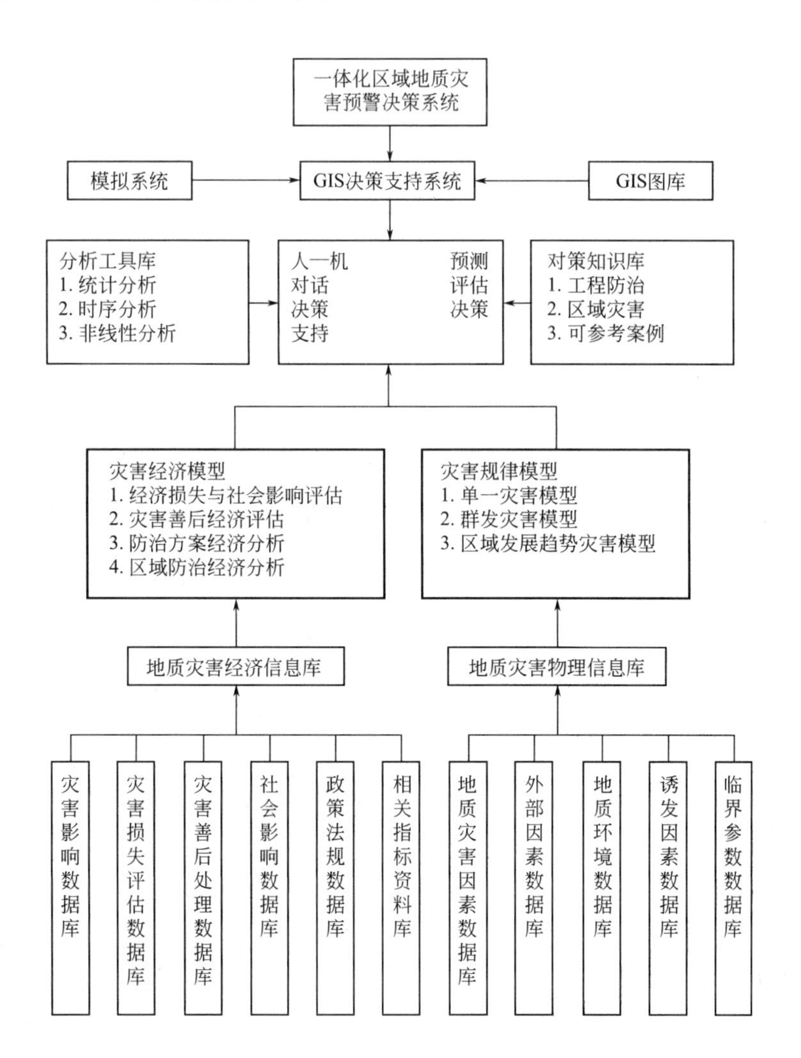

图 12-1　地质灾害预警决策系统图（据郑文武等）

为了保障地质灾害一体化预警决策系统的实现，除了要重视灾害分类研究之外，还必须重视监测网点设置的优化，重视地质灾害群发的特点与区域性灾害规律的分析研究。把地质灾害理论研究与预报预警的应用研究有机地结合起来。地质灾害预警系统不仅具有监测、点预报预警的职能作用，而且还肩负着对大量物理信息的综合分析、规律归纳、理论概括和时空演变趋势探讨等任务。

地质灾害经济信息系统，是在灾害经济学的指导下所研制的系统。它是用于地质灾害预测、防治与善后经济分析，从经济学角度探索在进行灾害预警、防治、控制和善后工作过程中的规律性，进而提高抗灾能力、减轻灾害影响的新系统，也就是说，它是地质灾害预警系统的一个重要的基础支持系统，是建立在地质灾害不可能完全避免的论点基础之上的。它所回答的是有关灾害预测、控制、防治及善后等的经济问题，尤其是与探索巨大潜在灾害的有关经济问题。它将有助于主动减缓可能出现的生态环境逆向演替及规划社会经济建设，减轻灾害影响，使人们能选择更加稳健的措施，保护、开发、利用自然资源。它既研究灾害发生情况下的损失估算及采取相应对策方案、应急措施与长期规划等有关经济问题，又研究在区域灾害演化规律控制下的防灾、减灾和化害为利等有关经济问题。

地质灾害预警决策系统的宗旨是：为国民经济建设和社会发展服务。因此，对灾害规律的研究要落到决策支持上来，建立起一个以物理系统为基础，以经济系统为目标的新体系。

为了实现城市的地质灾害预警决策系统，在采用新的方法的同时，必须进行管理体制的改革，地质灾害预警决策系统应是政府的一项基本职能，要打破行政“条、块”界限，建立起一个以灾害区划为基础的统一管理体系，此管理体系要以政府为领导核心，以有关省区建委、地矿局、环保局为主要职能部门，统一规划、统一领导、建立一支稳定的高层次的专业队伍，设置稳定的监督网点，长期坚持，才能逐步做到主动预防。

12.2.2 城市地质灾害减灾技术及防治对策

我国大部分城市都建于1000～2000年前，随着自然环境的改变，有些城市被沙漠埋掉，有些被洪水吞没。现在仍然在有些城市环境恶化，灾害丛生，亟待改行。据研究，全国46％的城市位于烈度Ⅶ度以上地区，有1/2的城市受到洪水的威胁。另外，有些城市也在扩建、重建和新建，这些都需要面对现实，认真考虑灾害因子的影响。人口—资源—环境—灾害及自然—社会，是一个有机联系的整体。为了减轻城市灾害，就要从自然性和社会性的更广泛的内容上去研究与工作，故而城市减灾是一个复杂的系统工程。

城市地质灾害减灾系统工程主要包括监测、预报、防灾、抗灾、救灾和援建，它们在城市建设的不同阶段有不同的内容。

城市地质灾害的监测、预报及预警系统上面已经叙述，这里仅就防灾抗灾技术问题进行讨论。

1.城市地质灾害的防灾与减灾

（1）20世纪90年代我国将进入灾害频发的严重时期。我国的许多城市位于某些灾害严重威胁的地区；而我国的许多城市，特别是旧城市没有达到抗灾设防的标准，城市减灾预案不能完善或尚未制定，没有建立完善的城市管理系统，没有减灾管理纳入政府职能；且城市居民减灾意识不强，表现出麻痹、惊慌、缺乏灾害及减灾知识与技能；尤其是城市人口迅速增长，经济、财富集中，对社会经济发展影响很大，而对灾害的承受的能力却很小。故而，应尽快进行城市减灾系统工程设计与逐步实施。

（2）城市人口、经济与城市灾害系列图的编制。城市人口、经济与城市灾害系列图的编制是城市发展规划制定的重要依据也是城市防灾规划制定的重要依据。这些图件包括人口密度图、经济密度图、构筑物抗灾能力图、城市地质图、建筑地基图、干旱程度图、地下水分布图、地下水利用图、地形图、工程地质图、土地利用图等，以及城市灾害危险度区划图。

（3）根据城市灾害危险度区划图和其他基础性图件，对城市发展作出合理的、安全的规划，没有以上系列图件所反映的情况，无法作出科学的城市规划。过去经常出现这样的情况，规划选定的厂址恰恰最不稳定，1990年8月11日天水锻压机床厂发生滑坡，使全厂被毁，直接经济损失2070万元（据悉早在建厂之前有关科技人员曾指出该处为老滑坡区）。唐山市在重建时，将活动断裂通过的地带规划为工业区与住宅区之间的绿化防护带，这是很科学的。

（4）根据防灾规范的综合考虑，是城市防灾的重要环节。这是因为有些城市不仅位于众灾频发的地区，容易受到多种灾害的袭击，而且由于人口与经济密度大，容易引发次生灾害。如上海市区20世纪90年代每平方公里已逾2.75万人，房挤路狭，据反映，有95万只煤球炉，简陋棚户和旧式里占弄住宅面积的78.5%；市区有8只大型煤气柜，总储气量120万m^3。如果一旦发生地震，很容易引发火灾，进一步又将导致影响水、电、煤气供应和交通，危及社会生产与社会秩序。

因此在城市规划时，必须综合考虑多重灾害的防御问题，设计避灾空地和通道，制定合理的建筑规范与标准，规划雨水渗漏与临时贮水场地。

应急性生命线工程与城市发展要同步进行，特别是易受地震、洪水、台风等强度很大的突发性灾害威胁的城市，必须在城市建设的同时，建设应急性的生命线工程。

应急性通信、交通的方案和设施。一旦发生重灾，首先通信与交通必须畅通才能最大限度地减轻灾害损失。因此必须制定在遭受灾害破坏后，通信、交通的应急性方案，发展与建设必要的设施。

2.城市抗灾救灾

城市抗灾救灾包括灾害的管理、救灾预案和减灾意识的提高等，见表12-1。

城市抗灾救灾管理一览表　　表 12-1

序号	项目		抗灾救灾措施
1	灾害管理		确定政府部门的灾害管理职能； 确定由政府领导的、各类灾害管理部门参加的灾害管理中心； 组织有关专家建立灾害研究系统，组建灾害综合信息处理中心和数据库； 完善社会减灾行动系统，明确职责，制定预案，做好抗灾、救灾的思想、组织、物质、技术准备
2	城市抗灾、救灾预案的制定	制定基础	灾害的发展趋势、城市所在地区的灾害区划特征、城市抗灾能力、城市人口经济状况等制定城市抗灾、救灾预案的基础
		预案类型	较长时期的规划性抗灾、救灾预案； 灾害应急反应预案； 灾害的人工模拟与防灾演习行动预案
3	提高技术与思想水平		抗灾、救灾技术的研究与全民减灾意识和素质的提高

3. 城市地质灾害防治工程措施

城市地质灾害系统，大体包括两个子系统：一是自然灾害系统，一是人为灾害系统，两者为互馈关系。城市自然灾害主要有地震、风灾、洪水、滑坡、地面沉降等，突发性自然灾害的发生常常引起火灾、交通事故、工厂停产等一系列人为的次生灾害与衍生灾害。城市化的人为活动如工程开挖、过量抽取地下水，也可引起滑坡、地面沉降等自然灾害发生。

（1）城市防洪减灾对策

1）认清城市防洪的重要性，理顺管理体制，加强城市防洪规划

长期以来人们认识不足，在流域防汛中对农村、农业的防汛抗洪比较重视，忽视了城市防洪是全国防洪的重点，许多城市至今尚未形成完整的城市防洪体制。因为城市防洪，是通过为城市提供安全保障，间接体现其经济效益、社会效益和环境效益的。特别是经济效益，只有在发生洪水时才集中突出地反映出来，通常是由避免或减少洪灾损失来体现的。由于洪水的发生具有偶然性，特别是特大洪水，虽然给人民生命财产造成惨重的损失，但因其发生得较少，而且历时较短，人们往往容易产生麻痹思想和侥幸心理。加之城市防洪建设需要投资较多，且资金没有保证，所以在城市建设中普遍忽视城市防洪建设。但是，由于城市人口集中，经济发达，所以在同等灾害强度的情况下，其损失几乎与人口、经济的密切程度成正比。如：1931 年武汉市遭受洪水水位高达 28.28m，受灾市民 78 万，死亡 3.36 万人。安康市 1983 年特大洪水，全城被淹，造成直接经济损失 4 亿元；哈尔滨 1956 年大水造成直接损失 3 亿元；1954 年长江大水，中下游直接损失 100 亿元以上；1963 年海河大水，直接损失 60 亿元；1985 年松辽流域大水直接损失 100 亿元；1988 年湘江大水，岳阳市堤防严重渗漏、滑坡，经全力抢险，虽然保住了堤防安全，但洪水损失达 4 亿多元；1988 年珠江大水，柳州市受灾面积为 19km^2，受灾居民 41698 户共 18.8

万人，受淹房屋48875间，90%以上工厂停产，直接经济损失达2.33亿元；1991年夏天，一场百年一遇的特大洪水浩劫造成了巨大的损失，仅江苏省28个城市中有22个遭灾，兴化市城区受淹面积高大86%，苏州、常州等经济发达城市的城区受淹面积达40%以上。全省有2.87万余家企业被迫停产，城市房屋倒塌15.7万余间，约133万多m^2，还造成12万多间、约245万m^{2}危房。2011年6月3日～6月20日南方暴雨洪涝灾害共造成南方13省（自治区、直辖市）86个市（州）510个县（市、区）3657万人次受灾，175人死亡，86人失踪，直接经济损失350.2亿元。城市受淹面积虽然比农村小，但直接损失却占一半以上。因此，认清城市防洪是全国防洪的重点，理顺并完善稳定有力的城市防汛管理机构十分重要。由于城市防汛必须与城市规划紧密结合，城市防汛排涝设施是城市基础设施的重要组成部分。据此，城市防洪工作应由各级建设主管部门负责，实行归口管理。

加强城市防洪排涝能力，增加城市防洪排涝的基础设施建设，实现城市防洪排涝的综合治理，其前提必须强化城市防洪排涝规划，并认真付诸实施。比如，城市中一些建设，特别是住宅小区建设，往往不注重防汛要求，标高偏低，防汛设施建设不全又不配套，一遇大水就被淹。

2）兴建防洪工程设施

防洪是一项长期艰苦的任务，需要进行工程措施和非工程措施相结合的综合治理。防洪减灾的工程措施包括修筑堤防、整治河道，以便将洪水约束在河槽里并顺利向下游输送；修建水库控制上游洪水来量，调蓄洪水、削减洪峰；在重点保护地区附近修建分洪区（或滞洪、蓄洪区），使超过水库、堤防防御能力的洪水有计划地向分滞洪区内分减，以保护下游地区的安全。城市防洪还得因地制宜，临海临河和靠山城市的防洪措施均不一样，所以不能千篇一律。

①靠山城市的防洪措施

因靠山城市受山洪或泥石流的威胁，一般采用综合防治措施。除了修建必要的小水库、谷坊、防洪堤、排洪渠道等工程措施外，还要做好封山育林、植树造林、挖鱼鳞坑、水平打垅等非工程措施，以增加入渗，减缓山洪效果。例如吉林省临江镇靠山临水（鸭绿江），由于水土流失，沟壑满山，山洪泛滥，城镇受淹。1956年一场暴雨，雨量不到150mm，就发生了山洪，泥砂骤下，铁路、公路被泥砂石块淹埋，交通中断，城镇被淹。经过修建谷坊、挖鱼鳞坑、挖水沟、培土埂以及封山育林、植树造林等综合治理，效果显著，达到日降雨150mm，土不下山、水不出川和60天无雨保丰收的效果，保障了城市汛洪安全，促进了农业发展，美化了环境。

②临海城市的防洪措施

由于临海城市主要受潮（海）水高潮位和台风海浪的威胁，河口城市既受河洪危害，又受风暴潮的威胁，特别是当河洪与风暴潮相遇时，对城市威胁更大，如天津、上海、广州等城市均属这种类型。这些城市的防洪措施，还应根据具体情况采用分洪、纳潮和增辟入海口等非工程措施，避免或减轻洪水对城市的危害。例如天津市为了减轻海河上游五大支流汇集海河对天津市的威胁，在充分发挥上游湖泊洼地分洪滞洪作用外，还先后增辟了永定新河、子牙新河、漳卫新河等直流入海，使海河泄洪能力提高5倍多；上海市区地势低洼，汛期风暴潮水位高于市区地面1～2m，1981年风暴潮与长江洪水相遇，出现了特大高潮位，高出市区地面2m左右，严重威胁市区安全。为保重点、保全局，将川杨河、大治河、金汇港等浦东沿江的9座主要水闸全部打开进行纳潮，使黄浦江洪水很快下降0.15m左右，基本上保住了市区防洪墙。

3）临河城市的防洪措施

主要有在江河上游沿岸城市修建拦洪水库，提高城市抗洪能力。如黄河上游刘家峡水库建成后使下游兰州市等城市抗洪能力从20～30年一遇提高到100年一遇。江河下游城市沿岸兴建分洪措施，如荆江分洪、杜家台分洪等。

（2）城市防御震害对策

我国的地震活动分布广、频度高、震源浅，是一个多灾难性地震的国家。有32.5%的土地位于地震基本烈度七度和七度以上地区，六度及六度以上的地区面积达到60%；70%的100万以上人口大城市，位于七度和七度以上的区域内。

经过长期不懈的努力，我国人民积累了不少地震减灾的经验和行之有效的科学对策。尤其是近几十年来，我国地震减灾工作初步得到全面系统地开展，现在不断地加以完善和深化。为减轻地震灾害设立国家级、省级、地（市）县级三个层次行政管理机构。

1）国家级机构。国家地震局是中国独立的地震减灾部门，是国务院主管全国地区工作的职能部门，统一管理全国地震减灾工作，管理我国地震监测、预报、科研、工程地震和震害预测及地震对策等减灾工作。

2）省级机构、省级地震局（办）、建设局、计委和民政局分别是当地地震预报、工程地震和地震对策、工业与民用建筑抗震设计和抗震加固、抢险救灾和救济的管理部门。

3）地县地震机构。地县级地震局（办），是当地政府主管地震减灾工作的职能部门，负责统一管理当地的地方地震工作和群测群防工作。它是联系上级地震部门和当地政府的桥梁和纽带，业务上接受上级地震部门的指导。

全国在此三级地震减灾管理职能部门指导下，开展地震的测、报、抗、防、救、援、重建的工作。

1）我国地震预报分长、中、短、临四个时间尺度，地震研究是预报不同时间段的科学和地震减灾的需要安排。新中国成立以来，我国地震的基础理论研究、应用研究和地震预报方法研究等都取得了一批成果。地震研究应该是加强地震成因、地震孕育过程及其过程中各种先兆的理论、模型和实验研究，地震预报预测方法研究，地震重点监视防御区综合地震减灾的研究，地震灾害预测和地震对策的研究。我国地震监测网主要集中在东部和南北地震带，这样的格局造成了东多西少分布不均的问题，要根据地震预报与地震减灾的需要作适当的调整。

2）地震的抗与防——我国一项重要国策。特别是 1976 年唐山大地震后，加强了抗震防震的对策研究，从中央到地方逐步建立了抗震防震机构，形成了一套抗震防震工作管理体制，制订了一系列抗震防震的政策、措施和标准规范，深入开展地震工程中各领域的科研与对外科技合作。1978 年曾确定 38 个城市作为国家重点抗震城市，目前已增至 52 个，对城市的抗震防震提出了具体要求..

1979 年后，分阶段对于基本烈度为六度区的若干城市（淮北、马鞍山、铜陵、芜湖等）的重要工程按七度进行设防。1984 年又颁发了《地震基本烈度六度地区重要城市抗震设防和加固的暂行规定》，这样解决了上海、武汉、青岛等一批重要城市、省会和百万人口以上的城市抗震设防问题。对全国地震区范围内建筑及工程设施的抗震鉴定加固是从 1979 年开始的。

地震是随机现象，大地震是发生频度较小的突发性事件，但是一旦发生，后果十分严重的。基于这种情况，在采取技术对策时要充分考虑安全和经济两方面的因素，尽量以较少的代价保障结构和设施的安全可靠性。这就是目前世界上已经逐步发展起来的“小震不坏、大震不倒”的二次设计概念，我国的抗震技术对策也是以此为基础的。我国抗震防震工作的几项主要对策是：①对新建工程进行抗震设防；②对现有工程设施进行抗震加固；③提高城市的综合抗震能力；④指导农村提高建筑抗震能力；⑤大力加强抗震防灾科学技术的研究；⑥加强抗震防灾的人才培训工作；⑦开展抗震防灾的宣传教育；⑧加强国际交流与合作；建立网络式管理体制。地震造成人员伤亡和经济损失，主要来源于房屋建筑物的倒塌和工程设施、机械设备的破坏。世界上发生过 130 次伤亡巨大的地震，95%以上的人员伤亡是由于建筑物倒塌造成的。实践证明，通过对房屋建筑和工程设施的设防和加固，对减轻震害是十分有效的（各类建筑需要采取什么样的抗震防灾对策在我国《建筑抗震设计规范》中已有规定)。对现有房屋，常用的抗震加固技术对策大体可归结为补强、外包、替换和外加等四种，其目的在于提高房屋抗震强度、变形能力和整体性。①补强——旨在增强原有构件的抗震强度和连接构造。具体可采用压力加灌水泥浆和环氧树脂浆，后加预应力筋和铁扒锔等；②外包——即在原有构件和节点上加围套，在墙柱上加钢筋混凝土钢丝网水泥面层等，并尽量设法使外包构件与原有构件连成整体共同发挥作用；③替换——即用抗震性能更好的构件来替代原有强度和延伸性较低的构件；④外加——这种方法一般具有更大的灵活性，只要不影响正常的使用要求，可以在适当的部位增设各种抗震构件，包括墙、柱、框架或桁架、支撑、圈梁、支托、拉线（包括墙缆）等。还可以采用减轻荷重、降低重心等间接的手段增强现有结构的抗震能力。

城市生命线工程的抗震防灾对策（表 12-2）：城市人口、建筑物、生产、财富、灾害的集中，致使地震具有损失重、影响大、连发性强与城市发展同步的特点。在一场等级高强度大的灾害发生后，常常诱发出一连串的次生灾害。唐山发生 7.8 级地震，破坏了唐山生命线工程，致使唐山市内多数建筑物倒塌；铁路道轨弯曲如蛇；桥梁与路基破坏，交通中断；地下管道破坏，水电断绝；在唐山市发生大型火灾 5 起，工厂停工停产……死亡 24.2 万人，直接经济损失 100 亿元以上。间接损失无法估计。

城市生命线系统，是指维持市民日常生活所必不可少的交通及电力、煤气、自来水等的供给系统。在城市机能的抗震性上，最重要的问题是生命线系统的抗震性。生命线系统是城市生活不可缺少的东西，因此在研讨生命线系统抗震对策时应综合地考虑：①地基振动的特性；②构成系统要素的性能；③系统的机能和地震危害度；④震灾后修复的战略评价。不仅应重视灾害本身，更应注意扩展为连锁反应的“灾害链”问题。

①给水排水工程

我国大中城市中的供水系统，从水源布局，取水构筑物到供水设备和管网，抗震能力一般都比较薄弱。近几年来新建的供水工程虽已按规范要求进行抗震设防，不少城市还已对某些关键性的建筑物和构筑物进行加固，但对管网系统的改造基本还未开展。在这种情况下一方面应该通过规划和扩建逐步对原有的体系进行改造，同时也要拟定好震后应急处置预案，通过及时的抢修尽快恢复系统的功能，减轻地震所造成的直接灾害和次生灾害。

②电力工程

电力系统是生命线的要害。由于以下两个方面的原因电力系统的抗震防灾措施尤其应该加强。首先，电力生产和供应过程的各个环节是连续的，中间任何一个环节发生问题都会引起连锁反应。其次，电力工业是装置性产业，设备昂贵，一旦破坏损失很大，在这种情况下用较少的抗震投资就能获得很高的经济效益。为保持城市供电系统地震时不停电或迅速恢复供电，重要的是要保持电网稳定和安全，因此对于可能导致大面积、长时间停电的主力电厂、枢纽变电站、超高压电线及总调度楼等重要建筑及生产设施应倍加重视。

③煤气、热力工程

在制订城市煤气、热力系统的发展规划时应充分考虑整个系统在地震时可能发生的问题，采用必要的措施防止可能发生的次生灾害，保障安全供给。

④邮电通信系统

提高邮电通信系统在强烈地震作用下的可靠性是建设现代通信网络中必须考虑的问题。邮电通信系统抗震防灾的关键是保持震时应急通信的畅通，避免阻断。

⑤道路、桥梁

由道路和桥梁组成的运输生命线网路是抗震救灾工作中不可缺少的重要环节。确保道路桥梁的抗震安全和震后的抢修恢复是道路、桥梁抗震防灾对策的基本组成部分。

3）城市地震的救援与重建家园。我国减轻灾害的方针和原则，是在国务院统一领导下，充分发挥地方政府的领导指挥和组织协调能力，贯彻“预防为主、平震结合、常备不懈”的方针。在地震重点监视防御区加强地震监测预报和设防、加固工作；救灾工作贯彻“自力更生、艰苦奋斗、发展生产、重建家园”的方针；坚持“以地方为主、国家补偿为辅”、“保险补偿”及“中央企事业单位主要由主管部门负责”的原则。我国实施以预防为主方针的总战略是地震预报、工程抗震和抢险救灾相结合，地震科技进步、政府减灾职能和社会参与三结合，三者是相辅相成的。我国地震高烈度区比较多，根据国家财政情况，采取以预测预报为基础，在重点监视防御区和部分大城市、重要工业基地进行抗震设防、全力救灾的对策，来实现减轻地震灾害的目标。

生命线工程的抗震防灾对策　　**表 12-2**

序号	类别	抗震防灾对策
1	给水排污工程	（1）水源应沿不同方向适当分散布置，采用多水源、多补压井，多备用井的综合供水方式，互相沟通，平时设闸阀控制，震动时可沟通互补。 （2）当以取地表水作为城市主源时，应保证岸边取水建筑物的抗震稳定性，防止因地裂、滑移造成破坏，并考虑在不同方向配设补压井。 （3）取水井管应采用钢管，直径不宜过小，使井管与泵管间有足够的空隙，避免在地震动影响下机泵被卡住。井管周围需严格封填，避免震动时土壤滑落堵死滤水管。在水源井上宜适当配备潜水泵，这种泵构造简单，易于恢复。 （4）泵房与井室是供水系统中的关键设施，应该增强其抗震能力，确保地震时的使用功能，泵房应该有双回路供电，或有自备电源。 （5）水质净化构筑物各单元之间应尽量增设连通超越管道，必要时可以跨越停止使用某一单元的构筑物。水池顶盖要与支承配有可靠的连接措施，池壁要有足够的刚度。清水池中的导流墙与池壁、柱子、顶板应增加可靠的拉接措施，以免地震中导流墙严重开裂或倒塌，砸坏进、出水管或堵塞吸水管。 （6）综合治理城市管网，未形成环路的部分应尽快改成环状，网络中应设置一定的调压设备，并应多设阀门控制，便于震后分割、抢修。重要的闸门应有井室保护。管网中消火栓的设置应符合防火规范的要求。 （7）过河管道和通过液化地基和其他软弱地基的管道采用钢管敷设，或改用枕基，个别地段亦采用打桩补强，枕基可根据具体情况采用平基或弧基，也可增设一定数量的可伸缩、转动的柔性接头，包括采用承插式或机械式胶圈接口中套筒式胶圈接口。 （8）除在容易发生震害的管道与构筑物连接处附近均换为柔性接头外，在直线段亦根据场地地基，烈度高低每隔一定距离（例如 20～40m）更换为柔性接头。 （9）经过活动断层和地质条件截然不同的地段的重要干管宜加隧道保护或采取其他能抵御错动的措施。 （10）有条件的城市宜逐步发展综合管道，将各种管道按规定要求布置在大管道中，这样做不仅便于维修检查，也有利于抗震

续表

序号	类别	抗震防灾对策
2	电力工程	(1)电厂、枢纽变电站中各类建筑物和设施之间应保持必要的安全距离和疏散通道,防止次生灾害的蔓延和扩大。场内氧气站、油库、油罐及主变压器等设施应严格遵守有关防护距离的规定。8度以上的地震区对防护距离应从严掌握,使之略高于常规的要求。对现有厂、站中不符合抗震安全距离的地方,应加强防火墙、防爆墙或采取其他防护措施。防火墙、防爆墙本身的抗震能力应该确保。 (2)电厂主厂房、枢纽变电站主控制室主要建筑物的屋盖结构的整体性应该确保。大跨度汽机房在7度以上地震区中屋架宜采用钢结构,避免采用气楼式天窗。屋盖系统应有足够的水平与竖向支撑。屋面板与屋架之间应有可靠的连接。经检查抗震能力不足的屋盖系统应进行重点加固处理,如将大型屋面拆换为轻型结构、天窗架根部加固、增设支撑杆件、加固承托屋架的牛腿等。 (3)不同体型、刚度的建筑物和构筑物应尽量脱开布置或采用简支方式连接、支承滑动长度应加长,以免掉落砸坏其他构筑物和设备。支承屋架和其他邻接结构的牛腿应重点进行加固,牛腿与邻接杆件的连接锚固螺栓应能抵抗所传递的地震剪力,防止锚接件一旦破坏时脱位掉落。 (4)主厂房围护结构应优先采用与框架柔性连接的预制墙板。炉顶小室、悬臂突出的除氧煤斗间屋面的皮带头部小间、伸出邻跨屋面的高纵墙应采用轻质高强度材料。砖混结构墙体应确保其强度和稳定性,按有关规定增设构件柱,并采用圈梁连接整体。 (5)屋外变电架构宜采用预应力钢筋混凝土离心杆做支柱,横梁采用钢结构。水膜除尘器、澄清器等设施,避免用砖块或其他脆性材料作底座,对已有的这种支承结构应用钢筋混凝土结构来代替。 (6)唐山地震的经验表明室外配电装置中电气设备的震害一般要比室内轻,因此地震区中重要的配电装置有条件时应尽量使用室外配电装置。经验还表明室外配电装置中的中型布置方案比高型、半高型布置方案的抗震性能好。8度以上地震区宜采用中型布置方案。 (7)地震区大、中型电厂和重要变电所中采用抗震性能较好的密封式防酸隔爆蓄电池,并设栅栏和采取其他防翻倒的措施。一般小型发电厂和中、小型变电所在8度和8度以上地震区可取消蓄电池,采用铬镍电池柜或硅整流电容储能装置和其他直流装置。 (8)在地震区变电站中应采用地震性能较好的瓦斯继电器。经验表明目前国内生产的QJ:－50或QJ:－80型挡板式瓦斯继电器可防止地震造成的误动,而FJ－22型及其他型式的浮筒式瓦斯继电器地震时已造成误动,应尽快更换。有临震预报时,应立即停止使用主变压器瓦斯保护以及架控配电线路的重合闸。震后对出现接地信号的线路应停止供电,以防触电事故和火灾。对于平开式刀闸(GW－5,GW－7－200等)则要研究防松脱措施
3	煤气、热力工程	(1)地震区中的大中城市应尽量考虑多气源供气,当只有一种燃气时,制气厂应在不同方向上合理分布。 (2)各类煤气设施如贮气罐(低压湿式螺旋导轨储气罐、球罐和卧罐等),煤气管道(地下直埋、地上跨越、地下和水下穿越管道),煤气建(构)筑物(调压站和阀门井等)和厂站建筑物都应根据其在地震中可能发生的问题采取防御措施。这种措施应包括通过增强结构本身的抗震强度和耗能能力和增加地震保护装置(如自动关闭阀门应急排气装置和其他备震安全保险装置)两个方面,防治地震时可能出现的次生灾害。 (3)对大型储罐应着重保障地基基础和罐壁的抗震能力,对螺旋罐同时还应加强顶环,钢水槽平台和各塔节升降滑动部分(包括导轨、导轮)的抗震稳定性。 (4)管道应采取环状布置,特别是对不能中断供气的用户,应该有第二环路保障震时迅速供气。重要管道都应有断装置,一旦有事可迅速排除险情。地下埋设的管道、阀门、接口、管件应经常检查,发现损坏随时检修或更换。 (5)地下埋设的中低压煤气管道应当采用承插式铸铁管道时宜采用柔性接口。对现有不符合抗震要求的管道应结合日常维修进行改造。管道改行可先对抗震不利的地段(如地震时可能出现液化和震陷的软弱地基)和沿沟渠边坡上敷设的易造成震害的地段开始,地下管道穿过公路和铁路以及阀门、井篦时应用套管和防震填料加以保护。

续表

序号	类别	抗震防灾对策
3	煤气、热力工程	(6)石油液化气罐瓶站的建筑物应进行认真的抗震防火检查,不符合标准的应该限期采取措施直至符合要求。液化罐不允许重叠堆放,平台边缘应有围栏,防止液化气罐滑倒。 (7)有临震预报时应采取应急措施,建筑安全措施。必要时还可中断制气,减少储罐中的贮量,停止一般用户的供气。地震发生以后为防止煤气系统的次生灾害可暂时切断电源,阶段加压站的总进、出口阀门、有控制地排放过量的贮气。生产调度立即通知各工业用户关断厂区进气总阀门和用具前阀门,熄灭炉火,暂停用气。 (8)城市热力系统抗震防灾的重点应集中在生产基地(锅炉房、机房、总控制室)。首先要维护供热系统本身的安全,其次也要防止由于供热管道破坏造成热能散逸引发火灾和爆炸,造成意外的灾害。为了确保安全,当有临震预报时和地震发生以后,可以通告用户暂时中断一般用户的集中供热。 (9)对重点用户,不论是煤气和供热都应事先调查清楚,对临时停止供气供热可能发生事故的单位,要采取防御措施,如增加备用气源等。 (10)为了加速抢险排险,制止次生灾害的发生和蔓延,应准备必要的应急设备和器材,如应急切断阀、小型罐瓶、管材、防漏阀门、柔性接头、吹风机、移动式发电机、消防水泵、化学消防车和其他灭火设备
4	邮电通信工程	(1)大中城市的长途通信枢纽不宜集中设置,应视情况逐步建立通信中心多局制。选择分散的通信中心局址时,既要满足业务量分布和运输需要,又要尽量利用对抗震防灾有利的场地。一般来讲长途干线电路直接进场下电路的做法不利于通信网的安全,长途电路工程设计时,除满足业务预测分析所需的电路外还需考虑其他应急时所需电路数。 (2)现代化通信网应该具有多路通信的功能,一、二级主干路至少应有双路通信的功能。并采用多种通信手段,如有线、无线、短波、微波和卫星通信等,而且具有互相连通,互为备用的技术性能,随着长途自动拨号业务的不断增多,应考虑采用自动进行群路或传输系统倒换技术,当一条路中断时应能保证部分电路能自动倒换到其他路上去,在我国目前条件下至少应保证重点用户享受自动倒换权,一般可考虑20%～30%。 (3)地震中的大中城市,特别是大城市应建设环形辐射状相结合的通信网路,避免一处中断就可能造成大范围受阻的情况。在通信线路改造过程中逐步增加地下管线电缆和地下总管道。 (4)提高新建和现有邮电工程的抗震能力。新建工程都要有可靠的抗震措施。在新建、扩建和改建中充分利用地下室或郊外地下二站、三站、安装备用通信设施,但地下机房必须防止地震时可能发生的水患,最好在不同方向上有分散的出口,并保证出口安全。 (5)邮电通信系统的加固重点和对策:①重要的通信建筑,其中包括通信枢纽楼,通信“三房”(机房、话房、报房)及重要附属建筑,长途明线和长途电缆的增音,微波站可采用房屋建筑的加固技术措施进行加固。②重要的电信设备应自成体系,具有自备电源。③重点地段和杆路的特殊设备,如终端杆、飞线杆、跨越杆、角杆等,一般应增设拉线撑杆和梆桩等措施,避免地震时杆路晃动下沉、倒杆,造成断路、混线故障。 (6)制定城市通信地震应急响应计划。其主要目的是在于确保抗震防灾组织指挥,宣传动员的顺利进行,同时也要制定限制和疏导一般用户的通信量和满足市民对地震情报的需求。①首先应保证首脑机关内部可通过电话会议和有线广播等进行动员和安排;②与防灾有关的机构的应急通信最好应用无线通信,微波电话或优先等级最高的有线电话;③在危险性比较大的地区和单位与抗震防灾指挥机构之间增设专线电话;④制定地震时的迂回通信电路和综合使用多重通信手段的方案,提出临时启用大容量有线载波、微波、自动电话车、广播车、汽笛、警铃以及业余无线通信设备的具体计划;⑤准备好在休息日和夜间发震时的特殊快速通信方案;⑥震时在程控电话系统中增加抗震防灾信息台,使市民拨号便能了解震情。 (7)配备抢修通信物资,拟定合理布局和分片贮藏方式,一般抢修设备和器材可包括:15W小型无线电台,磁石式小型无线电台,磁石式小型市话人工交换机及单机、单路、三路至十二路载波机、发电机组、干电池、电报设备以及军用被覆线和通信电缆等

续表

序号	类别	抗震防灾对策
5	交通运输工程	(1)道路、桥梁的抗震安全主要应从新建工程的设计、施工和现有工程的震害预测、抗震鉴定和加固等几方面来加以保证。对新建设防的道桥工程主要是加强管理,严格审批检查制度的问题。对现有的道路、桥梁,可先通过初步的抗震性能评定或震害预测,对那些经过初步评定以后认为问题不大的桥梁可以不作进一步的处理,对其余桥梁的大型和重要项目应该作进一步的抗震检查和验算,当不满足规定的抗震设防标准时,应该进行加固。 (2)对现有路段主要应该检查地基的抗震稳定性,除地震时易产生滑坡、震陷、崩塌的路上一般可不作处理,对路面应加强平时的维修和保养。以往的震害经验表明,表层风化破碎且饱含水的陡峭山坡和挖、填方的交接地段震时容易遭受破坏,应作为重点监视和防护地段。 (3)在桥梁抗震鉴定中重点应检查顺桥方向的抗震稳定性,包括桥墩的抗震强度和桥台、地基基础的稳定性。对梁式桥应注意梁底和墩顶在顺桥方向的联结方式。为了防止落梁,把梁牢固地锚固在墩顶上,或者在梁底和墩顶之间增加减震耗能机构,使墩和桥面系统的地震反应同时都减小。 (4)拱桥具有较好的抗震性能,在低烈度区的破坏往往是由于地基失效和岸坡失稳引起的。因此首先要检查桥台、桥墩及其他地基、基础的抗震稳定性,当不能满足要求时应考虑加固。 (5)公路、铁路桥桥面宽度小于6m的桥梁由于侧向刚度太弱,地震时容易遭受破坏。地震区的拱桥和跨度较大的梁式桥桥面宽度不应小于7m,对不满足此要求的桥梁宜增强其侧向刚度。对双曲拱桥可适当增设横隔板,加强拱圈的整体性,对跨数较多的连拱桥,宜增设分段刚性支墩,把多跨连拱分为分段连接,减少个别拱跨出现破坏时的连锁反应,桥台背和斜坡填料不应用易液化砂土,遇到这种情况应采取加固措施

4.滑坡、崩塌、泥石流地质灾害的减免对策

大量事实说明,滑坡、崩塌、泥石流灾害的发生,许多都是由于环境破坏而造成的,因此,保护生态环境是一条重要的减灾政策。

环境的破坏包括自然破坏(地震、台风、海啸、火山、滑坡、泥石流等自然现象所造成的破坏)和人为破坏(人类不合理地开发利用自然资源所才产生的恶果)两个方面。

环境的人为破坏早就存在了。一百多年前,恩格斯曾经举了一些盲目地砍伐山林导致水土流失的突出事例,并且警告说,必须正确地认识和运用自然规律来开发利用自然界,否则,必不可免地遭到大自然的报复。但是,由于受到当时认识能力和科学水平的限制,人们并没有吸收历史上的教训,仍然陶醉于眼前的经营得益,满足于一时的资本盈利。结果,18世纪中叶产业革命的爆发,资本主义工业迅速发展,使环境破坏更为加剧,并且日趋严重。

第二次世界大战以后,情况进一步恶化。城市的畸形发展,人口的高密度集中,工业废弃物的大量排放,自然生态的严重失调,出现了世界“八大公害”,在资本主义国家中引起了巨大混乱和紧张不安。人民的抗议,社会的不满,经济的损失,迫使工业发达国家不得不回过头来治理工业污染和恢复自然环境。

当前,科学技术和经济发达国家除了关心、防治新的污染问题之外,主要是考虑自然环境、生态平衡的保护及有关问题。因为历史上都有过严重的教训,几个主要的资本主义国家都经历了自然环境的严重破坏(20世纪30

年代起）的三个阶段。他们走了一条先建设、后治理、保护，以牺牲环境为代价来求得经济发展的弯路。这个严重的历史教训，我们应引以为戒。

长期以来我国对森林滥采滥伐，管理不力，屡禁不止，使森林覆盖率不断降低，这是造成表生（外生）地质灾害日益加剧的根源。事实说明，自秦以来，我国南方森林的砍伐就很强烈，直至新中国成立我国森林覆盖率仅为8%。由于森林采伐殆尽，使森林的涵养水分、调节径流、削减洪峰的作用随之而消失。如我国南方广大的黄壤、红壤区已逐渐成为仅次于黄土高原的严重水土流失区；长江上游的水土流失面积已达35.2万km^2，土壤侵蚀总量已达15.63亿m^3/年（1981年统计），长江已成为世界上9条大河流中输沙量第4的河流。尤其是金沙江下游和嘉陵江流域的高山深谷区，强烈的水土流失使崩塌、滑坡、泥石流分布及其广泛。如四川樊西地区面积6.59万km^2，就有50万m^3以上的滑坡和滑坡群200余处、1万m^3以上的人为滑坡51个；金沙江下游攀枝花市—宜宾市段有崩塌、滑坡689处，平均每公里长河道有0.88个。泥石流沟谷的分布则更为广泛。如甘肃白龙江两河口至长崖坝长70km的干流两岸，有泥石流约200条；云南小江流域龙头山以下90km长河段内竟有51条（支流）为泥石流沟；四川境内成昆铁路两侧泥石流沟也很多，90%以上与森林植被破坏和粗放经营的坡耕地有关。以上事实说明。正是由于森林植被的大量破坏，才使滑坡、崩塌、泥石流等地质灾害日益严重。这个教训是极为深刻的，是值得制定减灾对策时重视的。

目前，人为致灾作用越来越明显，越来越强烈。这是导致滑坡、崩塌、泥石流灾害日益严重、愈演愈烈的重要原因，也是这些灾害新的发展趋势的明显标志。

滑坡、崩塌、泥石流是在特定的地质—地理环境中形成，并受降雨、地震、人为活动等诸自然因素影响而发展成为危害人民生命和经济建设事业的一种常见的自然—人为灾害。因此，它们的形成和分布，既与地理—地质环境条件有关，又与社会发展、经济建设有关；致灾因素既有自然规律一面，又有人为因素一面。针对我国的研究工作现状，应加强重要灾害点的监测工作，掌握其演化规律，从而作出有科学根据的预测预报，达到减灾的目的。

为减轻滑坡、崩塌、泥石流灾害而采取的对策和措施（表12-3），是一个涉及面广、学科领域多、十分复杂的问题，既要遵守客观的自然规律，又要强调人的主观能动性和改造自然的可能性。要减轻灾害损失，必须提高科学技术、研究和预测水平，掌握自然规律，加强政府部门行政职能，加强法制建设，并加强全民防灾教育宣传活动，群策群力，共同参与减灾活动，紧密地结合国情、当地现状灾情和已经取得的成功经验，提出因地制宜、切实可行的减灾对策和治理措施，才能见到成效。

5.城市地面变形灾害的防治对策

地面变形地质灾害中，对城市建设危害最大的是地面沉降、地面塌陷、地裂缝灾害。

地面沉降作为城市顽固的慢性病，主要表现在我国人口稠密、工业发达的沿海城市，近年一些内陆城市也相继出现。据统计，我国已有 38 个以上的大中城市出现比较严重的地面沉降现象。地面沉降虽然较缓慢，但使城市建筑物和地下管道等下沉、变形和破坏，在滨海区还出现海水倒灌而使港湾设施失效等，危害也很大。在未来几十年内，全球气候变暖，将可能导致海平面上升，而近几年来，我国气候以旱为主，这将加剧城市水量供需矛盾，导致地下水超采现象更加普遍。由于海平面上升和地面沉降的叠加作用，无疑将对地面标高已很低的沿海城市的经济建设和人民生命财产安全构成巨大威胁。

城市地面塌陷灾害也是对城市经济建设危害较大的一种地面变形地质灾害。地面塌陷主要发生在地下开采的矿区和岩溶洞穴发育的石灰岩分布区，后者与不合理开采地下水有关，也具有严重的突发性。近年来，地面（岩溶）塌陷在国内已发现 800 余处，华北、华东两区煤矿平均每产万吨煤地面塌陷 3 亩地。如开滦矿务局已塌陷土地 13 万亩；徐州矿务局塌陷土地近 18 万亩；山东肥城县因采煤出现地面塌陷和沉降，迫使县城搬迁等。武汉市地面塌陷还直接威胁长江大堤的安全。

地裂缝灾害，其成因比较复杂，有构造成因的，也有过量抽水引起的，也可能由黄土潜蚀作用造成。据了解全国有 12 个省、市、自治区的 200 多个县市约有千余处有较大的地裂缝。最严重、最典型的是西安市，在市、郊区 150km^2 范围内形成地裂缝 10 条，建筑物遭受破坏程度相当于Ⅵ—Ⅶ级烈度。

减轻滑坡、崩塌、泥石流地质灾害的对策　　表 12-3

序号	类别	基因内容
1	减灾基本原则	（1）一靠科学，二靠政策。政策要真正奏效，必须有其科学依据。缺乏科学性的政策，不但难以贯彻，而且往往造成失误。这种教训是不乏其例的。因此，制订政策（包括减轻地质灾害的各种法令、法规和条例等）要靠科学。 （2）扭转环境劣化趋势，变恶性为良性循环，保护环境，优化环境。因为滑坡、崩塌、泥石流等灾害是地质与生态环境劣化变异的结果。所以，要从根本上防止地质灾害的产生，必须保护和优化环境。而环境的劣化又是在较长的历史时期因不合理的人类活动造成的。因此优化环境必须是以调整人类活动为核心内容，彻底改变以牺牲地质环境、生态环境为代价，掠夺式开发资源而取得经济增长的倾向，要寻求一个经济发展与环境优化同步进行的发展途径。 （3）全国规划、综合治理、以防为主、防治结合。几十年来，由于在工程建筑活动中不注意对环境和生态的保护，因而往往招致大量地质灾害发生，危害工程建筑的安全和正常使用。当灾害突然发生之后，不得不抢救，为了应急，多采取单纯的工程措施进行治理，结果往往是处理了一处灾害诱发了另一处灾害，从而陷入顾此失彼、强于应付的被动局面。加拿大山区对崩塌、滑坡、泥石流的防治措施是在对地质灾害进行危险性评价之后，根据灾害的规模和重现期而确定的。它包括了预防性、控制性工程措施和防护性生物措施，以及对土地利用的限制性措施。即是预防为主、防治结合的措施。 （4）要动员全社会的力量减灾。我国滑坡、崩塌、泥石流地质灾害种类多、分布广、发生频繁，各个地区、各个时期都有发生灾害的可能性。同时减灾工作是一项系统工程，涉及方方面面，只有组织动员全社会各行各业投入减灾工作，才能确保减灾工作的顺利。为此，要继续深入地进行减灾活动的宣传，提高全国各族人民对减轻自然灾害的重大意义的认识，增强全民的减灾意识，使大家认识到减灾是全民的义务

续表

<table>
<tr><th>序号</th><th>类别</th><th colspan="4">基因内容</th></tr>
<tr><td rowspan="5">2</td><td rowspan="5">灾害的防治对策</td><td rowspan="2">1
科学技术</td><td>加强地质灾害防治的科学研究</td><td>全国地质灾害发育特征及趋势；预测研究；重点地区地质灾害分布发育规律及防治对策研究；重点地段地质灾害危险性评价、区划与防治对策研究；地质灾害勘查、监测、评价、预报及防止理论和技术方法研究。</td><td>实施减灾工程</td></tr>
<tr><td colspan="3">选择有代表性、有研究价值的地质灾害点进行监测—预报研究。力求通过时间—位移曲线或者时间—位移方程解决滑坡、崩塌发展趋势预报问题。像长江新滩滑坡、四川巫溪县中阳村滑崩、云南元阳县滑坡预报那样，对于减轻灾害损失起了显著的作用。
加强地质灾害研究情报网，实行资料共享，情报互通，避免重复工作</td></tr>
<tr><td>2
管理及法规</td><td colspan="3">加强政府职能部门在减灾工作中的领导作用。实行国家统一管理与分级、分部门管理相结合的制度。同时，加强地质环境保护和地质灾害防治的法制建设，实行依法治理。
把减灾工作纳入国家计划，解决地质灾害防治工作的经费渠道问题。由于地质灾害的形成一般较分散、多发，所以往往不容易引起社会和政府部门的重视。以致长期以来没有揣摩有关研究和防治地质灾害的总体战略计划，其经费问题也无从解决。这使减灾工作的进行受到限制。
加强减灾的国际合作与交流。这一方面是学习外国先进的科学技术，另一方面是争取联合国的资助。</td></tr>
<tr><td>3
防治措施</td><td colspan="3">大大加强社会防灾、减灾科学普及宣传教育工作，提高全民族的防灾、减灾意识。动员和依靠群众的力量，与专业人员密切配合，搞好群测群防工作，作出预报。比如，四川省巫溪县中阳村滑坡发生前，当地政府组织群众进行了监测工作，为后来的预报工作提供各类非常宝贵的资料。
汛期检查。在雨季前、后与雨季中，各地政府、部门根据轻、重、缓、急情况，专门组织科技人员实地考察滑坡、泥石流的变化趋势，注意识别潜在的滑坡、崩塌、泥石流。重点放在山区的重大工程、建筑物及居民点附近。
大搞绿化。一定要花本钱、下功夫从根本上改变我国普遍存在的不良地质环境条件。欧洲山区国家经验已经证明，那些在历史泥石流、滑坡很多的地区，而今变成青山绿水之后基本上消除了泥石流、滑坡灾害。
抓天气预报。针对我国滑坡、崩塌、泥石流等多因暴雨诱发而成的特点，建议在重灾区、多发区加强灾害性天气预报工作。每年汛期之前，以政府部门为主，组织有关地质气象专家，专门研究本地区灾害性天气预报问题，并付诸预防、治理和抢救工作。
对不稳定斜坡采取避开、排水（截、排、护、填），削坡反压，改善斜直岩土性质及增设抗滑工程（挡土墙、抗滑桩、锚索）以增强其稳定性。</td></tr>
</table>

地面沉降和岩溶塌陷是可以防治和避免的，只要我们在开发利用地下水资源及其他开发活动之前做好预测、预防工作，是可以不造成或减轻经济损失的，只要采取正确的防治措施（表 12-4），是可以保护好地质环境、防止地面沉降和岩溶塌陷地质灾害发生的。

城市地面变形灾情及防治对策　　　　**表 12-4**

类型	项目	灾情及防治对策
1 地面沉降灾害	灾情	20 世纪 60 年代初期全国范围只有几个城市有地面沉降问题，80 年代初发展至十几个城市，而且目前已有 60 余个城市出现地面沉降。地面沉降现象以沿海城市偏重。且随着人类活动范围的不断扩大，出现地面沉降的区域已在增加，最终将导致区域性地面沉降，目前不仅大城市的地面沉降严重，中小城市的沉降也不逊色
	成因	当前公认，过量开采地下水是引起地面沉降的主要外因，可压缩土层的分布是产生地面沉降的内因，目前要进一步研究的课题是：在采水必沉的前提下如何控制地面沉降量。此外，有些地区的地面沉降不仅是开采地下水使可压缩土从释水固结引起的，还有由于构造、断裂活动相伴而引起，如河北邯郸及西安小寨等处。故对于各地区情况不可一概而论
	防治对策	目前对地面沉降施行监测的主要方法是建立沉降基岩标、分层标，对地下水动态进行监测，而治理手段则以回灌、增加地下水人工补给量以控制地面沉降，从全国范围看，已开展监测和治理工作的主要局限于上海、天津、北京、西安等大城市，对于大部分中小城市及经济不发达的地区是否有能力、有必要借鉴或采用上述方法手段去监测、治理地面沉降是值得商榷的。 ①减少地下水开采量 减少地下水开采是控制地面沉降的主要措施，这已被很多城市的实践所证明。 ②调整开采利用地下水的层次 例如上海市原来开采第二和第三层含水层中的地下水，后来开始利用第四含水层中的地下水，从而减少了第二和第三层中地下水的开采量，对地面沉降起到了缓解作用。 ③进行地下水人工回灌 进行地下水人工回灌以提高地下水位，可达到缓解地面沉降的效果，同时结合地下水储能技术，冬灌夏用，夏灌冬用能起到多种效果。上海自 1966 年开展人工回灌地下水以来，地下水位大幅上升，不仅在一定程度上控制了地面沉降，而且也为工厂提供了“冷源”和热源。 ④利用地下水的采灌数学模型以合理利用地下水资源 建立一个地区或城市的地面沉降数学模型，进行两次计算。第一次是在一年的用水高峰之前（春季），计算确定用水水量，开采强度和开采分布，使地面沉降量达到最小。第二次是在用高峰过后（秋、冬季），根据因开采地下水而出现的地面沉降量，确定秋、冬季应到回灌的水量、强度、范围使地面回弹，使一年沉降量达到最小，通过这样的采灌模型既开发利用了地下水，同时又达到基本控制地面沉降的目的，上海在这方面作了尝试，收到良好的效果
2 岩溶塌陷的灾害	灾情	岩溶塌陷是岩溶发育地区常见的地质灾害，我国西南、华南、华北地区碳酸盐岸分布广泛，地面塌陷发育，随着生产力的发展，岩溶地面塌陷日益严重
	研究程度	我国西南部地区与铁道部门对这种灾害的研究工作较早、较为深入，并已经探讨一套切实可行的预防对策和防治措施。 普遍认为产生岩溶地面塌陷的基本条件可归纳为三个：①具有下伏开口岩溶形态；②覆盖层为松散岩土类；③水动力条件的变化。对于岩溶地面塌陷的成因机理尚处于探讨阶段，目前被普通接受的观点是潜蚀理论，有的提出了“压强差”的理论。岩溶地面塌陷的产生去除三个基本条件外尚有人工爆破坏诱震、采煤、开凿隧道等，它们可直接引起岩溶地面塌陷，也可能对塌陷起诱发或加剧作用

续表

类型	项目	灾情及防治对策
2 岩溶塌陷的灾害	防治对策	对于地表岩溶塌陷的防治，关键是控制地下水开采量，控制水位下降速率和降幅。此外加强地表排水、控制人工诱震等影响也很重要。目前，我国已采用了地表防水封闭、结构物跨越及地下加固处理等项措施治理岩溶塌陷并取得成效。 ①回填和加固塌陷坑和溶洞：对影响厂矿设施和地下水开采的塌坑，如果基岩没有出露，采用黏性土回填夯实，使夯实的土高出地面 0.5m 以上，如塌坑的底部出露基岩，先用块石和水泥封好坑口，再覆盖黏土，加以夯实。 ②排除地表水和改变河道：为防治河水和其他地表水流入塌陷坑中扩大塌坑范围和规模，防治水流直接流入坑中，对河床地段的塌陷坑除进行清基缝好坑口外，还应将地表水排到其他地方去。 ③停止或减少抽取地下水：在产生岩溶塌陷的地区，为保证建筑物安全，在有代替水源的条件下，停止或减少抽取岩溶水，当水位恢复到或接近于原来水位时，地面岩溶塌陷就有可能不会再继续发生和发展。 ④灌浆堵洞：将矿坑突水引起的地面塌陷用水泥及其他材料灌浆堵上，不使其塌陷继续发展和扩大。 防止岩溶塌陷最根本的办法是要做好地下水资源调查和评价工作，预测有无发生岩溶塌陷的可能，为防止岩溶塌陷提供依据。否则盲目地开采地下水和矿产资源而引起地面塌陷，将会得不偿失
3 地裂缝灾害	灾情	目前我国许多省区均不同程度地发育有地裂缝，破坏了农田、道路和房屋
	现状	目前该问题研究的焦点集中在成因机制的探讨。 关于地裂缝的成因众说不一，有持构造成因观点和持非构造观点两者。总之，地裂缝的成因是复杂的，要对具体地区具体条件区别而论
	防治	对于地表地裂缝地质灾害成因的认识不同将导致防治对策的分歧。而这种分歧将在城市规划和建设等方面得到反馈。若肯定构造因论，则在城市规划中需采取避让方针；若认定非构造成因，则其防治对策将有着眼于：①合理控制地下水开采量；②加强并完善地表排水措施等

(1) 开展全国地质环境普查工作，其中包括中国城市地面沉降和岩溶塌陷地质灾害的普查工作，搞清我国有哪些城市出现了地面沉降和岩溶塌陷。查清其分布范围，沉降的累计量和年速率、塌陷坑的个数、规模、分布现状，沉降和塌陷的形成原因和影响因素以及严重程度和所造成的经济损失情况等。编制“中国城市地面沉降和岩溶塌陷地区地质类型分布图”。以上这些工作可先选择地面沉降和岩溶塌陷比较发育的地区，省、市、区、县等重点地带先开展起来，以后逐步加大。

(2) 在地质环境普查的基础上，开展中国城市地面沉降和岩溶塌陷地质灾害防治区划和环境工作，在区划和规划中明确分期分批进行监测和防治工作的重点地区、地带。根据国家各部委及省、市、区的技术经济条件，逐步将防治城市地面沉降和塌陷工作纳入中、长期及年度计划中去。国家每年可根据控制灾情发展技术、经济指标，相应投入资金进行防治工作。

(3) 国家应制定法规和制度条例加强对地下水资源开发利用的管理，避免乱开采地下水资源引起地面沉降和岩溶塌陷等地质灾害。对可能引起地质灾害的资源开发计划，应在开发前作好地质环境的评估，对造成地质灾害的单位和个人进行法律制裁。

（4）加强对地面沉降和岩溶塌陷的勘察、监测、形成机理、影响因素的预报、预防、治理等的研究工作，吸收外国的先进技术和理论，抓一些典型地区进行防治和总结经验，如对上海、天津、宁波、常州等城市地面沉降如兖州、铜陵、山西、泰安等地区的地面塌陷进行勘察试验研究和工作总结。

（5）加强对地面沉降和塌陷地质灾害防治的宣传教育和科学普及工作，使全国人民了解地面沉降和塌陷及其对国民经济发展的影响，提高人民群众对防治地面沉降和塌陷的认识。

6.沙漠化灾害的抑制

（1）灾害现状

沙漠化是当前世界上一个重要的环境问题，狭义的沙漠化指的是该地区出现风沙活动，使土地转化为沙漠或戈壁；广义的沙漠化指的是气候的干旱化、土地的贫瘠化和生物生产量的下降。总之，沙漠化是环境恶化的主要表现形式。它对人类生产和社会发展产生了严重的威胁，已经成为世界性的灾难。

最近几十年来地球上沙漠化发展非常迅速，现在全世界沙漠化和存在沙漠化威胁的土地有4560万km^2，占土地面积的30.8%，其中非洲有1655万km^2，占土地面积的54.6%；亚洲有1523万km^2，占34.7%；大洋洲有574万km^2，占74.7%；南美洲有348万km^2，占19.5%；北美和中美436万km^2，占18.0%；欧洲有24万km^2，占2.3%。全世界200多个国家和地区中大约有3/5受到沙漠化的影响，有17%的人口，即8.5亿人受到沙漠化的威胁。时至今日沙漠化土地还以每年35亿km^2的数目在增加，其中600万hm^2完全沦为沙漠（包括320万hm^2放牧地和250万hm^2旱地农地），2100万hm^2成为半沙漠状态，丧失了土地活力，全世界每年因沙漠化而遭受的经济损失大约有260亿美元。我国有71.3万km^2的沙漠和56.9万km^2的土地早就失去了生产潜力，在干旱、半干旱和部分半湿润地区还有17.6万km^2的沙漠化土地。如以沙漠化程度来区分，其中严重沙漠化土地占3.5万km^2，强烈发展中的沙漠化土地占6万km^2，正在发展中的沙漠化土地占8.1万km^2，半湿润和湿润带的风沙地0.97万km^2。如以沙漠化的时期区分，历史时期的沙漠化土地约12万km^2，20世纪形成的沙漠化土地5.6万km^2，从50年代末到70年代末的25年中，就增加了3.9万km^2的沙漠化土地，平均每年增加1560km^2。此外，还有15.8万km^2的潜在沙漠化土地，0.59万亿亩农田和0.74万亿亩草场正处于沙漠化的威胁之下。80年代，全国沙漠化速度有增无减，平均每年增加2100km^2，甚至连湿润和半湿润的豫东、北京和鄱阳湖周围，也出现了近2350万亩的风沙地。京、津、唐地区包括北京、天津、唐山、秦皇岛和廊坊地区，自然环境优越，人类活动历史悠久，是我国经济发展战略重点东移的重要开发地区，然而本区同时又是一个地质灾害多发而严重的地区，沙漠化作为一种鲜为人知的地质灾害正在本区发展和蔓延，有的地区甚至已达严重程度，严重威胁着农业经济的发展，生态环境正在进一步恶化，沙漠化危害已成为本区经济开发不可忽视的制约因素之一。

（2）抑制沙漠化的对策

对于沙漠化的基本因素——气候干旱化，现在还很难控制，因此，要彻底扭转沙漠化是十分困难的。然而人类可以把握沙漠化的规律，限制自己的行为，并采取适当的措施，合理利用草原，抑制沙漠化，使有些地区实现逆转。

①应从整体上理解人口对土地的压力，人增—地减—粮紧的锁链已经紧紧地套在人类的脖子上，要解开它必须采取控制人口增长的有力措施。

②要提高人口素质，树立全民的环境意识，要使更多的人理解我们只有一个地球，这个人类自己的家园正在遭到人类自己的破坏。为了子孙后代，对土地要合理开发和利用，抑制沙漠化。

营造防护林，有计划地建设薪炭林，加强草原管理，增设草原建设的投入，因地制宜，退耕回牧，持之以恒，沙漠化一定会得到抑制，干旱和半干旱地区一定会转变为生态环境的良性循环。

12.3　城市防灾系统规划

灾害预测、监测的目的是灾害防治，而城市防灾的对策（包括环境整治；土地利用控制；抗灾应急及灾后对策等）最终均应落实到城市防灾系统规划中。

12.3.1　城市防灾系统规划特点

1. 城市防灾系统规划是城市灾害管理的系统工程，它包括灾害管理、减灾行动、灾害研究三个子系统。它是以城市减灾系统工程（图 12-2）为基础的。各种自然灾害相互联系构成整体性的自然灾害系统；减轻自然灾害的各项措施，包括监测、预报、防灾、抗灾、救灾、援建为一个系统工程；减轻自然灾害的行动系统，包括专家系统、政府指令行动、社会行动系统为一系统工程；地球表层系统中人口、资源、环境、灾害构成了更大的互馈系统。因此为了减轻自然灾害，必须将对以上各个方面的管理看作一项系统工程。

2. 应用系统工程的理论和方法，地理、地质环境是城市发展所依托的主要基础，而城市不同的功能区与城市建筑设施只是城市系统中不同序次的元素。在城市规划阶段，这种元素与环境的关系，多体现为土地资源利用的需求与土地质量关系；在城市建设阶段，元素与环境的关系，体现为元素对环境稳定的干扰及所引起的环境质量的恶化与变异（环境的易变性）。城市防灾系统规划的总要求是：在城市建设发展过程中，人类各种活动能与环境取得较好的协调统一。防灾系统规划应综合分析并容纳所有静态、动态关系，反映其轻重缓急与主次关系，达到防灾系统的优化。

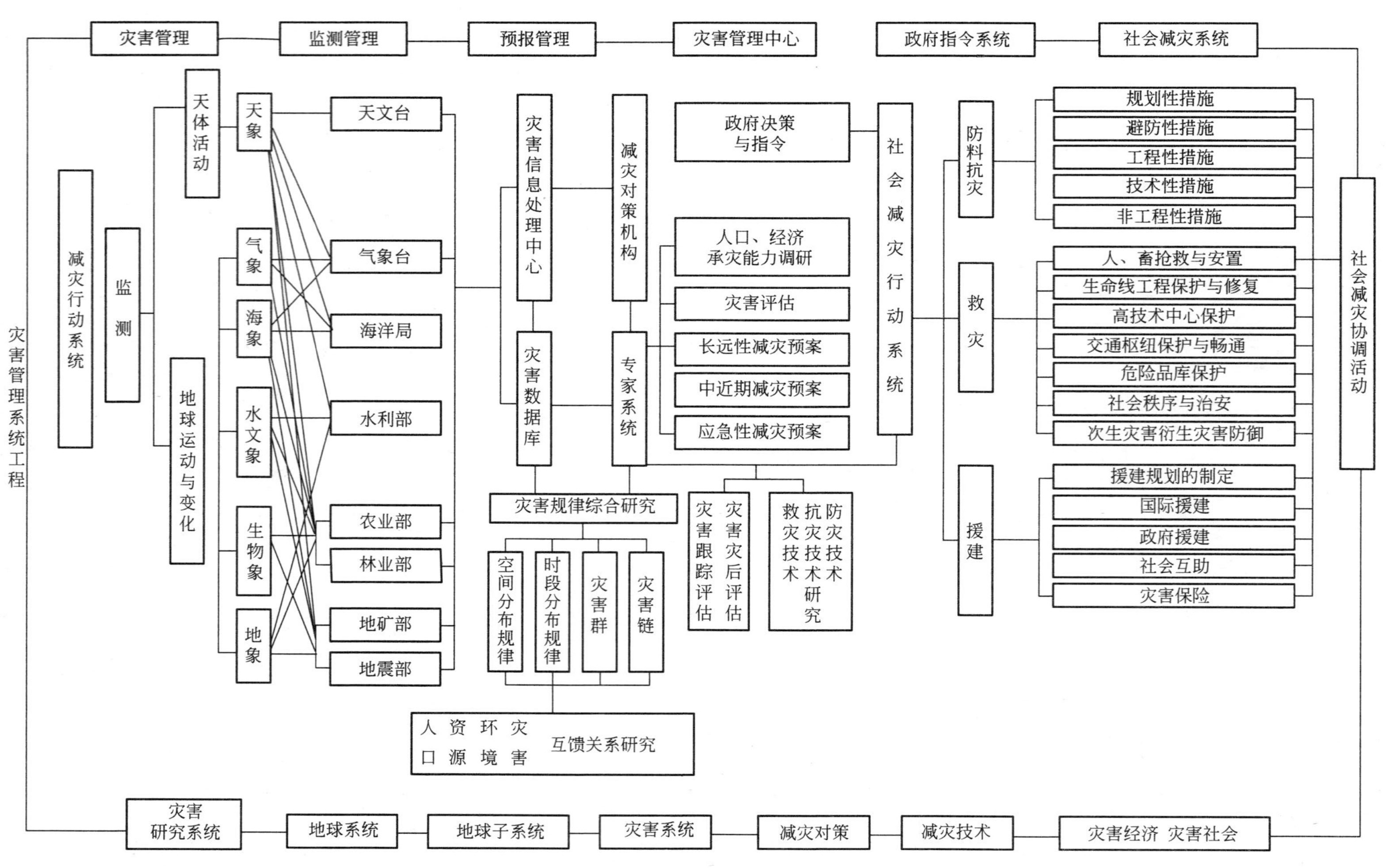

图 12-2 灾害综合管理模式——灾害管理系统化

3.城市防灾系统规划是城市规划的重要组成部分，土地利用控制、环境整治是其核心内容。可以用风险损失作为土地利用控制与环境整治所需达到目标作为衡量尺度，目的是使土地利用与环境取得良好协调。

4.城市防灾系统规划的成果，应体现针对不同灾害及严重程度的不同评价结论，确保防灾系统规划具有鲜明的针对性与实用性。成果应以图、技术法规、文字等形式综合与分解地反映。

12.3.2　城市灾害管理的系统工程

城市灾害管理包括灾害发生发展全过程的全部减灾活动——监测、预报、防灾、抗灾、援建。我国灾害管理是按照灾害类别，由气象、地质、地震、农业、林业、海洋、水利等部门分别管理，处于灾害单项管理方式的初级管理阶段，使灾害的监测、预报、防灾、抗灾、援建缺乏统一管理与决策，各级政府、部队在各类灾害的防、抗、救、援中起着核心与决策作用，但没有监测、预报的职能与责任；本来各种灾害都是自然灾害系统中的一个组成部分，各种灾害是一个相互联系的整体。目前分部门单项管理、监测等既不经济也与客观自然规律不相适应。因而必须逐步向灾害综合管理—灾害管理系统化发展，这是近代自然科学与社会科学结合发展的新趋势。灾害管理系统工程包括灾害管理、减灾行动、灾害研究三个子系统，详见图12-2灾害管理系统工程框架（据中国灾害防御协会）。

1.灾害综合管理模式——灾害管理系统化

（1）必要性

地质灾害的形成原因是复杂的，必须采集各方面的灾害前兆信息，全面而系统地考虑各种致灾因子，进行综合研究；地质灾害彼此之间是相互联系的，牵一发而动全身；一些重大自然灾害常常形成灾害连发现象；在某一时段或地区，可能出现灾害群发的局面，鉴于以上原因和减灾方案的制定需要考虑各种灾害的综合信息，减灾方案的实施需要全社会方方面面的协调行动，显然单项的管理模式已不适应这种情况，于是形式多种多样的灾害综合管理便应时而生。

（2）灾害综合管理模式（表12-5）

城市灾害综合管理模式　　　　表12-5

序号	类型	主要内容
1	灾害链的综合管理	即根据灾害链的客观发展规律，对隶属灾害链的各种灾害进行综合管理。 如地震—海啸—洪水链：根据海底地震震级、海啸波的传播速度，对可能受海啸巨浪侵袭的沿海地带，进行浪灾、潮灾及洪灾预报和预警，组织抗灾救灾工作
2	灾害群的综合管理	即根据灾害群发地区各种灾害的特点，制定综合的、考虑各种灾害因子的减灾预案，进行灾害综合管理。 如某地是干旱、地面沉降、海水回灌、土地盐碱化等灾害的群发区。为了抗旱，可以抽取地下水，但势必加剧地面沉降，促使海水回灌，为了防御海水回灌，可以筑坝、垒墙，但又会使地下水流动不畅，加剧土地盐碱化。为了取得综合的减灾效果，最好的方法是增加溶水

续表

序号	类型	主要内容
3	应急性综合管理	指在灾害骤发时,所采取的全社会或社会某些部分的紧急行动,协同抗御灾害的应急性综合管理。 如地震发生后,成立抗震救灾指挥部,紧急组织社会各界,进行抗震救灾的各项工作
4	同源灾害综合管理	自然灾害的发生源于自然变异,自然变异的正负增长或正反两方面的变化,可以引起特点对立的灾害进行综合管理。 如降水量过多可能引起暴雨和洪水;降水量过少可能引起干旱。水灾与旱灾即属于特点对立的灾害。国家与地区性防洪抗旱指挥部的成立;既防洪又抗旱方针的制定,都是这种综合管理指导思想的反映
5	灾害与致灾因素的综合管理	致灾的许多因子是人为的或通过人为作用可以削弱或消灭的,因此为了减轻灾害损失,既要加强灾害管理,也要加强对致灾因素的管理。 如许多自然灾害如水土流失、旱灾、洪水、滑坡、泥石流等都与滥伐森林、破坏草场关系密切,因此在我们加强这些灾害管理的同时,也要加强环境管理,以达到减轻自然灾害的目的

2. 城市灾害管理系统

减轻灾害是一项涉及全社会的协调行动，既包括监测、预报、防灾、抗灾、救灾、援建等减灾措施的实施，也包括人口、资源、环境、社会经济发展等方面的协调。因此只有充分发挥政府职能，统一领导与管理，才能达到减轻自然灾害的目标，取得最大的经济效益与社会效益。为了指导与组织社会减灾行动，保证减灾预案按计划、有步骤、相互协调的实施，有必要在单项管理的基础上，联合各专业部门与政府主管部门共同组成综合的灾害管理系统，发挥行政职能的管理作用。政府在减灾、抗灾过程的职能应包括预报职能，规划计划，宣传教育，指挥协调，立法、执法职能，以及对策、决策职能，推进科学进步及国际协作职能（表 12-6）。

城市灾害管理系统 **表 12-6**

序号	职能项目	主要内容
1	监测管理	①在加强与完善单项灾害监测的基础上,加强灾害信息交流; ②扩大监测的范畴与内容,向综合监测方向发展; ③统一发展共性的高技术监测手段,如遥感监测,逐步建设国家级立体综合监测网; ④建立灾害信息系统与评估系统。
2	预报管理	①在加强与完善单项灾害预报的基础上,加强信息交流,开展灾害综合预报工作; ②研究灾害连发与群发的规律,据此进行交叉预报与综合预报; ③综合天、地、人等各方面的变异信息,根据灾害系统的发展规律进行灾害综合预报; ④从灾害自然变异的预报,向灾害预评估方向发展。
3	灾害管理中心	灾害管理中心为进行灾害管理的专业部门,主要由灾害数据库、信息处理中心、专家系统和减灾决策机构组成。既是资料服务机构,也是研究机构,并负有制定减灾对策的职责,它是各单项灾害管理部门与政府减灾指令系统之间的纽带
4	政府指令系统	即政府行政系统中纳入减灾的领导职能
5	社会减灾系统	主要内容如框架所示,要点是制定切合实际的减灾行动预案和统一指挥、明确分工、按预案行动。

3. 城市减灾实施系统

城市减灾实施系统即城市管理系统工程中减灾行动系统，主要内容见表 12-7。

城市减灾实施系统一览表　　　　表 12-7

减灾实施内容	减灾实施程式与方法
建立灾害信息与评估系统： ①各种自然变异的监测和信息处理及规律研究； ②自然灾害历史灾情、致灾因素与环境； ③自然灾害现状与发展及相关的灾害前兆监测数据； ④监测区人口、经济分布数据； ⑤灾害防御工程的分布、数量、标准与能力； ⑥自然灾害评估数据库与灾害管理数据库，包括各种减灾预案	灾害管理是以灾害区划、灾害发生与发展、灾害评估、灾害设施和能力为基础的包括一系列工程性与非工程性对策方案的制定、实施与检验。这些工作涉及大量信息的采集、贮存、显示、检索、分析、统计，因此灾害信息系统与评估系统的建立是十分必要的
规律的研究与预报： 根据监测与调查所获得的信息，进行综合分析，研究灾害发生的时空规律	程式： ①灾害空间分布密集区、优势分布方向及迁移方向研究； ②灾害空间分布的制约或控制因素研究； ③控制或制约灾害空间分布因素的原因，及其分布规律与演变规律的研究； ④从灾害的控制或制约因素及灾害自身空间分布的特点和迁移演化，研究未来灾害发生的空间部位。 方法： ①根据自然灾害发展的时序规律； ②根据自然变异的发展趋势； ③根据自然灾害与太阳活动的关系； ④根据天文时经纬线差和地球自转速度的变化； ⑤根据月相变化； ⑥根据行星会合和多种天文周期的复合叠加； ⑦根据致灾因子的变异； ⑧根据灾害链的规律； ⑨灾害跟踪监测及其他
制定减灾预案和决策： 减灾对策制定机构要根据灾害监测预报的情报，充分发挥专家系统的作用，综合考虑有关地区人口、经济、发展承灾能力和减灾能力等条件，制定出不同层次的减灾预案，呈交政府有关部门论证、审核、批准，变为政府的指令，责成社会减灾系统付诸实施	制定减灾预案的两项重要的基础工作——灾害风险图系的编制和灾害评估。 灾害风险主要取决于灾变强度、人口经济密度、灾害防御能力、承灾能力等。灾害风险图系应包括： ①致灾环境系列图，如活动构造图、自然地理图等； ②灾害区划图； ③人口、经济密度图； ④灾害防御工程与危险物分布图及危险性分析； ⑤灾害损失预评估图(按照灾变强度与发展趋势编制)

续表

<table>
<tr><th colspan="2">减灾实施内容</th><th>减灾实施程式与方法</th></tr>
<tr><td colspan="2">减灾行动：
政府的决策与指令，通过指令系统与预警系统传输予社会各界，形成社会减灾行动。主要行动内容：防灾、抗灾、救灾、援建、预案性的工作</td><td rowspan="2">这项工程的开展是以灾害风险图系为基础的原则：①根据趋利避害的原则合理利用土地和发展经济，制定人口、资源、环境的协调计划，规划避灾场地和通道；
②根据兴利除害的原则，设计绿化工程、防洪工程、抗旱工程、防潮工程、抗震工程、抗滑工程的建设、维修等工程性防灾措施；
③非工程性防灾措施的制定，如减灾行动规范等；
④区域、城市、单体工程等不同层次的灾害防御预案的制定；
⑤减灾骨干的培训和队伍组建；
⑥灾害演进与防灾演习；
⑦灾害防御的物资与技术的准备，灾害急救设施的建设；
⑧报灾、查灾、赈灾的制度与立法</td></tr>
<tr><td>（1）</td><td>制定灾害防御规划</td></tr>
<tr><td>（2）</td><td>救灾系统的建立与管理：
救灾是一项准军事化社会协调行动，是一项严格的系统工程</td><td>①灾害快速跟踪评估系统的建立；
②灾害传输与警报系统的建立；
③政府指令系统和社会行动系统的建立；
④救灾预案和实用化系统的建成；
⑤其他，如次生灾害的防御、救灾知识与技术的宣传教育等</td></tr>
<tr><td>（3）</td><td>灾后援建工作的管理：
灾后重建必须遵循“统一规划、分工分期、先急后缓、协调有序”的原则进行</td><td>①确定援建的层次，一般可分为国际援建、国家援建、社会互助、自力更生等几个层次；
②按不同层次确定援建工作的内容、项目、编制建设规划与实施计划；
③确定建设计划实施的主办与协办单位的责任、权限与协调计划；
④制定考虑防御次生灾害，化害为利、害中求利的社会经济发展计划；
⑤制定维护社会安定、生产尽快恢复的非工程性措施</td></tr>
</table>

4. 城市灾害研究系统

灾害研究是减灾行动计划的基础，也是灾害管理的科学依据。只有提高灾害的研究水平，依靠科学技术，才能提高灾害管理和减灾行动的效能（表 12-8）。

城市灾害研究系统一览表　　表 12-8

序号	子系统	研究的主要内容
1	地球系统科学研究	自然灾害是地球系统及相关的天体运动或变异形成的，所以只有以地球系统科学为指导，对地球系统的整体规律进行研究，才能认识灾害系统的规律，以指导灾害预报与减灾活动
2	灾害地区的土地利用控制研究	①土地资源质量等级及开发费用指数的计算； ②土地工程能力的分析和定量评估； ③灾害地区土地利用的工程控制

续表

序号	子系统	研究的主要内容
3	灾害系统的研究（灾害的预测与预报）	灾害系统反映了各种自然灾害的总体特征和共性，是研究自然灾害共同规律、进行灾害综合预报、制定综合性减灾预案的基础
4	减灾对策方案的研究	减灾对策方案是灾害管理的依据，减灾活动的行动指南。按灾害的种类、受灾带范围、减灾内容等不同情况，减灾对策方案也是多种多样的，如按时段可分长远性、中近期、应急性减灾预案；按地区大小可分为全国性、地区性、城市减灾预案；按灾类可分为地震、洪水减灾预案等等。确定城市灾害的类型与土地质量的等级
5	减灾技术研究	高、新技术的引进是减灾工作的急需，组织有关部门与专家进行灾害的监测、防灾、抗灾、救灾等方面的技术研究，是灾害管理的重要内容。遥感技术在灾害动态监测、机制分析等方面的利用
6	灾害经济与灾害社会影响的研究	①灾害对经济与社会的破坏与影响； ②社会与经济发展对减灾工作的反馈； ③散灾害防治——投资与效益的评估与预测，制定防灾规划，建立灾害监测预报系统及数据库

12.3.3 城市防灾对策与城市防灾系统规划的制定

12.3.3.1 城市防灾对策

根据我国城市建设中城市规划的制定和实施过程的特点，以及土地紧缺的现状，城市防灾研究须从城市防御能力评价及土地利用的控制入手，制定符合特征的专门土地利用开发规划与防灾规划，避免土地资源损失，保证土地开发基本安全。防灾对策研究的重点见表 12-9。

城市防灾对策研究要点　　表 12-9

序号	研究要点	内容
1	提高城市灾害防御能力的理论	历史灾害分析；提高灾害防御能力的技术方法
2	科学的评价城市地质环境质量及土地工程能力	分析主要灾害隐患与土地资源过度开发可能造成的灾害，在此评价基础上确定对土地利用的控制。包括： ①不同土地类型与建筑类型的协调； ②完全避开质量低劣的场地； ③对低质量场地环境投入适当的整治费用后，土地资源的再开发
3	灾害形成与发展机制	搞清环境受外界动态干扰以及环境自身的变化，能揭示灾害形成与发展规律，提高对灾害发生的预报水平，也是制定防灾对策的重要基础
4	制定环境整治方案	根据不同的灾害类型及破坏效应制定切实可行的环境整治方案。参照国家经验，不但要对比整治后的费用与整治前损失的经济价值，还必须注重整治的环境效益与社会效益，灾害防治目的主要在于改良与降低灾害的等级，加强整治措施的有效性，保证安全和经济的统一，节省防灾投资
5	抗灾及灾后应急对策	防灾及抗灾应急对策提供方向，限于经济能力以及灾害的随机性，防灾对策难以做到面面俱到和都具备较高的安全系数。重要的是，必须研究防灾系统的薄弱环节，分析可能成灾后城市重要地区的生命财产损失、生命线工程的破坏程度，以便为抗灾的决策预先提供正确的方向

续表

序号	研究要点	内容
6	密切结合城市规划各个阶段	城市是一个整体，保持无灾或少灾是千年大计，因而须制定防灾对策并能系统地实施，确保城市稳定地繁荣发展。对于灾害严重或有较为严重潜在灾害影响的城市，这项工作原则上应在制定城市总体规划或详细规划的同时进行，并作为城市规划的一个重要组成部分

目前，人类活动诱发的次生灾害主要是土地利用与环境的不协调造成的，其中，一方面是土地利用者对环境质量的动态变迁缺乏了解和研究，导致土地资源的不合理利用；另一方面，是土地资源短缺造成的土地资源的过度开发。从工程经济的观点出发，欧美国家的做法是：通过对灾害的风险分析，确定防灾的费用（亦即为减缓灾害所花费的整治费用等，相当于一种经济损失）与灾害发生时损失的比较关系，再根据灾害严重程度确定灾害防治方案（放弃土地开发计划或进行整治）。这种根据各种可能的耗费换算成货币值来体现环境与土地利用的质量等级，具有鲜明的经济价值观和很强的实用性。

12.3.3.2　城市防灾系统规划的制定

城市防灾系统规划的制定见图 12-3。

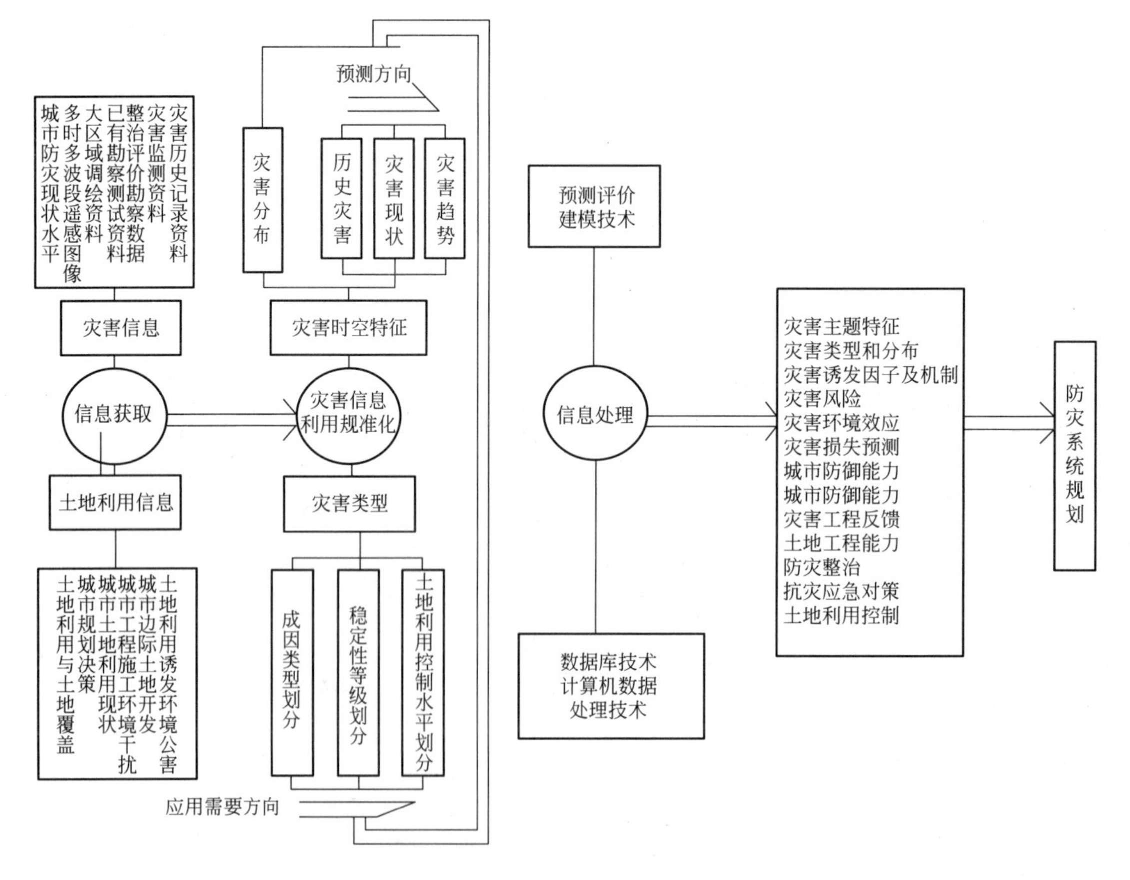

图 12-3　城市防灾系统规划制定流程图

12.4　城市地质灾害防治效益评估

12.4.1　地质灾害的经济分析

用经济观点认识地质灾害，地质灾害具有四个经济特征，防治地质灾害有四个原则：

1. 地质灾害遵从自然由发生—发展—衰亡的变化规律。其成因又常常与地壳运动、人类生存活动有关，因而地质灾害具有无法完全避免的特性，既包含自然地质环境演替发展规律无法改变的因素，又包含人们对制止灾害能力的有限性和致灾经济效果的因素。

2. 地质灾害由于形成背景复杂，在同一灾害的不同发展阶段，人们所要作出的决策是不同的。这类决策系统的建立，主要有赖于各类灾情的综合信息反馈。为此，必须建立自然与经济信息库，将有关信息随时汇集反馈回来，为决策方案的建立提供科学的依据。

3. 防治地质灾害的主要原则是趋利避害、化害为利。在我国一些开发和大中城市已将此原则列入建设规划中，但在地质灾害防治中，“化害为利”工作，仍很薄弱。

4. 自然规律与社会经济并重原则。自然演变规律与人为因素以及防治灾害的社会经济状况等，应予以互相兼顾。只有尊重和认识这些规律，才能最大限度地减少其灾害。

12.4.2　地质灾害及其防治经济评价

地质灾害经济评价的任务，就是为制定和选择城市防治灾害最优决策方案，提供可靠的经济依据。目前在灾害经济评价中采用的价值评价法、效益评价法、机会成本评价法等均是在掌握地质灾害经济信息指标系基础上进行的（表 12-10），亦只有这样才能科学地建立地质灾害防治决策系统。

地质灾害经济评价方法简表　　表 12-10

序号	指标与方法	分类	内涵
1	地质灾害经济评价描述	灾情指标	一般用实物量指标来反映受灾程度，用价值量来反映成灾程度。此外，还可以用实际灾情指标和相应反映灾情程度的标准量指标，来计算灾情的相对强度。主要包括地质灾害种类、对社会经济影响程度指数及灾情等级等
		灾害损失统计指标	依据灾害损失的性质及其所发生的时间，可以将其划分为直接损失、间接损失及当时损失、今后影响损失。其中直接损失主要包括损失总价值、损失实物量、损失级别、生产损失、市镇建设损失、人口损失、牲畜损失等。其他一些灾害损失，应以实际情况作出分析、判断，确定相应指标，归类统计

续表

序号	指标与方法	分类	内涵
1	地质灾害经济评价描述	灾害损失补偿统计指标	国内、外救灾援助；民政与社会救济部门的救济；社会保险的赔偿；责任者或责任单位的赔偿等
		灾害防治价值指标	指防治地质灾害的单位成本所获得的防治灾害的功能（即灾害防御的效能） $灾害防治价值=\frac{灾害防治功能}{灾害防治成本}$
		灾害防治效益指标	地质灾害防治工程的投资与所获得的防灾成效（收益）比较的质量。 $灾害防治效益（比值法）=\frac{防灾收益}{防灾投入（或成本）}$ 灾害防治效益（差值法）＝防灾收益－防灾投入
2	地质灾害经济评价方法	价值评价法	此方法是以马克思的劳动价值论为基础而建立起来的。它是以地质灾害所造成的物化劳动投资的价值为经济损失，以防治灾害投入的劳动和物化劳动的价值为防治效果的评价方法。当其与边际分析方法结合起来进行定量计算时，可以作出防治灾害的最优决策
		效益评价法	这种方法是以相差替代论作为基础而建立起来的。它是以地质灾害所造成的物的社会效益损失为灾害经济损失，以防治灾害投入的物的社会效益为防治耗费，以防治灾害引起的物的社会效益损失的减少部分为防治效果的评价方法
		机会成本评价法	所谓机会成本，即是指利用一定的资源来获得某种收入时，所放弃的另一种收入。此种方法是以边际收入效益为基础而建立的。它是以地质灾害造成的已有收入的损失为灾害经济损失，以防治灾害投入（或劳动、物化劳动和资源等）所能获得的其他收入的最高额为防治经费，以防治灾害引起的已有收入损失的减少部分为防治效果

12.4.3　地质灾害防治的价值、效益与投资

12.4.3.1　地质灾害防治的价值与效益分析

地质灾害的防治价值、效益的基本概念和特征见表12-11所示。

地质灾害防治的价值及效益分析　　　　表 12-11

名称		内容要点
基本概念	防治的价值、功能、效益	防治的价值＝防治的功能/防治的成本 为通过地质灾害防治工程所实现的防治系统所具有的灾害防御效能。 防治的效益＝防治的功能或防治后的效益/防治成本或防治投入 防治的效益＝防治的功能或防治后的效益—防治成本或防治投入

续表

名称	内容要点
地质灾害防治的功能	防治工程的基本功能可分为二(见右图) 第一,减灾功能 $L(S)$。灾害防御工程系统能减轻,甚至免除灾害给人、社会和自然造成的损害,实现保护人类的生命安全和健康,减少和消除社会经济与财富的无益损失,以及避免和减轻环境与生态不良危害的功能。灾害损失程度与灾害防治工程的防御程度(防灾度)S 有关,防灾度越大,灾害损失越小。当防灾度趋于 100% 时,灾害损失趋于 0,反之亦然。 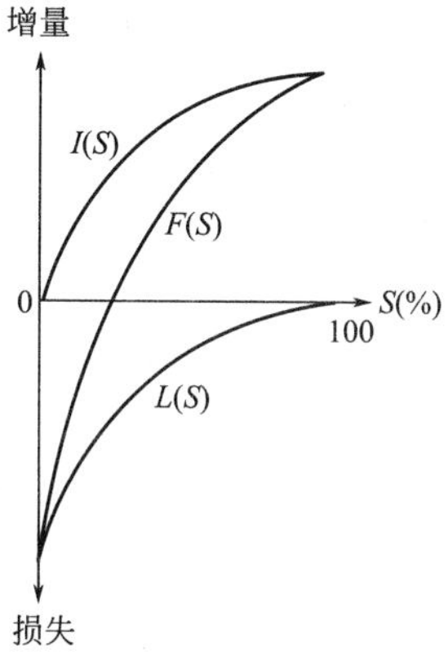 增量 I(S) F(S) 0 S(%) 100 L(S) 损失 第二,增益功能 $I(S)$。防灾的同时还能保障和维护人类的生产、生活活动,促使人类的价值增值(财富增值)活动达到应有水平,实现其间接地为人类社会增值或创值的功能。增值程度与防灾度 S 的关系,当 $S=0$ 时,增值程度为 0;当 S 增加,增值程度增加,防灾度达 100% 时,增值到一定界限为止。防治工程的总功能 $F(S)=I(S)+(-L(S))=I(S)-L(S)$
地质灾害防治的价值	根据基本概念,防治工程的价值 $V(S)=F(S)/C(S)\dfrac{I(S)-L(S)}{C(S)}$ 式中 $C(S)$ 为防治工程为实现防灾系统功能的投入,即付出的成本。 根据右图可以看出,图中 a、b 两点是防灾系统的经济盈亏点,可以定位防灾度的上、下限。因为当防灾度 $S<S_a$ 和 $S>S_b$ 时,防灾收益 $F<C$,这是人们所不期望的。最大防治价值 S 对应的防灾度 S。可由下式求的: $dV(S)/d(S)=0$ 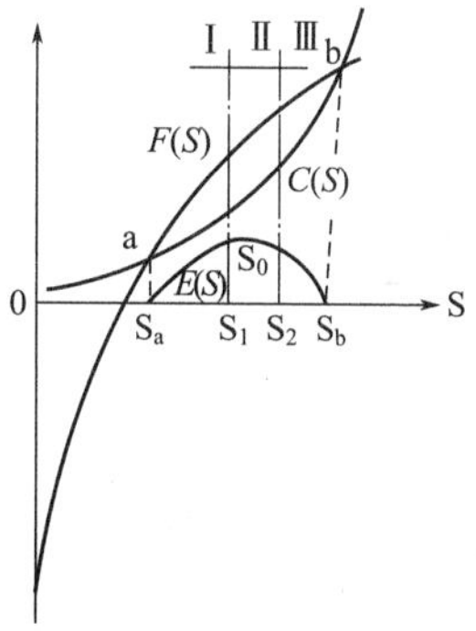 Ⅰ Ⅱ Ⅲ b F(S) C(S) a S_0 E(S) 0 S_a S_1 S_2 S_b S
地质灾害防治的效益	防灾的效益:$E(S)=F(S)-C(S)$ 防灾的效益:$E(S)=F(S)/C(S)=V(S)$ 防治系统最大防治效益 $E\max$ 对应的防灾度 S。可由下式求得: $dE(S)/d(S)=0$ 由右图对可防灾工程的效益作如下分析 在 a、b 两点处(防灾经济盈亏点),防灾系统效益为 0。即说明:防灾处于较小或较高的系统,总体效益均不高。这一规律指出,在系统防灾性的选择问题上,人们面临着寻求最佳防灾度的命题,而这一最佳防灾度并非是系统的绝对防灾性(100%的防灾度)。 由放在效益规律,可对防灾度的取值范围作如下分析:在Ⅰ范围,$S<S_1$,防灾投入少,但灾害损失大,人类防灾系统的综合效益差,因而需要增加投入,提高防灾能力,提高社会的综合防灾效益;在Ⅱ范围,S 在 S_1 和 S_2 之间,接近 S_0 点,此时的防灾系统有较好的防灾综合效益,是防灾度的优选范围;在Ⅲ范围,$S>S_2$,灾害损失较小,但防灾投入大,综合效益并不好,需要在尽可能保持防灾系统防灾能力的情况下,提高防灾科技水平,降低防灾成本、改善系统防灾综合效益

12.4.3.2 灾害防治投资的合理度

对地质灾害防治价值及效率分析的目的是制定和选择经济合理的最优化防灾决策方案。表12-12所列即是地质灾害防治的最优投入方法。在城市灾害防治中，经济投入最优的准则有两个。

地质灾害防治投资合理度评价 **表12-12**

方法、类型		原理	模式
1. 防灾投资最优评价	灾害最小经济负担法	人类承受地质灾害经济负担有：①灾害给人类造成的损失；②防灾需要的投入和消费。 防灾优化投入，即使其经济负担 $B(S)$ 为最小 $B\min-dB(S)/dS=0$	$B(S)=L(S)+C(S)$ 式中： $B(S)$—灾害负担函数； $L(S)$—灾害损失函数； $C(S)$—防灾成本函数
	防灾最大效益法	要求进行防灾投资决策时，选择综合效益为最大的方案	最大价值原则： $V\max=\max(V_1V_2\cdots)>1$ 最大效益原则： $E\max=\max(E_1E_2\cdots)>0$ 式中：V_i—第 i 方案的价值 E_i—第 i 方案的效益
2. 合理度	防灾投资合理度评价	利用"收益—成本"比作为衡量投资项目合理性的依据。不同的投资方案具有不同的防灾效果和不同的投资量，因而具有不同的投资合理度。因此，可根据 D_j 值的大小，对方案进行优选	投资项目的合理度评价模型为： $D_j=\dfrac{\text{防灾效果(收益)}}{\text{防灾投入(成本)}}=\dfrac{\sum P_iL_iR_i}{C_j}$ 式中：D_j——第 j 种投资方案的投资合理度，单位为[价值当量/单位投入]； C_j——第 j 种投资方案的投资量； P_i——防灾系统中第 i 种灾害所能导致的损失率； L_i——防灾系统中第 i 种灾害所能导致的最大损失后果[价值当量]； R_i——防灾工程投资后对第 i 种灾害的消除程度。 在上式的 $\sum P_iL_iR_i$ 项中，P_iL_i 是防灾系统中第 i 种灾害的危险度。

（1）最小经济负担——即灾害总体的经济损失和为防灾人类需要投入及消耗最低；

（2）最大经济利益——即防治灾害的经济效益最大。

依据防治灾害投资最大效益的原则，得到灾害防治投资合理度评价方法（表12-13），以便对防灾方案最优选取。

12.4.3.3 地质灾害减灾效益评价

地质灾害减灾效益评价法是指表12-13四种指示法，用以量化说明减灾工程的效益，及最优减灾对策的依据。

地质灾害减灾效益指标评价法　　表 12-13

序号	评价类型	基本原理与表达式	表达式
1	灾害效益直接经济指标法	即灾害减轻数与减灾投入数之差，所需指标，最好用货币指标来表示，亦可用物质或能量表之	$Z=J-T$ 式中： Z——减灾效益直接经济指标； J——减灾减轻数； T——减灾投入数
2	减灾效益评价指标法	即灾害效益直接经济指标与减灾投入量的比值	$b=\frac{Z}{T}$，式中： Z——减灾效益直接经济指标； T——减灾投入数； b——减灾效益比例指标
3	投效比法	即灾害减轻数与减灾投入数的比值	$bt=\frac{J}{T}$ 式中：Z——减灾效益直接经济指标； T——减灾投入数； bt——投效比
4	边际效益评价指标法	自然灾害的发生，除了造成直接经济损失和间接经济损失外，还将对环境、生态等更长时间与空间尺度造成危害和损失，减轻自然灾害任何防治措施，都是以放弃或牺牲利益而保护另一种利益的。放弃的利益与保护的利益之比，减灾投入与灾害可能引起的尺度更广泛地损失减轻量之比，称为边际效应评价指标。这些潜在的减灾经济效益，是自然灾害评估深入研究的内容	

12.4.4　地质灾害防治效益实例

1. 地面沉降控制对策效果的灰色系统分析

上海市地面沉降主要是由于过量抽取含水层中的地下水导致压力水头降低所引起的。从 20 世纪 60 年代开始实施人工回灌、压缩开采量、调整主要开采层次等综合对策后，地面沉降速率明显减缓。张先林先生以灰色系统理论为基础，通过对上海市地面沉降动态监测资料的综合分析，提出了地面沉降控制对策效果定量化计算式；探讨了以人工回灌地下水为主的控制地面沉降对策的效果。

（1）GM（1，1）模型的建立与精度检验

灰色预测的特点是按以数找数的现实规律途径，按发展趋势进行分析，可以建立微分方程模型，在很多情况下都符合客观实际。

设有一序列 $X^{(0)}=(X^{(0)}(1), X^{(0)}(2), \cdots, X^{(0)}(n))$

作一次累加生成（1－AGO）有：

$$X^{(1)}(K)=\sum_{i=1}^{K}X^{(0)}(i)\quad (k=1, 2, \cdots, n)$$

则对 $X^{(1)}$ 可建立简化形式的微分方程为：

$$\frac{dX^{(1)}}{dt}+\alpha X^{(1)}=u，其中 \alpha、u 为参数。$$

对该微分方程按最小二乘原理展开，并令其对 α 和 u 的偏导数为零，则

$$\hat{a}=\left(\frac{a}{u}\right)=\left(B^{\mathrm{T}}\cdot B\right)^{-1}B^{\mathrm{T}}\cdot y_{\mathrm{N}}$$

其中：

$$B^{\mathrm{T}}=\begin{bmatrix}-\frac{1}{2}\left(x^{(1)}(1)+x^{(1)}(2)\right), \cdots, -\frac{1}{2}\left(x^{(1)}(\mathrm{n}-1)+x^{(1)}(\mathrm{n})\right)\\ 1, \cdots, \xi, 1\end{bmatrix}$$

$$y_{\mathrm{N}}=\left(x^{(0)}(2), \cdots, x^{(0)}(\mathrm{n})\right)^{\mathrm{T}}$$

最后得时间相应函数为：

$$\widehat{X}^{(1)}(k+1)=\left[X^{(0)}(1)-\frac{u}{a}\right]e^{-ak}+\frac{u}{a}\quad(k=0, 1, \cdots)$$

根据上海市地面沉降速率 $X^{(0)}$ 资料，按上述步骤求得 $a=\begin{bmatrix}0.04816\\110.496\end{bmatrix}$，则有：

$$\widehat{X}^{(1)}(k+1)=2294.36-2244.36\mathrm{e}^{-0.048\mathrm{k}}$$

模型检验

1）生成数列检验：生成数列的模型计算值与实测值比较。

2）还原数列误差检验：对 $\widehat{X}^{(1)}(k+1)$ 进行一次累减处理，即：

$$\widehat{X}^{(0)}(k+1)=\widehat{X}^{(0)}(k+1)-\widehat{X}^{(1)}(k)$$

（2）控制对策的效果及其分析

若按照1964年以前的趋势开采上海市地下水资源，则可用已建立的 *GM* 模型预测1964年以后的地面沉降速率（1），预测所得的地面沉降速率（1）与采取大规模人工回灌措施后的实际地面沉降速率过程线（Ⅱ）如图12-4所示。

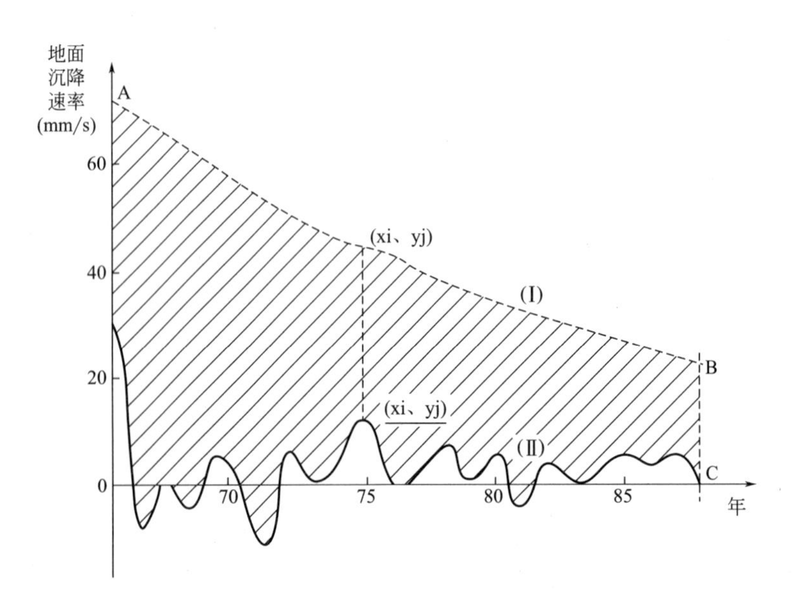

图12-4　地面沉降“预测”及实测速率曲线

2.地震灾害防御对策效益实例

灾害的发生是不可避免的。这是因为人类社会所处的环境是在地球上，而地球表面的岩石圈、大气圈、水圈、生物圈在按其自身规律运动、发展和变化，各圈的运动和变化又在相互作用、相互影响，其结果必然出现许多自然现象、灾害现象，人类还无法控制。特别是在工业、城市化、生命线工程高速发展的现代社会，灾害的防御能力更加脆弱，更易受到灾害袭击和威胁。对地震灾害，人类作了长期艰苦的斗争，一方面付出了巨大的代价，另一方面也取得了经验教训，在抗震防灾中取得了一些进展。

（1）短临预报成功，减少了死亡。这方面最为成功的例子是海城地震。1975 年 2 月 4 日辽宁海城发生 7.3 级地震。这次地震发生在人口稠密、现代工业集中的辽宁腹地，涉及 4 个市 11 个县，灾区总人口 835 万人，破坏区在 8 度以上的面积达 1685 平方公里，其中城市占 52%。死于地震灾害的有 1328 人，死于次生灾害的有 713 人，死亡率为万分之二。按邢台、通海等震中区平均死亡率估计，海城在这次地震中将发生十多万人死亡，这次地震诱发生在严冬的夜晚，死伤会更多。但由于作了短期预报，灾区采取有效抗震防灾措施，减少了死伤，至少拯救了十万多人的生命，这是个了不起的成功预报事件。同样地，云南龙陵地震、松潘地震等作了一定程度的预报，也大大减少了人员的伤亡。

（2）大震后趋势预报准确减轻了损失。1984 年 5 月 21 日南黄海发生 6.2 级地震，强烈震动使上海、南京、无锡、常州、苏州等大中城市人民惊慌失措，人心浮动，社会不安稳，影响经济活动。地震部门在很快时间内准确地速报了这次地震情况，并根据地震活动规律、地震烈度衰减特征，及时作出趋势判断，认为这次地震属主震余震型，无论在哪种情况下，上海市都不会遭到严重危害。这一看法通过各种方式向社会公开，上海等地很快稳定了人心，恢复了正常的生产和社会活动秩序，避免了可能造成的经济损失。这是一次主震后余震趋势准确预报而减轻损失的典型事例。

（3）在中长期趋势预测基础上进行抗震加固取得明显的效益。唐山大地震没有作短期预报而遭到严重破坏，造成人员大量伤亡。在海城地震后，国家有关部门发布了“部署有危险性的地区加强抗震加固”的通知，唐山和天津的一些单位进行了加固。凡加固的厂房和设备均未发生倒塌，只发生结构性破坏。邢台地震后，根据震害经验教训，重建新型抗震房屋，虽然 1981 年 11 月原地诱发生 6 级地震，但房屋无倒塌，人员无伤亡。1989 年山西大同发生 6.1 级地震，而后建筑按抗震设防要求重建和加固，1990 年 3 月 26 日该地再次发生 5.8 级地震，重建和加固的房屋基本上未破坏。这些例子说明，地震时给人民生命财产以损失的建筑物，只要进行抗震设防，是可以抗御地震灾害和减轻损失的。

（4）提高防灾意识亦可减轻危害。在历次大地震后进行调查结果表明，凡受到地震知识、防震知识的宣传教育，凡具有一定防灾意识的单位和个人，在地震时人的伤亡数要少得多。例如，1970 年 11 月 8 日四川马尔康县发生 5.5 级地震，木郎大队全大队 77 户住房有 73 户受到严重破坏，但由于震前作了预报，作了预防措施，人畜均无伤亡。

3. 其他地质防治效益实例

（1）东川泥石流是闻名于世的大型地质灾害，它对居住在东川市的 6 万多居民生存严重威胁。据统计，新中国成立以来，泥石流给东川市造成的损失已达数亿元。1982～1985 年中国科学院成都地理所与东川市联合进行考察，提出了防治规划，1986 年开始施工防治，投资 1000 万元，保护了东川市居民级价值 5 亿元的财产，效益达 1∶50。1987 年 7 月 5 日发生了 30 年罕见的暴雨，没有造成灾害。现在整个工程已经完成，被云南省誉为“花园城市”。

四川省宁南县治理泥石流投资为 125 万元，保护固定资产 9000 万元和居民生命，其防治效益为 1∶75。

（2）1985 年 6 月 12 日凌晨，长江秭归县新滩发生了 2000～3000 万 m^3 的大型滑坡，其中 200 万 m^3 入江，停航 12 天。由于作了准确预报，无一人伤亡，财产损失也极小。如果没有预报，据估算，可能造成的直接经济损失约为 8700 万元，预报投资约 200 万元，这项防治经济效益为 1∶44。

（3）黄河大堤决口一次伤亡人数少则几百，多则几十万至几百万；经济损失少则几十亿，多则几百亿。从历史来看，黄河大堤决口频率愈来愈高。而新中国成立后三次加固大堤，建立了水文管理机构，这些投资不过几十亿元，其经济效益超过百倍。四十年一次决口也没有发生。

（4）七省市水土保持也取得了显著的经济效益。以宁夏西吉黄家二贫小流域综合治理试验示范区为例，该区土地面积为 5.7km，1983 年开始综合治理。以粮食单产为例，该区土地面积为 5.7 公里，1983 年开始综合治理。以粮食单产为例，1982 年单产为 23.1 公斤/亩，1990 年为 120 公斤/亩，提高了 425.4%；全流域净产值：1990 年是 1982 年的 8.1 倍；人均收入 1990 年可达 731 元，比 1982 年提高了 380.9%。

第13章　城市土地利用规划方案优化方法研究

13.1　地质环境对城市规划的制约特征

城市规划是一定时期内城市发展的目标和计划，目的就是依据合理安排各项土地利用，达到发展的科学控制。2008年我国制订了《城乡规划法》，按照该法，城市总体规划内容应当包括城市的发展布局，功能分区，用地布局综合交通体系，禁止、限制和适宜建设的地域范围，各类专项规划等。规划范围、规划区内建设用地规模、基础设施和公共服务设施用地、水源和水系、基本农田和绿地、环境保护、自然与历史文化遗产保护以及防灾减灾等内容，应当作为城市总体规划的强制性内容。

规划法在第四条强调规划应重视对地质灾害的预防，对土地资源的合理利用等，说明城市地质灾害信息是规划决策中不可缺少的依据。

地质环境对城市规划中土地利用的制约突出地表现在地质灾害对城市工程建设安全与发展的威胁。因此在城市规划中对部分灾害制约较为严重的场地或灾害期望损失费用较高的场地实行土地利用控制是十分必要的。灾害的技术经济分析与城市规划关系见框图（13-1）。从图上可以看出，城市土地利用控制的重要依据之一就是灾害期望损失图件，而灾害期望损失费用图则正是灾害技术经济分析评价的结果。

13.2　城市规划中土地工程利用控制技术与规划方案优化

13.2.1　土地利用控制的前提

首先，城市规划中的土地利用控制只是部分用地类型或部分场地必要的控制，而非盲目地针对所有场地。因此，区分控制与非控制用地类型，以及了解控制用地类型中实为部分场地的控制，是实施土地利用控制的前提。

表13-1给出了三种用地类型，即非控制用地、控制用地以及优先保护用地。其中优先保护用地是城市生命线工程用地或要求绝对保护的用地类型。区分非控制用地与控制用地的依据则要看其工程活动强度对城市地

质环境的干扰特征，也即控制用地指的是这类用地类型均为对城市地质环境强度有一定干扰强度的，而非控制用地则是指这类用地表现的人类活动不易对地质环境构成较显著影响或干扰不够。

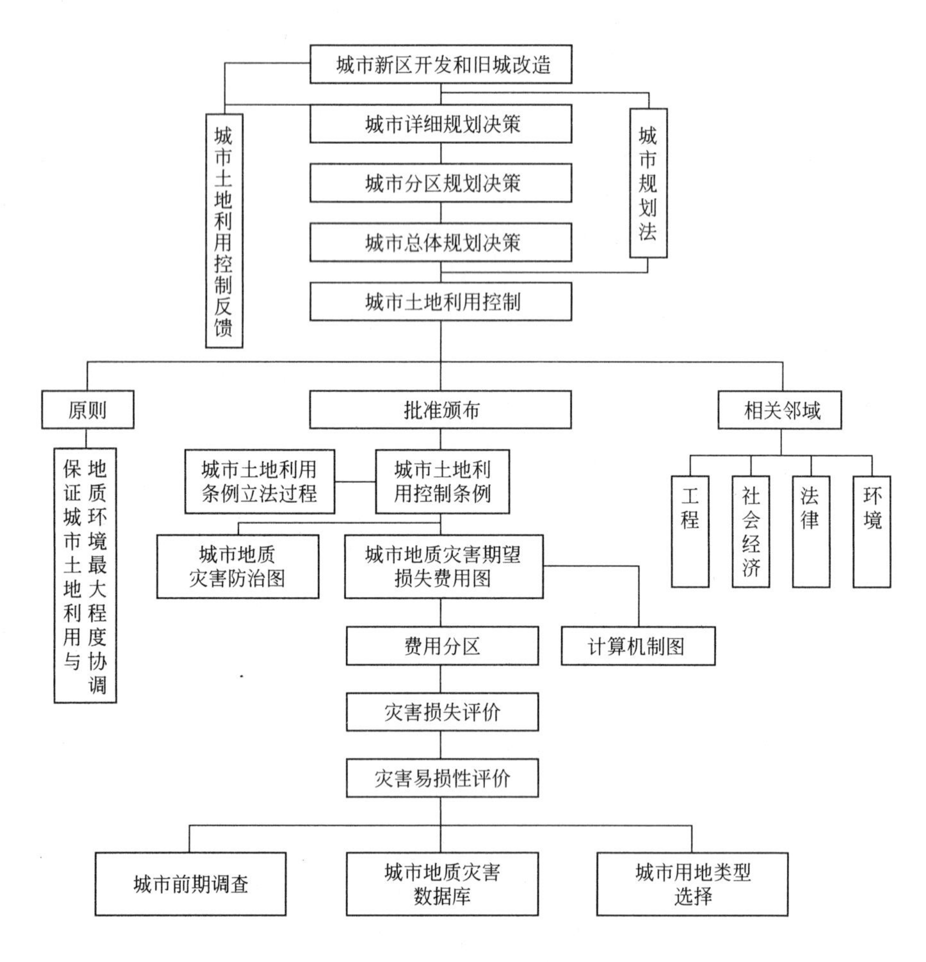

图 13-1 地质灾害技术经济分析与城市规划关系框图

城市土地利用控制用地类型划分 表 13-1

控制用地	非控制用地	优先保护用地
1. 低层居住用地 R11	仓储用地(W)	医药卫生用地 C
2. 多层居住用地 R21	对外交通用地(T)	教育科研用地 C
3. 高层居住用地 R22	道路广场用地(S)	邮电设施用地 V
4. 工业用地 M	市政公共设施用地(V)	文物古迹用地 C
5. 行政办公用地 C1	绿地	宗教用地 C
6. 金融贸易用地 C2	特殊用地(U)	供水用地 V
7. 商业服务用地 C3	水域和其他用地(U)	风景区 U
		露天矿区用地 U
		核电站用地

这里探讨的土地利用控制实际只针对七类控制用地类型。

13.2.2　土地利用控制技术与规划方案优化

在实际城市总体规划的过程中，为了制定科学的城市防灾规划土地利用方针，避免城市建设的盲目性，避免由于过度开发或各种潜在地质灾害导致产生灾害及带来昂贵的处理费用，求得城市与环境的统一，就应当实行必要的土地利用控制，以达到规划方案的优化。严格地说，土地利用应当是广义的，而且从工程的角度，也应当包括灾害的预防与整治，但是由于本篇作为城市地质灾害防御系统研究的一部分强调从经济的角度来评价地质灾害，因此，这里的土地利用控制与规划优化的概念又是狭义的，实际上，其控制的依据主要是灾害期望损失费用信息以及据此编制的城市各类用地地质灾害期望损失费用图。城市土地利用控制技术与规划优化具体可以理解为以下原则：

(1)优先保护原则

指的是表 13-1 中列出的几种优先保护用地类型，正如前述，这些用地类型系属城市生命线工程或要求保护必选的用地，在城市规划中，这类用地可以与地质环境关系密切，也可以只跟地段或城市功能分区有关，但其用地的选择应首先得到保护，换句话说，其控制的意义就在于保护，针对本大类用地，须满足优先保护原则。

(2)费用最低原则

该原则以及以下诸原则都针对表 13-1 中划分的控制用地类型，所谓费用最低原则指的是在具体某一用地类型条件下，规划对用地地段的选择应根据灾害损失评价即计算机编制的该类用地灾害期望损失费用图，在不计其他条件的情况下，应尽可能选择低灾害费用区场地。目的就是为了使在灾害发生情况下，损失控制在最小，以此达到利用地质灾害信息对规划的优化。

(3)强度最高原则

强度最高原则中的强度指的是人类工程建设活动对城市地质环境的干扰强度，是人类活动对地质环境反馈强弱的程度，其差异具体可以理解成各种不同的用地类型。因此，强度最高原则针对的是不同的用地类型，对整个场地或若干场地区域，在同样或相似的灾害期望损失费用条件下，规划应当选择开发强度或干扰强度最高的用地作为该场地或区域的最佳用地类型，同理，按照开发强度从高到低的原则，依次选择用地类型，从而可以建立一个合理优化的用地开发序列。

(4)敏感性原则

由于灾害期望损失费用是多灾种综合费用，每一个城市都有自己突出的灾害类型，某种用地类型对应的灾害期望损失费用是由各种灾害费用组成的，每一类灾害费用所占比例的大小或费用贡献即被视为该类灾害的敏感度，敏感性原则指的就是在选定用地类型场地应针对较为敏感的地质灾害，加强开发中地基条件的评价及该类灾害的防治评价，达到对场地一级的土地利用控制。

13.3 唐山市土地工程利用控制与规划优化

唐山市土地利用控制的依据为唐山市地质灾害期望损失费用图件。

1.费用最低原则

按照费用最低原则，在全部130个场地范围内，最优开发序列依然是低灾害费用区—中等灾害费用区—高灾害费用区，对高灾害费用区和部分中等灾害费用区应严格控制兴建，而对低灾害费用区与部分中等灾害费用区则可考虑适度开发。在三种费用区中的任何一个区里，还应该按照场地灾害期望损失费用的大小，从小到大进行开发。这里举多层居住用地为例，针对高灾害费用区，列出场地开发序列(表13-2)。

唐山市多层居住用地(R_{21})高灾害费用区场地开发序列　　表13-2

开发序号	1	1	2	2	2	2	2	2	2	2	3	3	3
场地号	88	99	3	4	5	14	15	24	25	120	68	69	79
开发序号	3	4	5	6	7	7	8	8	9	10	11		
场地号	109	77	35	36	66	67	76	86	45	97	87		

2.强度最高控制

根据强度最高原则，唐山市开发用地类型顺序见表13-3。

唐山市开发用地类型序次　　表13-3

序号	1	2	3	4	5	6
用地类型	C2	C3	C1	R21	M	R11

对于具体某个场地而言，其最优开发强度或用地类型的选择应按照费用最低和强度最高原则综合控制。

3.敏感性控制

唐山地质灾害敏感性分析结果见表13-4。

唐山市六类用地灾害敏感性分析结果　　表13-4

用地类型灾害种类	R_{11}	R_{21}	M	C_1	C_2	C_3
地面振动	2.45%	1.37%	3.22%	2.14%	4.14%	4.50%
表面破裂	0.04%	0.11%	0.16%	0.18%	0.13%	6.20%
岩溶塌陷	29.94%	41.79%	38.66%	37.76%	46.54%	51.71%
采空塌陷	67.58%	56.73%	57.95%	59.92%	49.19%	43.60%

从表13-4中可以看出，对于上述六类用地来讲，规律性较为明显，岩溶塌陷与采空塌陷两类灾害占较大比重，也就是最敏感的灾害类型，因此，在选择用地开发的同时，还应该重视对上述两种灾害的有针对性的防范。

附录　城市土地工程利用控制法规研究

以唐山和南京两个典型城市为例，根据研究成果，分别给出了城市土地工程利用控制条例和城市土地工程利用控制技术标准，该标准中涉及的费用均为 20 世纪 90 年代数据，可作为今后制定相关法规的参考。

1　唐山市土地工程利用控制条例

引言

唐山是我国重要的能源、原材料工业基地，震后三十多的恢复建设使唐山市已成为一个现代化大城市，以崭新的面貌屹立于冀中大地。然而，由于唐山市地质环境脆弱，潜在的地质灾害和劣质的岩土体条件制约了城市的发展。在唐山大地震前夕，由于震前没有充分防范和有效地进行土地工程利用控制，以及对本区的孕震和发震条件缺乏认识，对地震基本烈度估计错误(震前定为六度)，因而，1976 年 7 月 28 日地震时造成极其严重的灾难。沉痛的教训使人们逐渐认识到，城市的发展受地质环境的制约，特别是突发性的地质灾害，将会给人类带来毁灭性的打击。因此，研究城市地质环境基本特征，确立城市地质环境主题要素，建立城市地质灾害防治规划系统和土地工程利用控制法规等一系列措施，将为我们今后抵御各种地质灾害和经济合理的开发土地资源提供保证。

唐山市的地质环境主题要素包括地震、地面塌陷、崩塌滑坡和软土地基等。依据“唐山市中心区工程地质编图报告”和“唐山强震区地震工程地质研究”以及“城市地质灾害防治规划系统”等课题研究成果，制定出本条例，可作为政府批准的城市总体规划的一项配套性法规文件，供城市建设管理部门、土地开发与投资者执行。

一、总则

第 1.1 条　为了合理开发和利用土地资源，避免或减少地质灾害给城市居民生命财产、国家建设带来的危害，使城市建设和地质环境协调发展，制定本条例。

第 1.2 条　凡属以下性质的区域列为城市规划中土地工程利用的控制区：

(1)对公共健康、人身安全和财产构成威胁和破坏的严重地质灾害地区；

(2)由于土地的开发利用造成环境公害或导致严重的次生地质灾害的地区；

(3)土地开发利用需要巨额附加投资与高额整治费用的地区。

第1.3条　本条例由城市建设部门监督执行，凡在第二条所明确的控制区内进行各种工程土地利用及兴建各类工程设施时，均须经过城市建设主管部门(市建委)的特别审批。

第1.4条　政府原则上禁止或限制在土地利用的控制区进行工程开发。凡申请在控制区开发者，需首先持经有政府注册的甲级勘察单位或抗震、环保部门的鉴定，并对拟用场地进行可行性技术论证，提出认为可行的报告后，才能向政府主管部门提出土地开发申请，主管部门认为不可行时有权予以否定。对涉及城市居民公共利益的一些特别重大争议，则应以提案的方式报请市人民代表大会仲裁。

第1.5条　任何个人和团体应严格遵守本条例，对各种违犯条例的工程活动，主管部门有权责令其拆除、停建或处以罚款，罚款数额视造成影响的严重程度而定。未经城市建设主管部门批准，擅自在土地利用控制区内进行工程活动，造成地质环境严重恶化，致使城市建设或居民生命财产蒙受重大危害者，依法追究其法律责任。

第1.6条　政府主管部门依据本条例和土地利用控制图系及土地利用能力图系制定条例的详细实施细则，并有权定期进行修改。

二、地震灾害控制

第2.1条　地震及其伴生灾害

1976年7月28日，唐山市丰南一带发生7.8级地震，宏观震中位于唐山市路南区，地震的极震区在唐山市京山铁路南北两侧，中心区地震影响烈度为9至11度。除由地震直接引起的地表破坏外，其伴生灾害主要包括砂土液化、地面塌陷、地裂缝和陡河岸边滑移等。

地质灾害具有突发性和重复性，其后果是极其严重的，因此，必须在地震影响范围内实行严格的土地工程利用控制或采取有效的抗震工程措施，以减轻未来地震作用下城市的灾害程度。

第2.2条　唐山市中心区设防烈度为8度，凡在本区进行工程建筑必须严格按照这一设防标准设计。在唐山断裂附近或经地震小区划研究确定属极高(10度以上)地震烈度地区，可适当提高设计标准。

第2.3条　地震伴生灾害防治

凡在地震基本烈度7度以上地区进行工程建筑时，均须进行砂土液化判别，液化等级在中等以上者应根据具体场地条件进行地基处理或加固，主要方法有换土处理、密实处理、排水处理、加筋处理、化学处理(灌浆法，搅拌拌法)等。

唐山地震断裂带附近为抗震不利地段。工程建筑时，在断裂带东西两侧一般应预留 200m 安全防护带作为城市绿化用地，特别重要的建筑物或建筑群应避开此断裂带 5km 以上。

在岩溶发育地区和采空区，应注意评价其地震敏感性和波及范围。在地面塌陷波及区内，禁止一切重要的高投资的工程建筑活动。对于地面塌陷轻微地段，当采取有效治理加固措施后，方可进行一般性的工程建筑。软土地区还应评价其震陷的可能性。

流经唐山市区的陡河，在 7.28 地震时其两岸产生了严重的地裂及岸边滑移，使岸边建筑物遭到破坏，即沿陡河地带为抗震不利地段。工程建筑场地应距离河边预留 100m 宽的安全防护带为宜。在岸坡较低地段，若采取了可靠的岸边加固处理措施，其安全防护带可适当减缩到 50m。安全防护带作为城市绿地开发使用。

第 2.4 条　土地利用类型控制

凡在唐山断裂附近和地基液化严重地区(烈度为 8 度)均列为各类土地利用类型严格控制区域。特别是对于安全等级较高的重要建筑物以及荷重较大的高层、超高层建筑以本区作为建筑场地需增加巨额的消除场地地基液化势的附加整治费用，应在较严格的技术经济合理论证的基础上控制开发。本区可作为城市绿地开发，或作为对安全性、适应性要求较低的建筑场地进行开发利用。

凡在唐山断裂外围且地基液化(烈度为 8 度)轻微至中等地段，列为各类土地工程利用的一般控制区。在严格按照抗震规范设计或加固处理的基础上，进行有限的开发。

凡在远离唐山断裂且不具地基液化危险性的地区，可作为各类土地利用类型进行开发，特别是要求安全等级较高的重要建筑物和居民住宅用地可优先开发利用。

第 2.5 条　工程抗震措施

唐山市工程抗震措施应遵循以下三条基本方法：

(1)选择优良场地，避开不稳定地段，如液化地基和发震断裂；

(2)建筑物的合理规划和布局，以及地基处理和加固，提高建筑物地基基础的抗震能力；

(3)加强建筑物上部结构设计，提高建筑物整体耐震性能。

第 2.6 条　减轻地震灾害对策

为了减轻地震灾害所造成的损失，城市规划部门对城市进行总体规划时应系统考虑如下六项减灾措施，它们形成一个减灾系统工程，缺一不可。即：(1)地震灾害的监测；(2)地震灾害的预报；(3)地震灾害的抗御；(4)地震灾害的预防；(5)灾情的救助；(6)灾后的重建。

三、地面塌陷控制

第 3.1 条　地面塌陷类型及分布

唐山市地面塌陷主要包括两种：矿坑塌陷和岩溶塌陷。其中矿坑塌陷由地下采空(采煤)而引起。主要分在南部的唐山煤矿区以及东部的马家沟矿、国各庄矿和地方煤矿区及其采空波及区内。岩溶塌陷是在岩溶裂隙发育破碎地区,由于地下水的溶蚀或掏蚀,以及在地震和其他动力条件下诱发造成的地面陷落。它主要分布在大城山西侧的建华道以南到南新道一带,其平面分布与本区灰岩地层分布以及断裂分布密切相关。

第 3.2 条 土地利用类型控制

地下煤矿开采引起的地面塌陷波及影响对建筑场地的安全性构成威胁,因此,将采煤波及区和塌陷区作为严格控制区,不宜建设新的建设项目,可作为城市绿地和覆土造田使用。对于塌陷固结稳定 40 年以上的场区可以有条件地控制使用,作为城市发展备用地。

凡在松散层下,岩溶发育且其上覆土层厚度较薄的场区,具有岩溶塌陷的危险性,列为各类土地利用类型的严格控制区。对于高层建筑和安全等级较高的重要建筑物,应严格论证其建筑场地的岩溶塌陷危险性,首选不具备岩溶塌陷形成条件的场地,如唐山市西部卑子院飞机场一带。

第 3.3 条 地面塌陷的防治

为了防止或减轻地面塌陷带来的灾害,合理开发利用土地资源,可采取如下措施。

(1)加强矿山的规划和灾害预测工作,特别是圈定矿坑塌陷的波及范围及趋势;

(2)对老塌陷区进行综合整治和有限的开发利用;

(3)新开采区的地面建设工作应在采后三年以上时间进行,避开塌陷活动期;

(4)查明唐山市岩溶发育分布区域,确定具有岩溶塌陷的危险地段;

(5)加强地表水和地下水的管理和利用,枯水季节尽可能控制地下水的开采量;

(6)对某建筑场区进行开发时,应首先论证场区的岩溶发育程度、分布范围和深度,以及是否在矿坑塌陷波及范围之内。对于重点工程应避开这一地区,一般工程必须进行可靠的地基处理后方可开发。

四、崩滑灾害控制

第 4.1 条 崩滑灾害及共分布

唐山市区地势较平缓,北高南低,一般高程为 14～32m,高差约 20m。但中部的大城山、贾家山一带较高,为裸露丘陵地带,其中,最高点在大城山,标高为 125.1m。在天然状态下,唐山市区崩滑灾害较少。当受地震作用时,在大城山至贾家山丘陵地带以及陡河两岸具有潜在的崩滑或滑塌灾害。

第 4.2 条 崩滑灾害的控制区域

斜坡坡度大于 30°的丘陵地带,以及陡河两岸岸坡较高且距岸边 30m 范围内列为土地利用的严格控制区;坡度小于 30°的丘陵地带以及陡河两岸距岸边30m以外100m以内地带列为土地利用的一般控制区。

第4.3条　土地利用控制

严格控制区内原则上禁止各项土地工程利用，适宜作为绿地进行较低水平的开发；一般控制区内应控制大规模工程开发。上述控制区内如因特殊情况而必须开发时，需要经过勘测设计部门的勘测，并经整治满足如下条件时方可开发。

（1）已建有符合设计标准的足以保证安全的护坡挡土墙或锚桩；

（2）不存在坡脚大量切坡挖方和坡顶堆载的可能；

（3）建有经正规设计的坡面排水系统；

（4）已经考虑斜坡及其周围的绿化方案并实施；

（5）在陡河近岸，已经考虑因地基液化所可能引起的岸坡向河心的滑移现象，并采取了有效防治措施。

第4.4条　崩滑防治工程控制

在岩土坡区进行工程建设，严禁大量开挖坡脚，严禁在坡面上堆积大量荷载，严禁破坏坡面植被。岩土坡前或附近的工程建设应首先考虑岩土坡的稳定性问题和治理方案，以及工程缓减费用等问题，以确保建筑物的安全和经济，最大限度地保护地质环境。

在陡河近岸的土地开发活动，应首先考虑未来地震可能引起的岸坡向河心滑移灾害，避开或对该场地地基进行处理，提高地基承载力，增强地基的抗滑移强度，如采用桩基础。

五、地基利用控制

第5.1条　建筑场区及建筑地基

唐山市中心区的建筑场区按地层的沉积时代和岩性特征分为四种类型，即基岩裸露及浅埋区（Ⅰ类建筑场地）、第四系上更新统（Q3）地层分布区（Ⅳ类建筑场地），第四系全新统（Q4）地层分布区（Ⅲ类建筑场地）和特殊类土分布区（Ⅲ类建筑场地）。建筑地基的主要类型有基岩地基、浅埋岩石地基、硬实黏砂土混合地基以及软弱地基和特殊类土地基。

第5.2条　建筑地基利用控制

（1）基岩地基和浅埋岩石地基

在基岩裸露及浅埋区多为基岩地基和浅埋岩石地基，主要分布于凤凰山、大城山、弯道山、贾家山及其周围附近。地势平缓的基岩地基和浅埋岩石地基具有良好的抗震稳定性，地基质量好，可作为高层建筑或安全等级较重要建筑物地基优先开发利用。但对于地势陡峻地带或岩溶塌陷危险区，因场地平整施工量大且有潜在的崩滑或塌陷的危险性，列为严格控制区。

（2）硬实黏砂土混合地基

在陡河II级阶地为上更新统（Q3）地层分布区，多为硬实黏砂土混合地基，承载力高，压缩性较低，可作为各类建筑物良好的天然地基使用，列为土地利用的非控制区。

(3)软弱地基和特殊类土地基

唐山市陡河Ⅰ级阶地及河两侧狭长条带为第四系全新统(Q4)地层分布区,多为软弱地基,土体松散不密实,抗震能力较低,地基承载力低,压缩性高,列为严格控制区。

唐山市的特殊类土主要有新近沉积土、淤泥质土、有机质土、膨胀土和人工填土等,其中由淤泥质土和淤泥等组成的地基亦属软弱地基外,其他特殊类土形成的地基同样具有变形量大,承载能力低等特点,均列为严格控制区。

第5.3条 建筑场地开发与地基处理

地基承载力高、抗震性能良好的建筑场地,如基岩裸露及浅埋区,应由高层住宅和高层综合建筑用地优先开发利用。地基承载力较高,抗震性能较好的建筑场地,如陡河Ⅱ级阶地分布区,作为一般建筑物的开发区域。对于承载力较低或允许变形量不满足建筑要求时,必须进行加固处理。地基加固处理的原则应是以较低的工程整治费用,获取建筑物的高质量、高安全性。严格控制以高额整治费用获得较低经济效益或负效益的工程开发活动。对于地基质量很差,开发费用很高的场地,应作为城市绿地开发利用。

六、地下水源及其开采控制

第6.1条 地下水的制约因素

唐山市地下水主要有松散层潜水和岩溶水,其制约作用表现为两方面:一方面是城市建设对地下水的污染,另一方面是不合理利用(过量开采和煤矿疏干)地下水引发地质灾害,如岩溶塌陷、地面沉降等。

第6.2条 土地工程利用控制

唐山市水资源紧缺,地下水开采是其重要组成部分,鉴于城市供水和地质环境恶化的矛盾,严禁如下情况的土地工程利用活动。

(1)工程建设对地下水源地构成严重污染,并未采取有效治理污染措施者;

(2)工程建设大量抽汲地下水,引发岩溶塌陷者;

(3)煤矿由于疏干地下水,引发岩溶塌陷者;

(4)其他一切能造成地下水严重污染或因开采地下水引发地质灾害的工程建设。

第6.3条 地下水开采控制

城市总体规划阶段应注意评价城市各区的地下水最大允许开采量,依此作为规划各种土地利用类型的重要依据,保障城市用水和避免地质环境恶化。对用水大户根据地下水开采能力实行必要的控制,开采前必须报请地下水资源主管部门审批,并贯彻执行《中华人民共和国水法》。

唐山市地下水开采量的控制以不引起大规模地面沉降或岩溶塌陷为基本原则,宜开发深层隐伏岩溶水作为供水水源。

七、工程建筑控制

第 7.1 条　土地利用类型与土地工程能力

唐山市中心区土地利用类型分为四大类八种，即居住用地(低层、多层、高层)、工业用地、公共设施用地(商业、教育卫生、办公)、仓库用地四类。土地工程能力指土地被用作某种土地类型开发时，土地所赋存和表现出的土地工程属性方面的能力，这种属性包括土地的特性、稳定性和适宜性。通常用于地质灾害作用下可能的损失和场地平整改良费用以及工程减缓费用的综合来反映土地工程利用能力的差异。

第 7.2 条　土地利用规划依据

土地开发类型的空间规划，宜以土地工程能力等级为依据，按开发的优先序列统筹排列，以较佳地发挥土地工程能力，节约有限的土地资源，规划部门由此作出的用地规划布局，建设部门应严格遵照执行。

第 7.3 条　土地开发利用控制

无论何种类型的土地开发，凡属于高额费用区，均应控制其开发。一般使用开发费用比来作为评价指标。其中，对于低层住宅、多层住宅宅、工业用地、商业用地、教育卫生用地和办公用地当开发费用比大于 30%时，列为严格控制开发区。对于高层建筑用地，当开发费用比大于 40%时，列为严格控制开发区。对于仓库用地，当开发费用比大于 45%时，列为严格控制开发区。

第 7.4 条　无机会重开发土地利用控制区

已建成的中高层区、重要的厂矿用地、特殊用地、高等级公路、铁路、机场等，在机会费用上表现为费用极大，但已不提供土地重开发机会。因此，工程建筑在这些区域不作安排，这些区域为没有条件重开发的土地利用控制区。

八、附则

第 8.1 条　本条例为唐山市城市总体规划的配套文件，与规划具有同等法律效力。

第 8.2 条　本条例在执行过程中，凡与《土地管理法》《环境保护法》《城乡规划法》《水法》等国家法律相抵触之处，则服从上述诸国家法律。

第 8.3 条　本条例自公布之日起执行。

2. 唐山市土地工程利用控制技术标准

1. 引言

城市的建设与发展受到各种地质灾害、岩土体质量和地下水等地质环境主题要素的制约或影响，土地工程利用能力高低不一，盲目地建设将造成巨额的经济损失，以至威胁居民的生命安全。因此，必须针对城市地质环境主题要素建立统一的技术标准，进行必要的土地利用控制，合理开发利用有限的土地资源。

唐山市土地工程利用控制技术标准是在唐山市进行土地工程利用控制

的基础资料之一，它将配合《唐山市土地工程利用控制条例》对唐山市各种地质环境主题要素与土地利用类型以及两者的相互作用进行法规性的控制。建立“唐山市土地工程利用控制技术标准”主要依据野外地质勘探资料、各种地质灾害的专题研究报告、唐山市城市总体规划方案，以及唐山市土地工程利用定量分析和城市地质灾害防治规划系统的研究成果。

2. 地质灾害及其防治技术标准

唐山市主要的地质灾害包括地震及其伴生灾害、地面塌陷和崩滑灾害，在这些灾害地区进行工程建筑或改造治理，需要首先明确灾害的等级或严重程度，进而确定土地利用控制方案和治理措施。

2.1 地震及其防治技术标准

2.1.1 地震活动水平

据史料记载，唐山地区的地震活动比较活跃，自1485年以来，唐山及其临近地区共发生破坏性地震($M \geqslant 4.75$)22次，其中包括8级地震一次。1966年邢台地震后，华北强震北移，唐山地区地震活动不断增强。1976年爆发7.8级唐山大地震。因此，在未来相当时间内，唐山地区仍处于地震活跃期。

2.1.2 地震基本烈度

7.28大地震，唐山市中心铁路南北两侧为极震区，地震宏观烈度为11度，其影响面积为47km^2，呈椭圆形分布，长轴方向大致呈北东向延伸，长10.5km，短轴3.5～5.5km。

唐山市地震烈度划分标志如表2.1-1所示，国家规定，唐山市中心区按地震基本烈度八度设防。

2.1.3 活动断裂与处理措施

工程界所采用的活动断裂通常指全新世以来活动过的断裂，即在全新地质时期(1万年)内有过激烈的地震活动或近期正在活动，在将来(今后100年)可能继续活动的断裂。

唐山地震烈度划分标志 **表2.1-1**

烈度	房屋	烟囱、铁轨、桥梁	地面破坏	人的感觉和器物的反应
Ⅺ度	各类房屋基本倒平，个别严重破坏	独立砖烟囱从根部折断倒落；铁轨发生大段强烈蛇状弯曲并挤合在一起	有规模较大的地震裂缝带，地下管道严重破坏	有的人有上抛失重的感觉，器物有十分显著的位移
Ⅹ度	Ⅱ类房基本倒塌，Ⅲ类房大多数倒塌或严重破坏	独立砖烟囱普遍从下部折断；桥梁多数毁坏；铁轨呈蛇状弯曲	分布有地震裂缝带两端的牵引带、尖灭带；地下管道破坏	人感到强烈颤动和摇动，器物有明显位移
Ⅸ度	Ⅰ类房大多数倒塌，少数破坏，Ⅱ类房许多倒塌，Ⅲ类房少数倒塌，个别破坏	高大砖烟囱从中部折断；桥梁毁坏；铁轨呈微弱的蛇曲	地基沉降，公路铁路路基变形；个别地势较陡的山坡产生崩塌和倒石堆；少数地区出现喷水冒沙	人感到强烈晃动，行进中的自行车摔移

续表

烈度	房屋	烟囱、铁轨、桥梁	地面破坏	人的感觉和器物的反应
Ⅷ度	Ⅰ类房许多倒塌，大多数破坏；Ⅱ类房许多倒塌，Ⅲ类房少数破坏，个别倒塌	高大砖烟囱一般在上部折断，并普遍产生裂缝；铁轨有轻微弯曲	地基沉降；路面呈微波状起伏；河堤产生较大裂缝；南部平原区出现大积喷水冒沙	人有强烈的感觉，行动困难，器物局部位移，有的翻倒
Ⅶ度	Ⅰ类房少数倒塌，许多破坏；Ⅱ类房少数破坏，局部倒塌	高大砖烟囱个别错位，掉头或顶部折断	沿海沙基液化区大面积喷水冒沙，路基沉降，河堤产生裂缝	人的感觉强烈，但可站住，并能逃出屋外，少数器物有位移

注：①破坏程度分为：1. 倒塌；2. 破坏；3. 损坏；4. 轻微损坏。

②统计时“大多数”指大于50%；“许多”为30%～50%；“少数”为10%～30%；“个别”为小于10%。

③房屋类型的划分：Ⅰ类房：包括土坯房、毛石房、简易性口棚。Ⅱ类房：包括表砖木架房、砖平房、砌石平房、少数为预制板平房。Ⅲ类房：包括钢筋混凝土框架房屋、工业厂房、多层砖混房屋。

活动断裂的分级如下表 2.1-2 所示。

活动断裂分级　　　　表 2.1-2

分级		活动时代及活动性	平均活动速率 V(mm/a)	历史地震及古地震（震级 M）
Ⅰ	强烈活动断裂	中或晚更新世以来有活动，全新世以来活动强烈	$V \geqslant 1$	$M \geqslant 7$
Ⅱ	中等活动断裂	中或晚更新示以来有活动，全新世以来活动较强烈	$1 > V \geqslant 0.1$	$7 > M \geqslant 6$
Ⅲ	微弱活动断裂	全新世以来有活动	$V < 0.1$	$M < 6$

在活动断裂附近进行重大工程建设，应采取必要的防范措施，其处理如表 2.1-3 所示。其中，重大工程系指《建筑抗震设计规范》规定的甲类建筑和部分乙类建筑，如大中型火力发电厂、炼油厂、钢铁联合企业、交通枢纽等。

重大工程各类断裂处理措施　　　　表 2.1-3

断裂分类		处理措施
Ⅰ	强烈活动断裂	根据我国宏观地震影响场统计表，基本烈度≥9 度时；宜避开断裂 3km 左右；基本烈度为 8 度，宜避开 1.2km 左右，选择断裂下盘建设，严格按照抗震规范勘察设计
Ⅱ	中等活动断裂	避开断裂带 0.5～1.0km 左右，宜选择断裂下盘进行建设，严格按照抗震规范勘察设计
Ⅲ	微弱活动断裂	宜避开断裂带进行建设，不使建筑物横跨断裂带，严格按照抗震规范勘察设计
Ⅳ	非活动断裂	一般可不考虑其对工程稳定性的影响

2.1.4　砂土液化判别标准及液化等级

唐山市在未来遭受地震影响时液化的可能性可用标准贯入击数来判别，地层液化基本条件如表 2.1-4 所示，当判别结果符合下列公式条件时定为易液化土层。

$$N<N_{cr}$$

$$N_{cr}=N_0\beta[\ln(0.6d_s+1.5)-0.1d_w]\sqrt{3/\rho_c}$$

式中，N——饱和土标准贯入击数实测值(未经杆长修正)；

N_{cr}——液化临界击数；

N_0——液化判别标准贯入锤击数基准值；

d_s——饱和土标准贯入点深度(m)；

d_w——地下水位埋深(m)；

ρ_c——黏粒含量百分率(当小于3或为砂土时，均取3)；

β——调整系数，设计地震第一组取0.80，第二组取0.95，第三组取1.05。

唐山市地基液化基本条件 **表2.1-4**

地震动强度(烈度)	液化深度下限	上覆非液化上层厚度	地下水埋深	土的类型状态
7度以上	小于15m	小于5.5m	小于5m	均匀的粉土、粉细砂

地基液化等级根据液化指数来划分，其计算公式为：

$$I_{LE}=\sum_{i=1}^{n}(1-\frac{N_i}{N_{cri}})d_iw_i$$

式中：I_{LE}——液化指数；

N_i、N_{cri}——分别为i点标贯锤击数实测值和临界值，当$N_i>N_{cri}$时，应取N_{cri}；

n——在判别深度范围内每一个钻孔标贯试验点的总数；

d_i——i点所代表的土层厚度(m)；

w_i——i土层考虑单位土层厚度的层位影响权函数值。

地基液化等级的划分标准如表2.1-5所示。

地基的液化等级 **表2.1-5**

液化等级	液化指数 I_{LE}	地面喷水冒沙情况	对建筑物的危害程度
Ⅰ(轻微)	<6	地面无喷水冒沙，或仅在洼池、河边有零星的喷冒点	危害性小，一般不至于引起明显的震害
Ⅱ(中等)	6～18	喷水冒沙可能性大，从轻微到严重均有，多数属中等	危害较大，可造成不均匀沉陷和开裂，有时不均匀凹陷达200mm
Ⅲ(严重)	>18	一般喷水冒沙都很严重，地面形变很明显	危害性大，不均匀沉陷可能大于200mm，高重心结构可能产生不允许的倾斜

2.1.5 建筑物震害预测

根据唐山市中心区地震危险性分析，当50年超越概率10%，地震烈度为8度情况下，未来地震作用对震后复建工程影响不大，处于基本完好状态。但是对于旧有建筑和采煤波及区、砂土液化区、活动断裂与构造性地裂缝带，以及软土地基抗震不利地段，其震灾程度比率如表2.1-6所示。

建筑物破坏程度比例　　表2.1-6

破坏程度	轻微破坏	中等破坏	严重破坏	倒塌
破坏率(%)	24%	36%	20%	14%

2.2　地面塌陷及其防治技术标准

唐山市地面塌陷主要有地下采煤引起的地表变形和下陷，以及岩溶塌陷。它们影响或控制着城市的发展建设，不合理的土地工程利用将会造成严重的经济损失或危及生命安全。

2.2.1　地下采煤塌陷的控制内容

(1)现有塌陷坑的分布范围

唐山市中心区地处矿区，地下采空区繁多。由于各矿的开采深度、采煤厚度与煤层的产状各异，因而造成地面塌陷的程度也有所不同，中心区主要的塌陷坑分布及规模如表2.2-1所示。

采煤塌陷分布及规模　　表2.2-1

塌陷坑	分布区	规模
唐山矿塌陷坑	南部新风井北西	长3000m，宽1500m，坑内积水深1.5m
马家沟矿塌陷坑	东部上村南	长2000m，宽达750m
地方煤矿塌陷坑	中部弯道山西北	长750m，宽达400m

(2)采煤波及区

根据唐山市2000年总体规划(经国务院批准)，采煤塌陷波及区内均作为控制用地。各煤矿采煤塌陷波及范围可参见唐山市总体规划配套技术资料“地面塌陷及采空波及线图”。

2.2.2　岩溶塌陷的形成条件

岩溶塌陷是由多种因素共同作用下形成的，其主要控制因素包括；

(1)隐伏可溶性碳酸盐地层的存在；

(2)地下水是岩溶塌陷孕育形成十分活跃的动力因素；

(3)断裂破碎带是岩溶发育区；

(4)矿坑突水或煤矿疏干作用和地下水超量开采；

(5)地震动力及其他动力作用。

2.2.3　岩溶塌陷潜在危险区域

岩溶地面塌陷潜在危险区受控于岩溶破碎发育程度和上覆土层厚度等因素，一般对于上覆土层厚度大于100m的地区可按基本稳定区考虑。根据各区的基岩电性特征，可圈定岩溶裂隙发育的潜在塌陷危险区，表2.2-2

为唐山市岩溶塌陷危险区部分资料。

唐山市岩溶、破碎发育区统计 **表 2.2-2**

编号	具体位置	危险区圈定范围	
		长(m)	宽(m)
1	警察学校—九中之间	EW700	SN200
2	煤炭研究所	EW380	SN135
3	唐山饭店—地委行署间	SN530	EW90
4	华岩路西、西山道北	NE700	NW100
5	师范学院	NE350	NW70
6	评剧团西	SN280	EW160
7	体育场内	SN550	EW130
8	机场路南区	EW290	SN200
9	体育场北唐钢设计院一带	SN530	EW100-150
10	机场路北区	EW450	SN100
11	市人民政府北	NE440	NW 平均 100
12	煤炭医学院	SN200	EW50
13	煤医学院北东(文化楼区)	SN120	EW100
14	凤凰山公园北	SN100	EW70
15	康复中心北传染病院东南	SN250	EW140

资料来源河北地质二队

2.3 崩滑及其防治技术标准

2.3.1 崩滑灾害类型

唐山市崩滑灾害主要有两类：一类为基岩丘陵区斜坡滑塌，一类为陡河两岸潜在的向河心滑移现象。其中，丘陵斜坡滑塌受控于岩体的结构、岩性、地形以及水动力和地震作用及人工削挖坡脚等因素，陡河岩坡滑移受控于地基液化势和岸坡高度及上覆荷重等因素。

2.3.2 斜坡安全性等级标准

斜坡的稳定性好坏，可依据斜坡的安全系数来划分，一般划分为四个等级，如表 2.3-1 所示。

斜坡安全等级 **表 2.3-1**

安全等级	稳定	较稳定	极限平衡	不稳定
安全系数	大于 2.0	2.0～1.05	1.05～1.00	小于 1.0
加固处理方案	不处理	禁挖坡脚、坡顶堆载、坡面绿化或建排水系统	可采用挡土墙、锚桩、护坡等措施	削坡、挡土墙锚桩等综合治理

2.3.3 陡河岸边地裂及滑移的危险性

7.28 唐山大地震时，由于地基液化，土体抗剪强度减弱，陡河两岸产生严重的地裂和岸坡滑移灾害，其方式是岸边土体向河心滑动，岸边产生地裂和沉陷。它们多平行河床，一般距岸边 30～60m 范围内最发育，最远可达 100m、缝宽 0.5～1.0m，错距达 1.0m 左右。岸边的房屋、桥梁、道路等建筑或设施受到严重破坏。因此，在沿陡河两岸预留的安全防护带宽度可控制在 30～100m 范围内。

3. 承载岩土体质量控制技术标准

3.1　岩土体的质量评价

承载岩土体的质量取决于岩土体的承载力大小，压缩变形性能和动力因素影响下的稳定性。一般地，岩土体沉积时代愈老，固结程度愈大，其质量愈好，相反，沉积时代愈新，固结程度就愈小，岩土体质量愈差。唐山市不同的建筑场地，其岩土体质量明显不同，如表 3.1-1 所示。

唐山市岩土体质量评价　　　　**表 3.1-1**

建筑场地	分布及特征	岩土体质量
Ⅰ类建筑场地	分布于基岩裸露及浅埋区，如大城山凤凰山和贾家山一带	岩土体质量好，为良好地基
Ⅱ类建筑场地	分布于陡河二级阶地，一般为上更新统 Q3 地层	岩土体质量较好，可作为良好天然地基开发
Ⅲ类建筑场地	分布于陡河两岸一级阶地和古河道范围，以及地下采空区、岩溶塌陷危险区和潜在砂土液化区	岩土体质量差或很差，必须进行地基加固处理

3.2　岩土体加固或处理措施

岩土体的加固或处理主要针对岩土体质量较差的建筑场地，如软土分布区、砂土液化区、地面塌陷区，以及岸边易失稳地区等。主要的加固处理措施包括换土垫层、砂桩、振动水冲、强夯、砂井堆载顶压、灌浆、高压喷射注浆、深层搅拌、土工织物和加筋土等。对于特殊类土，其地基设计应有特殊的要求。

4. 地下水控制技术标准

地下水是唐山市的主要供水源，同时地下水的活动又对唐山市的工程建设造成一定的危害。因此，在土地工程利用的同时，应首先考虑解决地下水与工程建设的矛盾问题。

4.1　地下水的分布规律

唐山市地下水分布较广，除剥蚀丘陵外均有地下水分布，其埋深因地而异，一般为 4～6m。在河的河曲部位和低洼地带埋藏较浅，在北部及西部埋藏较深。受长期过量开采和矿坑排水影响，第四系孔隙水、岩溶水下降，形成唐山市中心区和东矿区两个双层多层水位下降漏斗。

4.2　地下水监测内容

地下水监测内容包括地下水水质、水位、水量、水温等方面的监测分析，特别是水质、水位的变化对城市建设和规划具有控制作用。其中，水质监测项目除水质简分析项目外，还应包括有毒微量元素、放射性元素、有机污染物等项目的监测，如 pH、总硬度、耗氧量、氧化物、细菌、大肠杆菌、硫氢化物、氨氮、硝酸盐氮、亚硝酸盐氮、铁、挥发酚、氰、砷，汞、六价铬等物质或元素的浓度和超标率。地下水位的高低关系着城市的排水排污，并且是地基液化的基本条件之一，地下水位的升降可引发城市地面沉降、地表塌陷和地面开裂等地质灾害，因此，地下水位监测应成为城市规划中不可缺少的内容。

4.3 地下水的制约作用

唐山市地下水的制约作用包括以下几方面：(1)城市工程建设与地下水污染；(2)地下水位升降诱发地面沉降、岩溶塌陷、矿坑塌陷和地面开裂等；(3)地下水储水量与城市供水矛盾；(4)地下水埋深与地基液化(地基质量)。

5. 建筑场地综合质量技术标准

5.1 建筑场地的三种基本属性

建筑场地的地质环境通常表现为三种属性，即特性、稳定性和适宜性，它们通常作为评价土地工程利用能力的三项基本内容。其中，特性是土地依存的地质环境所固有的，并受人类工程活动影响的一种基本质量特征，如地形地貌条件、天然浅基岩土条件、地下水资源条件；稳定性是依存地质环境的土地资源用作某种专门工程用途时，土地所能表现的安全性能力，如地震水平、地面塌陷等；适宜性则是依存地质环境的土地资源，被用作广泛用途时所表现出的技术经济条件的优劣程度，如岩土体质量条件、施工难易程度等。

5.2 损失费用比与土地工程能力划分标准

建筑场地的损失费用比按下式计算，损失费用比越低，土地工程能力越高，应优先考虑开发，土地工程能力的划分如表 5.2-1 所示：

$$R=(V_D+V_{D'}+V_O+V_{O'}+V_S+V_L+V_K+V_{CE})/(V_B+V_R)$$

式中：R——损失费用比：

V_D——地震时建筑物破坏产生的损失费用(按 50 年超越概率 10%计算)；

$V_{D'}$——地震时建筑物室内财产损失费用(按 50 年超越概率 10%计算)；

V_O——地表破裂造成建筑物损失费用；

$V_{O'}$——地表破裂造成建筑物室内财产损失费用；

V_S——软基处理费用；

V_L——液化区处理费用；

V_K——岩溶塌陷危险区地基处理费用；

V_{CE}——场地平整土石方开挖费用；

V_B——建筑物的价值；

V_R——建筑物室内资产价值。

土地工程能力划分　　**表 5.2-1**

土地能力等级		高(Ⅰ)	中等(Ⅱ)	低(Ⅲ)	很低(Ⅳ)
损失费用比(%)	低层、多层住宅，工业生产，商业用地，教卫用地，办公用地	0.01～10	10～20	20～30	>30
	高层建筑用地	0.01～20	20～30	30～40	>40
	仓库用地	0.01～15	15～30	30～45	>45

6. 标准的执行

本标准是配合“唐山市土地工程利用控制条例”实施的基础文献之一，必须又由建设主管部门审核批准后方可执行。

3. 南京市土地工程利用控制条例

引言

随着人类工程活动的不断扩大，城市已经成为人口集中、建筑物集中、生产集中、财富集中的人类活动、居住场所。而且城市与自然环境之间的各种关系更为密切，既对自然环境起着作用，又受自然环境的影响。特别是近年来，人们逐渐认识到土地资源的开发利用对地质环境的干扰和地质环境对人类活动的制约最为突出，不合理的土地开发利用致使低质量环境和环境变异对城市产生的破坏日趋严重。因此，在城市总体规划阶段应逐步做到，结合地质环境质量进行土地工程利用能力评价，建立城市地质灾害防治规划系统，制定土地工程利用控制法规等。初步实现土地开发利用实行必要的控制，避免城市建设的盲目性，避免由于过度开发或各种潜在地质灾害及工程活动，导致次生灾害及带来的昂贵处理费用，从而求得城市与环境的统一。

南京是江苏省的政治、经济、文化及科学活动中心，著名的历史文化名城，是以电子仪表、石油化工、建筑材料、汽车制造为特色的现代化工业、科研教育与外贸出口基地，兼具古今文明和现代化工业交通的园林化城市。城市的高速发展与地质环境之间的矛盾更为突出，其地质环境主题要素包括洪涝、地震、崩塌滑坡和软弱地基等，通过“南京市土地工程利用定量分析与土地工程利用控制”和“城市地质灾害防治规划系统" 这两个课题的研究，制定出本条例，可作为政府批准的城市总体规划的一项配套性法规文件，供城市建设管理部门、土地开发与投资者执行。

一、总则

第 1.1 条　为了合理开发和利用土地资源，避免或减少地质灾害给居民生命财产、国家建设带来的危害，使城市建设和地质环境协调发展，制定本条例。

第 1.2 条 凡属以下性质的区域利用列为城市规划中土地工程利用的控制区。

(1) 对公共健康、人身安全和财产构成威胁和破坏的严重地质灾害地区；

(2) 由于土地的开发利用造成环境公害或导致严重的次生地质灾害的地区；

(3) 土地开发利用需要巨额附加投资与高额整治费用的地区。

第 1.3 条 本条例由城市建设委员会监督执行，凡在第一条所明确的控制区内进行各种工程土地利用及兴建各类工程时，均需经过城市建设主管部门（市建委）的特别审批。

第 1.4 条 政府原则上禁止或限制在土地利用的控制区内进行工程开发。凡申请在控制区开发者，需首先持经有政府注册的甲级勘察单位或抗震、环保部门的鉴定，并对拟用场地进行可行性技术论证，提出认为可行的报告后，才能向政府主管部门提出土地开发申请，主符部门认为不可行时有权予以否定。对涉及城市居民公共利益的一些特别重大争议，则应以提案的方式报请市人民代表大会仲裁。

第 1.5 条 任何个人和团体应严格遵守本条例。对各种违反条例的工程活动，主管部门有权责令其拆除、停建或处以罚款，罚款数额视造成影响的严重程度而定。未经城市建设主管部门批准，擅自在土地利用控制区内进行工程活动，造成地质环境严重恶化，致使城市建设或居民生命财产蒙受重大危害者，依法追究其法律责任。

第 1.6 条 政府主管部门依据本条例和土地利用控制图系及土地利用能力图系制定条例的详细实施细则，并有权定期进行修改。

二、洪水灾害控制

第 2.1 条 洪泛区的范围

长江南京段沿江两岸地势低洼，一级阶地、河漫滩及坳沟地区常受洪水之虞。据史料记载，20 世纪曾有三次洪水泛滥，1931 年最高洪水位 9.29m（吴淞口标高，以下同），1954 年最高洪水位 10.22m，1983 年最高洪水位 9.99m。据此南京市凡低于 10m 标高的地区均属于受洪水淹浸区或有潜在威胁的影响区。

第 2.2 条 洪泛区的范围

(一) 非洪灾影响区（A 类）：即一级阶地以上的高阶地，由构造抬升与地面侵蚀，形成准平原化的低矮波状丘陵地区，本区地势较高，其高程大于多年最高洪水位。

(二) 洪灾缓解区（B 类）：即沿江防洪堤墙（按规划防洪水位 11.1m 设计）以内，地面标高在 10m 以下的有潜在洪水淹浸的地区，本区受灾概率大大降低，具有较高的洪水防御能力。

（三）洪灾影响区（C类）：即防洪堤以外的沿江漫滩低地，以及未采取可靠防御措施的地区。

第2.3条　洪泛控制区的划分

（一）严格控制区：凡属于C类易淹浸地区，均列为城市规划土地工程利用的严格控制区，严禁进行与水利、港口工程无关的一切工程建设开发活动。

（二）一般控制区：凡属于B类洪灾缓解区域，均列为城市规划土地工程利用的一般控制区，可依据城市防洪规划有选择性地进行土地工程利用活动。但应考虑下列潜在因素的影响而可能带来的巨额的社会风险费用。

（1）由于强烈地震导致防洪堤坝墙体的大规模破坏（如裂陷、坍塌和向河心移动）致使防洪能力失效；

（2）由于防洪堤墙自身的质量达不到防护标准，导致个别堤段的毁坏形成灾害；

（3）特大雨汛期间的内涝排灌，防护工程的失效带来的影响；

（4）战争的破坏造成防洪功能的失效；

（5）由于其他特大的难以预测的自然灾害的影响。

（三）非控制区：凡属于A类非洪灾影响区域，均列为城市规划土地工程利用的非控制区，允许在城市规划指导下进行各种土地工程利用。

第2.4条　土地利用控制

在严格控制区，除必要的港口用地（如码头作业区、辅助生产区和客运站等）及兴修水利和防洪设施用地之外，禁止进行各种类型的土地工程利用和开发活动。在一般控制区，应限制中、低层建筑物，尤其是低层建筑用地，如工业用地的单层和多层厂房、商业用地的商店和商业包储、中低层住宅、安全重要性等级较高的医疗卫生教育用地，以及特别重要的对平面工艺流程要求特别严格的大型企业构筑物的兴建。

在非控制区，应优先开发居住用地和重要的高产值、高效益的工业用地，同时应注意其他地质灾害的影响。

第2.5条　防洪工程控制

政府主管部门有权制止一切妨碍防洪抗洪能力的工程活动，特别是禁止将河道或河漫滩作为临时建筑物用地、农业用地等进行土地开发，以免严重阻碍河道畅通、降低泄洪能力。政府及其各级部门应加强城市防洪基础设施的建设，提高防洪堤墙设计标准和质量，结合内涝灾害的防治实现城市防洪排涝的综合治理。

第2.6条　风险损失与社会保险

对于一般控制区进行土地开发具有遭受洪水灾害损失的风险，其概率在一定范围内，国家鼓励通过社会保险来共担洪灾损失风险，即凡在一般控制区取得土地开发使用权时，应同时增付为抵御洪灾所造成可能损失的保险金。对于严格控制区，只有当防洪条件改良到洪灾缓解区水平时，才能以投入社会保险的形式进行开发。

三、内涝灾害控制

第 3.1 条　内涝控制范围

南京的内涝灾害十分严重，新中国成立以来屡受其害，1969 年秦淮河内涝，1954 年、1969 年、1975 年、1983 年滁河内涝，1991 年大雨引起大范围内涝。凡在汛期暴雨期间，遭受内涝或有潜在内涝灾害的地区，均属于内涝控制范围，主要集中在秦淮河、滁河、金川河等流域的低洼地带。

第 3.2 条　内涝控制区划分

在场地稳定性区划图中表明稳定性等级较低且属于秦淮河、滁河、金川河流域的低洼淹水地带，淹水较深，淹水时间较长，均属于内涝控制区。在上述各流域的特别低洼严重淹水地段且土地能力综合经济分析图系中为相对高费用的区域，属于内涝严格控制区。

第 3.3 条　土地利用类型控制

内涝区的土地利用类型控制一般情况下同于洪水灾害区，但对于排水量大的工业企业的兴建，内涝区则完全不同于洪灾区，内涝区内严格控制该类企业用地。

第 3.4 条　防涝工程控制

内涝区的各类土地利用开发，应首先注重内涝灾害的防治，增强防涝基础设施的建设，有条件的宜以填方措施提高场地地坪的标高。对于内涝防范控制区内的老旧低矮民房，应加快改造重建步伐，有计划有步骤地增大各排泵站的排水能力。在地势较低的湖、塘、沟、浜地带，严禁围湖造田，缩小水域，以免加重涝灾。严禁任何不利河道畅通、阻塞下水管道的工程活动。

四、地震灾害控制

第 4.1 条　地震影响区

南京位于北东向、北北东向、北西向和近东西向几组断裂的交汇处，历史上曾发生过破坏性地震，故本区具备发生破坏性地震的地质背景，国家地震局 1981 年确定南京市地震基本烈度为Ⅶ度区。地震影响区域主要为地貌上属于一级阶地，长江高漫滩、低漫滩的新近沉积地区，以及现代河道流径区与古河道掩埋区。在地震作用下，南京市除了那些设防不合格的房屋建筑倒塌损失之外，还有伴生灾害。主要包括砂土液化、地震滑坡、震陷现象和地表裂缝等。

第 4.2 条　土地利用类型控制

在地震砂土液化易发区建设高层、超高层建筑及安全等级高的重要建筑，需增加巨额的消除场地地基液化的附加整治费用。因此，地震砂土液化易发区的开发应在较严格的技术经济合理性对比基础上控制开发。由于低层老旧民房设防低或未设防，其抗震性能很低，重建或开发民房应注重提高建筑的抗震设防水平，严格控制达不到设防标准的建筑建设。在地基液化较严重地区，如南京市场地的分类图中的Ⅲ类土场地，其地震基本烈度可增加 1～2 度，按高水平设防。受地震影响，易产生其他伴生灾害的地区，在未进行可靠治理或采取防范措施之前，应严格控制各类工程建筑的开发，该区域可作为绿地或农业用地开发。

第 4.3 条　防震工程控制

对于发震断裂或活断层，一般应控制避开断裂 200m 以上距离进行建筑，若无确证属于活断裂，可不作控制。

在地震敏感性较强的滑坡和塌陷地区，应首先进行抗震稳定性评价，并采取有效的加固措施，进行有限的开发。

对于生命线工程的建设，如给水排污工程、煤气热力、工程电力工程、道路桥梁工程和邮电通信工程等，应严格评价其抗震防灾能力，制定安全可靠的防震抗震对策。

五、崩滑灾害控制

第 5.1 条　崩滑影响区

南京市的崩滑灾害多发育在下蜀土分布的低山丘陵区，影响范围主要分布在紫金山西北坡、幕府山北坡、清凉山—古林公园一带和雨花台附近，以及秦淮河河岸局部地段。按岩土坡的稳定性程度和对各种诱发因素（降雨、地震等）的敏感性，将其分为严格控制区和一般控制区。其中，凡在天然状态下岩土坡即处于极限平衡状态，或对某些诱导因素有较高敏感性的岩土坡地区，均列为严格控制区；凡在多种不利因素联合作用下岩土坡具有崩滑危险性的地区，列为一般控制区。

第 5.2 条　土地利用控制

严格控制区内原则上禁止各项土地工程利用，适宜作为绿地进行较低水平的开发；一般控制区内应控制大规模工程开发。上述控制区内如因特殊情况而必须开发时，需要经过勘测设计部门的勘测，并经整治满足如下条件时方可开发：

（1）已建有符合设计标准的足以保证安全的护坡挡土墙或锚桩；

（2）不存在坡脚大量切坡挖方和坡顶堆载的可能；

（3）建有经正规设计的坡面排水系统；

（4）已考虑斜坡及其周围的绿化方案并实施。

第 5.3 条　崩滑防治工程控制

在岩土坡区进行工程建设，严禁大量开挖坡脚，严禁在坡面上堆积大量荷载，严禁破坏坡面植被。岩土体坡前或附近的工程建设应首先考虑岩土坡的稳定性问题和治理方案，以及工程减缓费用等问题，以确保建筑物的安全和经济，最大限度地保护地质环境。

六、地基利用控制

第 6.1 条 建筑场地分区和地基分类

南京市建筑场区按工程地质条件分为六区，即低山丘陵区、阶地区、坳沟区、古河道区、潜在液化区、长江近岸河滩区。建筑地基按其承载岩土体工程地质性质分为三类，即基岩或岩石地基、下蜀土地基和软弱土地基。其中基岩地基分布于低山丘陵区，下蜀土地基分布于阶地区，软弱土地基分布于坳沟区、古河道区、潜在液化区和长江近岸漫滩区。

第 6.2 条 建筑地基利用控制

(1) 岩石地基或基岩地基

凡坡度大于 15°，标高在 40m 以上的基岩山区，在作为基岩地基开发时，由于场地平整耗资巨大且可能引起崩滑灾害，列为控制用地，坡度越陡，标高越高则控制越严。但场地较为平缓的浅埋岩石地基则列为优先开发建设用地，可供高层、超高层建筑使用。

(2) 下蜀土地基

地貌单元属于高阶地的土地单元，广泛分布强度较高的下蜀土，依据成因，下蜀土分为原生下蜀土和次生下蜀土。原生下蜀土分布区通常承载力高且无软弱下卧层问题，中、低层建筑应尽可能利用作为天然地基，以节约地基基础投资。但应注意边坡稳定性问题。次生下蜀土通常是下卧坳沟软土的"硬壳层"，可作为低层建筑的天然地基。在次生下蜀土分布区进行土地开发时，应特别注意避免坳沟软土的软弱下卧层问题和因坳沟软土厚度不均匀引起的差异沉降。

(3) 软弱土地基

软弱土地基为南京市建筑场地的一大特点，按成因分为三种类型，即长江漫滩成因、古河道沉积成因和坳沟沉积成因。前两种成因的场地，因地下水位高和砂层广泛分布，软弱土地基同时是易砂土液化地基，后一种成因的场地，软弱土地基同时又是下蜀土地基。除坳沟软土外，软弱土分布也是洪泛与内涝影响的极不稳定区。因此，长江漫滩区、古河道及潜在液化区属于高额费用区，应控制开发，尤其应严格控制安全重要等级较高的建筑开发。

第 6.3 条 建筑地基处理

建筑地基的承载能力或容许变形量不满足建筑要求时，必须进行加固处理或另择建筑场地，地基加固处理的原则应是以较低的工程整治费用，获取建筑物的高质量、高安全性。严格控制以高额整治费用获得较低经济效益或负效益的工程开发活动。

七、地下水源及其开采控制

第 7.1 条 地下水类型和分布

南京地下水类型主要有两类：基岩裂隙水和第四系松散层潜水。其中基岩裂隙水零星分布于低山丘陵的古生代和中生代岩层中，石灰岩分布区有比较丰富的岩溶裂隙水存在；第四系松散层潜水主要分布于长江及其各支流河谷的粉、细砂和软土中。

第7.2条　土地利用控制

南京市以引用地表水为主，地下水较少开采，但地下水作为城市资源的组成部分，对城市工程建设具有重要的制约作用。因此，严格禁止以下情况的土地工程利用活动。

(1) 工程建设对地下水源构成严重污染，并未采取有效治理污染措施者；

(2) 工程建设大量抽汲地下水，引发地面沉降灾害者；

(3) 其他一切能够造成地下水严重污染或由于开采地下水引起人为灾害的工程建设。

第7.3条　地下水开采控制

城市总体规划阶段应注意评价城市各区的地下水最大允许开采量，依此作为规划各种土地利用类型的重要依据，保障城市用水和避免地质环境恶化。对用水大户根据地下水开采能力实行必要的控制，开采前必须报请地下水资源主管部门审批，并贯彻执行《中华人民共和国水法》。

八、工程建筑控制

第8.1条　土地工程能力及机会费用

土地工程能力是土地利用时土地所赋存和表现出的土地工程属性方面的能力。这种属性包括土地的特性、稳定性和适宜性。通常用地质灾害作用下可能的损失和场地平整改良费用以及工程缓减费用的总和来反映土地工程能力的差异。对建筑场地的特性、稳定性、适宜性进行综合技术评价得到“土地工程能力综合技术图系"；结合城市用地类型，分析土地工程开发的基本费用、灾害风险费用、机会费用等，综合评价得到“土地工程能力综合经济图系”。

机会费用表示了土地利用现状在空间区域内提供土地重开发机会的大小，是土地开发受限的另一客观因素。

第8.2条　土地利用规划依据

土地开发类型的空间规划，宜以土地工程能力等级为依据，按开发的优先序列统筹安排，以较佳地发挥土地工程能力，节约有限的土地资源。规划部门由此作出的用地规划布局，建设部门应严格遵照执行。

第8.3条　土地开发利用控制

无论任何类型的土地开发，凡属于高额费用区，均应控制其开发。“土地工程能力综合经济图系”中开发费用比在30%以上的为该类土地的一般控制区，开发费用比在40%以上的为该类用地的严格控制区。

“土地工程能力综合技术图系”的综合图中土地工程能力一般的，为各类用地的一般控制区；土地工程能力差的，为各类用地的严格控制区。

第8.4条　无机会重开发土地利用控制区

已建成的中高层区、重要的厂矿用地、特殊用地、高等级公路、铁路、机场等，在机会费用上表现为费用极大，但已不提供土地重开发机会。因此，工程建筑在这些区域不作安排，这些区域为没有条件重开发的土地利用控制区。

九、附则

第9.1条　本条例为南京市城市总体规划的配套文件，与规划具有同等法律效力。

第9.2条　本条例在执行过程中，凡与《土地管理法》《环境保护法》《城市规划法》《水法》等国家法律相抵触之处，则服从上述诸国家法律。

第9.3条　本条例自公布之日起施行。

4. 南京市土地工程利用控制技术标准

1. 引言

城市的建设与发展受到各种地质灾害、岩土体质量和地下水等地质环境主题要素的制约或影响，土地工程利用能力高低不一，盲目的建设将造成巨额的经济损失，以至威胁居民的生命安全。因此，必须针对城市地质环境主题要素建立统一的技术标准，进行必要的土地利用控制，合理开发利用有限的土地资源。

《南京市土地工程利用控制技术标准》是在南京市进行的土地工程利用控制的基础资料之一，配合《南京市土地工程利用控制条例》对南京市各种地质环境主题要素与土地利用类型以及两者的相互作用进行法规性的控制。建立《南京市土地利用控制技术标准》主要依据野外地质勘探资料、各种地质灾害的专题研究报告、南京市城市总体规划方案，以及《南京市土地工程利用定量分析与土地工程利用控制》和《城市地质灾害防治规划系统》两个研究报告。

2. 地质灾害及其防治技术标准

南京市主要的地质灾害包括洪水、内涝、地震和崩滑，在这些灾害地区进行工程建设或改造治理，需要先明确灾害的等级或严重程度，进而确定土地利用控制方案和治理措施。

2.1　洪水灾害及其防治技术标准

2.1.1　设计洪水位

南京市区地处一江两河（长江、秦淮河、滁河）下游，其大部分地面标高6～9m，较实测历史最高洪水位低1～4m。根据南京市城市防洪规划（1985年），可知在南京下关各重现周期（重现概率）所对应的最高洪水位见表2.1-1。

重现期及其对应的最高洪水位　　表 2.1-1

重现期(年)	200	100	50	20	10	5	2	-	-	-
重现概率(%)	0.5	1.0	2.0	5.0	10	20	50	70	95	99
南京下关水位(m)	11.3	10.96	10.59	10.06	9.62	9.11	8.22	7.73	6.81	6.36

1954 年最高洪水位 10.22m，所对应的重现周期计算值为 28 年，考虑南京市的重要性，设计洪水位按百年一遇频率可选取 10.96m，经长江流域规划办公室批准的规划防洪水位为 11.10m（包括风浪高）。

2.1.2　洪水等级

按最高洪水位的高低，将长江下游南京段洪水规模分为四级，如表 2.1-2 所示。

洪水等级　　表 2.1-2

洪水等级	罕见	特大	较大	一般
最高洪水位	大于 11m	10～11m	8～10m	小于 8m

2.1.3　防洪设施标准

南京市的防洪设施以堤防为主，少数在土堤上建筑防洪墙。堤防主要分如下三大类：

（1）老市区沿江堤防（Ⅰ类）：即 1956 年在浦口、下关及大厂镇兴建的防洪墙，墙顶标高 11.5m，经多年沉降为 11.2m，堤防质量较好，局部存在隐患；

（2）新发展市区堤防（Ⅱ类）：以土堤为主，经防汛逐年加高培修而成，顶高为 11.0m 左右，堤防质量较差，渗漏严重；

（3）其他堤段（Ⅲ）：由工厂、企事业单位自建而成，堤防缺乏统一规划管理，质量普遍较差。

上述防洪堤均没有达到规划防洪水位 11.1m 的设计标准，其防洪堤顶标高多小于 11.2m。虽然对洪灾具有缓解作用，但特大洪水仍对南京市保护区有很大威胁，可列为一般控制开发区，实行必要的控制。按规划防洪水位 11.1m 的设计标准，防洪堤（墙）顶的标高不应低于 12.6m，修筑防洪堤费用相应于保护区域不应低于 0.51 万元/hm^2（参考值）。

2.1.4　洪水损失费用标准

南京市洪水所造成的损失费用，可分为两方面，即百年一遇洪水损失和地震作用下防洪堤破坏造成的损失。对于不同的土地工程利用类型，其损失费用高低不同，如表 2.1-3 为一比较值（参考值）。

2.1.5　堤防治理加固标准

针对几类堤防加固措施如下：

（1）已建防洪墙加高加固：迎水面做钢筋混凝土防洪墙，墙基齿状，墙背添土至标高 10.6～11.0m，平台宽 2～3m，填土坡 1∶2。

洪水损失费用（万元/hm^2） **表 2.1-3**

土地利用类型	低层住宅	多层公寓住宅	高层住宅	工业用地	商业用地	教卫用地	办公用地
百年一遇洪水损失费用	3.60	3.82	5.62	20.18	16.16	2.28	3.72
地震作用下洪水损失费用	2.30	5.80	6.13	18.19	13.31	3.13	4.23

（2）土堤上做防洪墙：土堤迎水坡 1∶3，背水坡 1∶2。平台高度 11.0m，宽 3.5～5m，墙基 10.0m 高程，基础宽 1～2m。

（3）土堤上填土加高加固：顶宽不小于 6.0m，外坡 1∶3。内坡 1∶3，在 9～10m 高程处做平台。

（4）原无堤或堤身矮小段：加做防洪墙。迎水面做 4～5m 宽 1.5m 厚黏土铺盖防渗，墙顶标高不小于 12.6m。

2.2 内涝灾害及其防治技术标准

2.2.1 降雨量

南京属北温带区北亚热带季风气候区。日雨量大于 100mm 的暴雨集中发生在 6～9 月，汛期暴雨主要由于梅雨和台风造成，如表 2.2-1 为 1915～1963 年南京站降雨统计资料。

南京站降雨 **表 2.2-1**

多年平均降雨（mm）	年最大降雨（mm）	多年 6～9 月平均降雨(mm)	6～9 月最大降雨（mm）	年最大一日暴雨（mm）	年最大雨（mm 三日）
1001.8	1621.3	537.4	954.8	266.6	320.1

2.2.2 淹水等级

根据淹水地区的淹水深度和淹水持续时间，将南京市淹水程度分为如下三级，即：

（1）严重淹水：淹水深度大于 0.6m，或淹水深度在 0.3～0.6m 范围，且淹水持续时间在 1 天以上者，如萨家湾地区、中山北路地区等。

（2）一般淹水：淹水深度 0.30～0.60m，淹水持续时间较短者；

（3）轻微淹水：淹水深度小于 0.30m 的地区。

2.2.3 内涝治理措标准

消除内涝的整治方法有如下几种：

（1）增建排水泵站：排水能力应不低于 4t/s·km^2。

（2）冲洗疏通或改造河道：汇水面积≤2km^2 时，按雨重现期 $P=5$ 年设计，汇水面积>2km^2 时按雨重现期 $P=10$ 年设计。

（3）增设或健全下水管道：包括分流制和合流制雨水管，以及污水管道等，当汇水面积≤20hm^2 时，按雨重现期 $P=0.5$ 年设计；汇水面积>20hm^2 时，按雨重现期 $P=1$ 年设计。

（4）改建束水桥涵：设计雨重现期 P 与河道相同。

2.2.4　内涝灾害费用标准

仅以秦淮河水系为参考，其内涝灾害费用包括整治工程费用和淹水损失费用。

（1）整治工程费用：秦淮河的整治工程主要包括疏通河道、建设两岸排水系统、埋设截流管、控制污染源、建设城市污水处理厂等，其平均费用为 1.81 万元/hm²。

（2）淹水损失：城内秦淮河在十年一遇雨情况下，其淹水区深度一般为 30～130cm，淹水时间 6～48h，造成的损失主要是居民室内财产，而对建筑物本身影响不大。根据统计资料分析。在易淹区内，每公顷的损失为 0.3 万元。

综合两项费用，秦淮河内涝产生的费用如表 2.2-2 所示。

秦淮河内涝费用（万元/hm²）　　表 2.2-2

土地利用类型	低层住宅	多层公寓住宅	高层及高层综合建筑	工业用地	商业用地	教卫用地	办公用地
秦淮河内费用	2.11	2.11	2.11	1.81	1.81	1.81	1.81

2.3　地震及其防治技术标准

2.3.1　地震活动水平

根据历史记载资料分析，无论从强度和频度上看，地震活动水平属中等偏下。为数不多的这些地震在空间分布上也不均匀，但有呈北西向和近东西向分布的特点，与场址区内的北西向和东西向两组活动断裂近于一致。

2.3.2　地震基本烈度

根据南京市区和郊区 10 个场址区的地震危险性分析结果，在不同的超越概率下其烈度有所不同，如表 2.3-1 所示。综合考虑，建议南京市的地震基本烈度设防标准为七度。

南京市区和郊区烈度　　表 2.3-1

场　区	烈度（度）		
	50 年 63%	50 年 10%	50 年 3%
南京市区	5.4	6.6～6.7	7.1
南京郊区	5.4～5.5	6.6～6.8	7.0～7.3

2.3.3　场地伴生灾害判别

根据对南京历史地震活动的背景情况及地震危险性分析，当未来发生 7 度地震作用后，南京市地区可能发生的震害主要有地基液化、软土震陷和斜坡失稳。

（1）地基液化判别和等级

南京市地基液化初步判别可参考表 2.3-2 所示，亦可采用如下公式计算地基液化的临界标准贯入锤击数，与实测标贯锤击数 N 比较判别地基液化与否。

$$N < N_{cr}$$

$$N_{cr}=N_0\beta\ [\ln\ (0.6d_s+1.5)\ -0.1d_w]\ \sqrt{3/\rho_c}$$

式中：N——饱和土标准贯入击数实测值；

d_s——饱和土标准贯入点深度（m）；

d_w——地下水埋深（m）；

N_{cr}——饱和土液化临界标准贯入锤击数；

N_0——饱和土液化判别的标准贯入锤击数基准值；

ρ_c——黏粒含量（当小于 3 或为砂土时，均取 3）；

β——调整系数，设计地震第一组取 0.80，第二组取 0.95，第三组取 1.05。

南京地基液化基本条件 **表 2.3-2**

地震动强度（烈度）	液化深度下限	上覆非液化土层厚度	地下水埋深	土的类型状态
7 度以上	小于 15m	小于 5.5m	小于 5m	均匀的粉土粉细砂

地基的液化等级 **表 2.3-3**

液化等级	液化指数 I_{LE}	地面喷水冒沙情况	对建筑物的危密程度
Ⅰ(轻微)	<6	地面无喷水冒沙,或仅在洼地、河边有零星的喷冒点	危害性小,一般不至于引起明显的震害
Ⅱ(中等)	6～18	喷水冒沙可能性大,从轻微到严重都有,多数属中等	危害较大,可造成不均匀沉陷和开裂有时不均匀凹陷达 200mm
Ⅲ(严重)	>18	一般喷水冒沙都很严重,地面形变很明显	危害性大,不均匀沉降可能性大于 200mm,高重心结构可能产生不允许的倾斜

地基液化等级根据液化指数来划分，其计算公式为：

$$I_{LE}=\sum_{i=1}^{n}(1-\frac{N_i}{N_{cri}})d_i w_i$$

式中：N_i、N_{cri} 分别为 i 点标贯锤击数实测值和临界值，当 $N_i > N_{cri}$ 时，应取 N_{cri}；

n——在判别深度范围内每一个钻孔标贯试验点的总数；

d_i——i 点所代表的土层厚度（m）；

w_i——i 土层考虑单位厚度的层位影响权函数值。

地基液化等级的划分标准如表 2.3-3 所示。

（2）软土震陷判别

南京软土分布较广，主要分布于长江漫滩区、秦淮河古河道区、阶地区坳沟地段。软土震陷程度可依据土体的剪应变来划分，如表2.3-4所示。

软土震陷判别　　**表2.3-4**

剪应变	$<10^{-4}$	$10^{-4}\sim10^{-2}$	$>10^{-2}$
土体性状	土体处于弹性范围，不破坏	土体进入弹塑性状态，地面有开裂，不均匀沉降	土体破坏，地面产生压密、滑动和液化

通过对南京市在地震作用下（50年超越概率10%）土层最大剪应变的分析，将南京从北到南分为10个区，根据《南京市地震小区划工作报告》，其最大剪应变值在$1.12\times10^{-4}\sim5.10\times10^{-4}$范围内，因此，具有震陷的可能性。

(3) 斜坡失稳判别

南京市的斜坡在自然条件下是稳定的，当受烈度7度地震作用时，产生地震滑坡的最小地形坡角为土坡≥15°，岩坡≥25°，崩塌≥45°。地震对斜坡稳定性的影响表现为降低斜坡安全系数，如表2.3-5所示为不同地面加速度地震作用斜坡稳定性变化。

地震对斜坡稳定性影响　　**表2.3-5**

坡脚		10°	20°	30°	35°	40°	50°	备注
安全系数K	$F=0$	4.25	2.17	1.49	1.31	1.20	1.06	F为地面加速度计算值 土层$c=75\text{kPa}$，$\varphi=20°$重度$\gamma=20\text{kN/m}^3$
	$F=0.14$	2.33	1.53	1.16	1.05	0.98	0.91	
	$F=0.18$	2.07	1.41	1.09	0.99	0.93	0.87	

2.3.4　震害预测

针对南京市五种建筑结构，其震害预测百分率如表2.3-6。由表可知，钢筋混凝土多层与高层建筑性能最好，其次是多层砖房、内框架结构、单层厂房，最差是老旧民房。

2.3.5　震害防治

有效地防治地震灾害必须做到科学地选择建筑场地和合理地进行建筑平面布局，以及建筑结构设计和加固，主要对策有：

(1) 对于活动断裂或具有潜在威胁的断裂，建筑物应避开其200m以上；在砂土液化地区进行建筑应进行地基处理。

(2) 建筑物必须按烈度7度设防，抗震的构造措施，结构和地基基础处理，要严格按规范标准进行。.

(3) 老旧民房抗震性能最差，加固和改建是主要的抗震对策。

(4) 多层砖房总高度不宜大于21m，总层数不宜多于7层，其高宽比应小于25。

(5) 南京市单层厂房多为砖排架柱结构和钢筋混凝土排架结构，抗震措施为排柱结构体系的加固和完善。

（6）钢筋混凝土多层与高层建筑以及内框架结构建筑物应加强整体结构设计。

各类建筑结构震害预测　　**表 2.3-6**

结构类型	地震烈度50年超越概率	震害百分率					震害指数平均数
		基本完好	轻微损坏	中等破坏	严重破坏	倒塌	
老旧民房	63%	53.82	25.27	14.56	6.35	0	0.2469
	10%	16.51	32.23	27.12	14.94	7.3	0.4206
	3%	0.81	10.58	39.96	39.24	9.41	0.5917
多层砖房	63%	67.32	11.45	1.23	0	0	0.1278
	10%	47.43	39.71	11.59	1.27	0	0.2334
	3%	10.06	37.4	38.85	12.23	1.46	0.4153
单层厂房	63%	54.42	35.7	8.66	1.22	0	0.2134
	10%	22.33	36.74	26.31	9.5	1.12	0.3567
	3%	4.61	19.74	35.71	28.98	10.7	0.5423
钢筋混凝土多层与高层建筑	63%	100	0	0	0	0	0.100
	10%	5.9567	90.4043	3.6389	0	0	0.2954
	3%	0	5.9567	74.6281	19.415	0	0.5269
内框架结构	63%	26.73	68.9	4.37	0	0	0.236
	10%	1.2	61.3	13.2	4.3	0	0.373
	3%	0	1.2	67	7.5	43	0.51

2.3.6　地震损失费用标准

地震损失费用包括地面振动所产生的损失和停产损失，综合可得如表2.3-7地震总期望损失费用（万元/hm^2）

地震总期望损失费用（万元/hm^2）　　**表 2.3-7**

地震烈度50年超越概率	低层住宅	多层公寓住宅	高层住宅	工业用地	商业用地	教育科研医疗卫生用地	办公用地
63%	38.5	8.5	0	70.5	60.5	15	35
10%	20.5	8.5	21	54	38	9.5	21
3%	10	10.5	53	41	29	7.5	16

2.4　崩滑灾害及其防御技术标准

2.4.1　崩滑灾害类型

南京市区的崩滑灾害按物质成分可分为岩层崩滑滑坡和土层滑坡两种类型。其中，岩层崩滑与滑坡主要分布在市郊的雨花台地区、栖霞山及幕府山地区。土层滑坡主要是在土层中或土层（或砂砾层）沿基岩接触面产生的滑坡，如老虎山滑坡、古林公园、清凉山滑坡等。南京地区产生滑坡的主要因素包括优势面、岩性、地形地貌以及水动力和地震诱发等因素的影响。

2.4.2　斜坡安全等级标准

斜坡的稳定性好坏，可依据斜坡的安全系数来划分，一般划分为四个等级，如表 2.4-1 所示。

斜坡安全等级　　**表 2.4-1**

安全等级	稳定	较稳定	极限平衡	不稳定
安全系数	大于 2.0	2.0～1.05	1.05～1.0	小于 1.0
加固处理方案	不处理	禁挖坡脚、坡顶堆荷、坡面绿化或建排水系统	可采用挡土墙锚桩、护坡等措施	削坡、挡土墙、锚桩等综合治理

2.4.3　崩滑灾害费用

崩滑灾害费用包括它的勘测研究费用、工程缓减费用和其他损失费用等。针对不同的土地利用类型其费用不同，如表 2.4-2 所示崩滑灾害费用参考值。

崩滑灾害费用（万元/hm^2）　　**表 2.4-2**

土地利用	低层住宅	多层住宅	高层住宅	工业用地	商业用地	教卫用地	办公用地
崩滑灾害费用	21.5	64.25	213	52.25	72.38	35	62

3. 承载岩土体质量控制技术标准

3.1　岩土体分布及质量

南京市地区建筑岩土体主要有软弱土、下蜀土和基岩，其中软弱土占规划面积的一半以上，是南京市地质环境主题要素之一。各类岩土体的分布及质量如表 3.1-1 所示。

岩土体分布及质量　　**表 3.1-1**

岩土体	软弱土			下蜀土	基岩
	长江漫滩型	古河道型	坳沟型		
占总规划面积比例	50%	9%	6%	35%	-
地层厚度(m)	20～30	12～20	10～20	10～20	-
分布区域	长江两岸的低漫滩	江北滁河古河道和江南秦淮河古河道	沿坳沟呈树枝状分布	分布于阶地区掩覆在山坡、丘陵、剥蚀面及凹地上	丘陵、山区
地基质量	土体压缩性高、承载力低、一般不能作为天然地基			土体具有较高承载力，压缩性较低，是良好天然地基	岩体承载力高压缩性低，是良好地基

3.2 软土地基灾害隐患

在软土地基上进行工程建设，主要的灾害隐患有以下几种：

(1) 在较厚软土层上建造结构物，其沉降稳定时间较长，应注意其影响；

(2) 由于基坑开挖引起边坡失稳，或引起邻近建筑物变形破坏；

(3) 在坳沟软土区，由于新老岩土层空间分布不均，造成建筑物差异沉降；

(4) 由于建筑物的荷载差异或建筑速度的不同引起建筑物变形破坏；

(5) 相邻建筑物在建造过程中，因距离过近，附加应力影响较大，引起建筑物变形破坏；

(6) 由于地震作用地基失效（液化或震陷）。

3.3 承载岩土体开发费用

南京市承载岩土体开发费用主要指必要的地基处理费用和由于地面失效而可能产生的期望损失费用，而地基处理费用主要为软基处理费用，地基失效损失主要为砂土液化所可能造成的期望损失费用，如表 3.3-1 和表 3.3-2 所示。

软土地基处理费用（万元/hm^2） **表 3.3-1**

土地利用类型	低层住宅	多层公寓住宅	高层住宅	工业用地	商业用地	教卫用地	办公用地
漫滩区软基处理费用	3	45	243	31.5	47	22.7	50.9
古河道、坳沟区软基处理费用	3	33.75	162	23.6	36.7	16.2	36

砂土液化期望损失费用（万元/hm^2） **表 3.3-2**

土地利用类型	低层住宅	多层公寓住宅	高层住宅	工业用地	商业用地	教卫用地	办公用地
液化损失费用	0.095	0.356	1.283	0.277	0.392	0.171	0.336

4. 地下水控制技术标准

南京市水源主要依靠长江地表水，规划供水量较大，因此，从战备观点和多水源分散布局两方面考虑，积极开发地下水源具有重要意义。

4.1 富水岩层及水质评价

南京市区广泛被长江、秦淮河冲击层覆盖，主要的富水岩层有四大类，即：①松散岩类，涌水量 100～900t/昼夜；②碎屑岩类，涌水量 300～800t/昼夜；③碳酸盐类，单井出水量可达 4500～6000t/昼夜；④岩浆岩类，涌水量 150～250t/昼夜，局部可达 1000t/昼夜。

南京市的浅层地下水受污染较大，不宜作为饮用水。深层地下水水质基本没有被污染，除总硬度偏高外，其他项目均符合饮用水的水质标准，城区深层地下水一般作为工业用水及补充夏季饮用水的不足，在东郊则作为饮用水的主要水源。

4.2　地下水监测内容

地下水监测内容包括地下水水质、水位、水量、水温等方面的监测分析，特别是水质、水位的变化对城市建设和规划具有控制作用。其中，水质监测项目除水质监测分析项目外，还应包括有毒微量元素、放射性元素、有机污染物等项目的监测，如pH、总硬度、耗氧量、氧化物、细菌、大肠杆菌、硫氰化物、氨氮、硝酸盐氮、亚硝酸盐氮、铁、挥发酚、氰、砷、汞、六价铬等物质或元素的浓度和超标率。地下水位的高低关系着城市的排水排污，并且是地基液化的基本条件之一，地下水位可引发城市地面沉降、地表塌陷和地面开裂等地质灾害。因此，城市地下水位监测数据是城市规划的重要依据。

4.3　地下水的制约作用

南京市地下水的制约作用包括以下几方面：(1) 城市工程建设与地下水污染；(2) 地下水位升降诱发的地面沉降、地表塌陷和地面开裂；(3) 地下水储水量与城市供水矛盾；(4) 地下水埋深与地基液化（地基质量)。

5.建筑场地综合质量技术标准

5.1　建筑场地的三种基本属性

建筑场地的地质环境通常表现为三种属性，即特性、稳定性和适宜性。其中，特性是土地依存的地质环境所固有的，并受人类工程活动影响的一种基本质量特征，如地形地貌条件、天然浅基岩土条件、地下水资源条件；稳定性是依存地质环境的土地资源用作某种专门工程用途时，土地所能表现的安全性能力，如洪水内涝、震害条件等；适宜性则是依存地质环境的土地资源，被用作广泛用途时所表现出的技术经济条件的优劣程度，如岩土工程条件、施工难易程度等。

5.2　土地利用经济技术敏感性

通过对南京市土地工程能力经济和技术分析可知，不同的土地利用类型其相应的特性、稳定性和适宜性敏感性程度不同，由这些属性所产生的费用（或损失）占总损失的百分比与敏感性高低一致，如表5.2-1所示。其中，特性费用仅考虑场地平整和滑坡影响，稳定性仅考虑洪涝、地震，适宜性费用仅考虑软基处理。

土地利用经济技术敏感性分析　　表5.2-1

土地利用类型		低层住宅	多层公寓住宅	高层住宅	工业用地	商业用地	教卫用地	办公用地
特性	敏感性	低	低	低	低	低	低	低
	相对损失(%)	-	-	-	-	-	-	-
稳定性	敏感性	高	中等	低	高	高	中等	中等
	相对损失(%)	66	33	-	75	60	38	41
适宜性	敏感性	低	高	很高	较高	较高	较高	高
	相对损失(%)	-	60	80	20	35	50	57

5.3　损失费用比与土地工程能力划分标准

建筑场地的损失费用比按下式计算，损失费用比越低，土地工程能力越高，应优先考虑开发，土地工程能力的划分如表 5.3-1 所示。

$$R=(V_{F}+V_{FE}+V_{D}+V_{D'}+LU+V_{LS}+V_{LD}+V_{CE}+V_{S})/(V_{B}+V_{R})$$

其中，R——损失费用比；

V_{F}——百年一遇洪水损失费用；

V_{FE}——50 年超越概率 10%地震洪水损失费用；

V_{D}——地震时建筑物损失费用；

$V_{D'}$——地震时建筑物财产损失费用；

LU——地震工业停产损失费用；

V_{LS}——砂土液化损失费用；

V_{LD}——滑坡损失费用；

V_{CE}——场地平整土石方开挖费用；

V_{S}——软基处理费用；

V_{B}——建筑物价值；

V_{R}——建筑物室内资产价值。

土地工程能力划分　　**表 5.3-1**

土地能力等级	高(Ⅰ)	中等(Ⅱ)	低(Ⅲ)	很低(Ⅳ)
损失费用比(%)	0～10	10～25	>25	>40

5.4　南京市土地利用开发序列

土地开发序列	规划开发区号
第一开发序列	2、11、12、13、15 区，9、10 区部分和主城区大部分
第二开发序列	1、3、4、5、6、7、8、14、16、17
第三开发序列	9、10 区部分主城西北的基岩山区

6. 标准的执行

本标准是配合“南京市土地工程利用条例”实施的基础文献之一，必须由建设部主管部门审核批准后方可执行。